U0336716

本书获天津市高等学校综合投资规划项目资助

生态哲学译丛

佟　立◎主编

THE BUSINESS GUIDE TO SUSTAINABILITY:
PRACTICAL STRATEGIES AND TOOLS FOR ORGANIZATIONS,3RD EDITION
Darcy Hitchcock　　Marsha Willard

可持续发展业务指南

实用策略与工具

［美］达西·希区柯克　　［美］玛莎·威拉德———著

常子霞　　郝卓———译

天津出版传媒集团

天津人民出版社

图书在版编目（CIP）数据

可持续发展业务指南：实用策略与工具 / （美）达西·希区柯克,（美）玛莎·威拉德著；常子霞，郝卓译. -- 天津：天津人民出版社, 2023.2
（生态哲学译丛 / 佟立主编）
书名原文: The Business Guide to Sustainability: Practical Strategies and Tools for Organizations, 3rd Edition
ISBN 978-7-201-19137-9

Ⅰ.①可… Ⅱ.①达… ②玛… ③常… ④郝… Ⅲ.①可持续性发展—指南 Ⅳ.①X22-62

中国国家版本馆 CIP 数据核字(2023)第 007123 号

可持续发展业务指南：实用策略与工具
KECHIXU FAZHAN YEWU ZHINAN: SHIYONG CELUE YU GONGJU

出　　版	天津人民出版社
出 版 人	刘　庆
地　　址	天津市和平区西康路35号康岳大厦
邮政编码	300051
邮购电话	（022）23332469
电子信箱	reader@tjrmcbs.com

责任编辑	郭雨莹
封面设计	明轩文化·王　烨

印　　刷	天津新华印务有限公司
经　　销	新华书店
开　　本	710毫米×1000毫米 1/16
印　　张	24.5
插　　页	2
字　　数	300千字
版次印次	2023年2月第1版　2023年2月第1次印刷
定　　价	98.00元

版权所有　侵权必究
图书如出现印装质量问题，请致电联系调换（022-23332469）

总　序

　　"生态哲学译丛"是我于2017年5月在天津外国语大学欧美文化哲学研究所策划主编出版的选题。在天津外国语大学领导的大力支持下,我申报了天津市高等学校"十三五"综合投资规划项目,经专家评审和天津市教育委员会审批获准立项资助。

　　获准立项后,我们选购了三百余部英文版生态哲学、生态伦理学、生态思潮、环境哲学等方面的著作,作为哲学硕士一级学科研究生教材和研究资料。精选了其中十五部著作,计划组织英语专业有关教师和哲学专业有关教师开展翻译工作,以丛书的形式出版。鉴于本丛书的出版价值,选题得到了天津人民出版社领导的大力支持, 编辑部老师积极开展了版权引进工作。这项工作因多种原因,版权引进历时一年多,共引进了四部版权,其他著作的版权引进仍在联络中。天津人民出版社总编辑王康老师和编辑部的老师们,为本丛书的出版做了大量的编审工作,在此一并致谢!

　　我们设计这套丛书的初衷是,始终坚持让外国哲学的研究和翻译为我国现代化和思想文化建设服务。生态文明建设是中国特色社会主义事业的重要内容,关系人民福祉和民族未来。落实党的十九大精神,树立国际视野,汲取古今中外的生态智慧,不断推进生态哲学理论中国化,加快形成人与自然和谐发展的新格局，开创社会主义生态文明新时代是中国特色社会主义发展的必然需求，也是哲学工作者和翻译工作者的任务。因此，开展中外生态哲学研究与文献翻译工作，为我国培养生态哲学研究与文献翻译人才，为建设美丽中国提供可资借鉴的国外学术研究成果，具有重要的理论和现实意义。

培养学术翻译人才，提高理论思维水平和翻译水平，需要用学术批判的眼光，不断地学习以往的哲学，汲取精华，去其糟粕。恩格斯说："一个民族要想站在科学的最高峰，就一刻也不能没有理论思维"[①]，"但是理论思维无非是才能方面的一种生来就有的素质。这种才能需要发展和培养，而为了进行这种培养，除了学习以往的哲学，直到现在还没有别的办法"[②]。加强理论学习，要紧密结合"生态哲学研译"工作。深入贯彻习近平总书记对研究生教育工作的重要指示，落实立德树人的根本任务。打造"卓越而有灵魂"的哲学专业研究生教育，努力提高研究生培养质量，不断提高师资队伍"研译双修"水平，增强"研译创新"能力，努力产出"研译"精品成果，服务中外文明互鉴、互译，服务人类命运共同体建设和生态文明建设。习近平总书记指出："世界文明历史揭示了一个规律：任何一种文明都要与时偕行，不断吸纳时代精华。我们应该用创新增添文明发展动力、激活文明进步的源头活水，不断创造出跨越时空、富有永恒魅力的文明成果。激发人们创新创造活力，最直接的方法莫过于走入不同文明，发现别人的优长，启发自己的思维。"[③]牢记党和国家领导人的教诲，对于人才培养、服务社会，具有重要的实践意义。

20世纪以来，伴随工业化而来的大气污染、海洋污染和陆地水体污染等对人类社会和自然环境的影响日趋严重，成为当代人类共同关心的

---

① 《马克思恩格斯选集》（第三卷），人民出版社，2012年，第875页。

② 同上，第873页。

③ 《习近平谈治国理政》（第三卷），外文出版社，2020年，第470页。

问题。"生态文明"(Ecological Civilization)是当今国内外重大的理论课题之一,中外学界高度关注。西方学界自20世纪以来对"生态问题""生态伦理""生态思想"等进行了多层面的考察和研究,经过半个多世纪的演化达到高潮,形成了当代西方生态哲学思潮,代表性著作被译为多语种出版,促进了生态思想在全球的传播。

国外研究生态思潮的成果既有丰富的学理内涵,又有错综复杂的思想,即使在同一学派内部也存在着分歧。其理论具有反人类中心论、反二元论、反男权中心主义、反性别歧视、反控制自然、反人定胜天、反种族歧视、反物种歧视,倡导平权主义、素食主义,尊重自然规律和物种生命等特征。这一点,恰恰反映了西方学术界在同一问题上视野多维的学界风格,体现了西方学术思想所具有的争鸣传统。从更深的层次看,他们的学说反映了资本主义现代化过程中发展经济与破坏环境的深刻矛盾和社会矛盾,揭示了资本主义社会浮士德式的困境。

生态文明代表了不同于工业文明的思想观念和价值取向,它超越了唯经济增长论和人类主宰自然的思想,强调人与自然和谐共生的价值观;工业文明尽管给人类社会带来了物质繁荣,但并没有正确解决人与自然的关系问题,造成了全球生态环境危机,从城市污染到物种濒临灭绝,反映了工业文明的局限性。西方生态哲学思潮的兴起,反思了资本主义发展经济与破坏环境的悖论。从工业文明向生态文明的社会转型是人类社会发展的必然规律。习近平生态文明思想,是马克思主义生态哲学中国化的根本体现,丰富了马克思主义生态哲学的研究内容,对于正确处理人与自然的关系、加强社会主义生态文明建设,具有重要的指导意义。习近平总书记指出:"纵观人类文明发展史,生态兴则文明兴,生态衰则文明衰。工业化进程创造了前所未有的物质财富,也产生了难以弥补的生态创伤。杀鸡取卵、竭泽而渔的发展方式走到了尽头,顺应自然、保护生态的绿色发展昭示着未来。"①共谋全球生态文明建设，关乎人类未来。拥有天蓝、地绿、水净的美好家园，是每个中国人的梦想，也是全人类共同谋求的目标。

当今世界处于百年未有之大变局中，人类社会既充满希望，又充满挑战，和平与发展仍是时代的主题。全球问题和深层次矛盾不断凸显，不稳定性、不确定性因素增多。构建人类命运共同体，建设美好和谐的世界，是人类的共同愿望和时代精神。

人类社会的基本标志是文明，"每一种文明都扎根于自己的生存土壤，凝聚着一个国家、一个民族的非凡智慧和精神追求，都有自己存在的价值"②。世界文明的多样性和丰富性构成了人类社会的基本特征，交流互鉴、互译是人类文明发展的基本要求。几千年的人类社会发展史，就是人类文明发展史、交流史，"每种文明都有其独特魅力和深厚底蕴，都是人类的精神瑰宝。不同文明要取长补短、共同进步，让文明交流互鉴成为推动人类社会进步的动力、维护世界和平的纽带"③。世界是在人类各种文明的交流互鉴中走到今天，并走向未来，而翻译在促进不同民族、语言和文化交流中发挥了重要作用。人类社会的可持续发展，需要加强生态文明领域的交流互鉴、文献互译，增进相互了解，注入新鲜血液，促进和平与发展，应对日益突出的全球性挑战。

项目分工如下：

项目负责人佟立负责"生态哲学译丛"出版选题策划和出版论证工作；负责申报天津市高等学校"十三五"综合投资规划项目论证工作；负责组织选编欧美生态哲学、环境哲学等具有代表性英文版著作（三百余部）基本信息（英汉对照）；组织研究生登记造册，作为研究所师生开展生态哲学研究与文献翻译工作的重要参考文献；以此为基础，组织翻译队伍遴选

---

① 《习近平谈治国理政》（第三卷），外文出版社，2020年，第374页。

② 同上，第468页。

③ 《习近平谈治国理政》（第二卷），外文出版社，2017年，第544页。

具有重要影响和重要出版价值的(引进版)新著十五部,统一报送天津人民出版社引进版权;组织遴选英语学科教师参加翻译工作;负责制订译著翻译计划、出版计划、成果验收等项目管理工作;负责撰写"生态哲学译丛"总序。

课题组成员张虹(天津外国语大学欧美文化哲学研究所协同创新中心成员、英语学院副教授),刘国强(天津外国语大学欧美文化哲学研究所协同创新中心成员、英语学院副教授),王慧云(天津外国语大学欧美文化哲学研究所协同创新中心成员、英语学院副教授),夏志(天津外国语大学欧美文化哲学研究所协同创新中心成员、英语学院讲师),常子霞(天津外国语大学欧美文化哲学研究所协同创新中心成员、求索荣誉学院副教授),郝卓(天津外国语大学欧美文化哲学研究所协同创新中心成员、求索荣誉学院讲师),沈学甫(天津外国语大学欧美文化哲学研究所协同创新中心成员、副教授),姚东旭(天津外国语大学欧美文化哲学研究所协同创新中心成员、副教授)等参加项目翻译和服务工作。

由于我们的研究水平和翻译水平有限,译著一定存在诸多不足和疏漏之处,欢迎专家学者批评指正。

佟　立

写于天津外国语大学欧美文化哲学研究所

2020年7月18日

可持续发展业务指南

《可持续发展业务指南》是任何组织实施全面可持续发展战略的实用资源。这本书由资深的商业顾问撰写，适用于不同规模的企业。

可持续性现在已经是家喻户晓的话题，虽然许多高管现在都将其视为一个战略问题，但许多人仍然不确定如何在他们的组织中把这个问题落到实处。这本书提供了包括制造业、服务业和政府等一系列部门的很多实例，同时展示了如何在公司的每个职能领域（会计、人力资源、运营等）实施可持续性举措。这本书还包括作者的S-CORETM评估工具，帮助组织确认他们是否行驶在正确的轨道上，找到新的机会，确定责任的归属。

这本书里有很多有趣的故事和例子，涵盖了新的事态发展，对于那些把可持续性作为首要任务的管理者、企业家和学生来说，是一部激发阅读兴趣的书。

S-CORETM 评估工具可以通过国际可持续发展专业人士协会获得。

达西·希区柯克（Darcy Hitchcock）和玛莎·威拉德（Marsha Willard）是安讯士绩效顾问公司（AXIS Performance Advisors）的联合创始人，自20世纪90年代中期开始涉足可持续发展领域。二人均在美国班布里奇研究生院任过教,著有很多管理方面的书籍和文章。她们共同成立了国际可持续发展专业人士协会。

引 言

　　可持续性可能是一个令人困惑的话题，并不是每个人都有热情去阅读所有文献以了解这个概念。然而如果有人能用清晰易懂的语言，解释人们在这方面可以做些什么，几乎所有人都愿意为实现可持续性采取一些措施。例如，美国绿色建筑行业的爆炸式增长主要得益于能源和环境设计先锋(LEED)体系的检查清单，这个检查清单使建筑业、开发商和设施管理人员能够轻松地做出更可持续的选择。本书为每个组织所做的，就是环境设计先锋已经为建筑行业做的：把可持续性的抽象概念转化为实际的行动。

　　本书解释了组织(企业、政府机构和非营利组织)可以采取哪些措施来实现可持续发展。对可持续性不甚了解的人可以利用本书来了解该领域，对于那些追求可持续发展已经有一段时间，但目前进入停滞期，所以在考虑还能做些什么的人来说，本书也很有帮助。

　　本书与许多其他有关可持续性的好书不同，原因如下：

　　(1)我们不仅仅是讨论问题，还用具体的实例说明组织能够做什么，已经做了什么。

　　(2)我们不主推任何一个框架，而是帮助您确定哪个框架可能对您最有用,并列出资源,方便您可以了解更多。

(3)我们在每一章中都嵌入了自我评估,以便您可以确认自己的进度,并设想在您所从事的专业,什么样的发展才称得上全面可持续发展。

(4)也许是最重要的一点,本书的框架结构与组织的结构相同,这样是为了让每位读者都能够专注于与自己最相关的内容,并为其提供一种按照可持续性要素分配组织职责的方法。

本书的重点始终是让外行人理解可持续性。为了让可持续性运动继续下去,我们不能只依赖"早期采用者"和热心的少数人,而是必须找到一种方法,让每个人都能轻松地进行可持续的实践。幸运的是,一旦人们了解了可持续性,往往会有令人惊讶的发现,那就是现在有很多未开发的可持续实践,这此实践最终都会具有很好的商业意义。

如果所有组织向前迈出一小步,就能产生巨大影响。 一旦人们开始走上可持续发展的道路,他们就会一直走下去。 我们的经济、社区和环境的健康都取决于我们是否能够使可持续实践成为主流。本书有助于实现这一目标。

本书中使用的可持续性能力、机会、报告和评估是我们开发的评估工具的一部分,后来,莫琳·哈特(Maureen Hart)(当时供职于可持续措施有限责任公司)和她的团队[(埃德·哈特(Ed Hart)和吉姆·安杰洛(Jim Angelo)]把该工具变成了一个基于全球广域网的在线工具,我们一起把S-CORE 的所有权转给了国际可持续发展专业人士协会。书中的纸质版评估对您会有一些帮助,但是评估的真正价值在于,有一个拥有授权的评估人员帮助您收集数据(常常只需要一次时长约两个小时的会议),并为您提供一份有建议、有您的分数与您所在行业的其他人的分数对比的报告。目前版本中有许多特定行业的评估没有被涉及,但是已被补充到S-CORE中(例如设计与建筑、电力公用事业、生态旅游)。国际可持续发展专业人士协会还将寻找机会开发更多的评估。这些行业补充针对的是特定行业的独特之处，而功能评估则针对的是大多数组织的共同点。还有一个小企业版本。

如果您想在您的组织中使用S-CORE评估工具，请参阅ISSP以获取更多信息。虽然任何组织都可以使用本书中的纸质版评估进行自我改进，但只有接受过专门的培训得到授权的评估人员，才有权提供S-CORE评估服务。经验丰富的可持续发展专业人士可通过ISSP获得许可证，如有需要，请联系ISSP，网址：www.sustainabilityprofessionals.org/resources/s-core-sustainability-assessment。

1.这本书的框架结构

开篇是可持续性和变革管理的概述，接下来的章节按照主要行业（服务业、制造业、政府机构）和组织的共同职能或部门（高层管理、人力资源部、采购部等）编排。这些章节中的每一章都包含三个部分：

（1）您应该了解的可持续性。本部分从行业或功能的角度解释了为什么可持续性很重要，以及可持续性对您有什么影响。您将了解到，可持续性与您在组织中的角色有什么关系。

（2）您可以使用的策略。与任何新领域一样，与可持续性有关的术语、框架和热词正在激增。在这里，您将看到的是经过精挑细选的、对您最有用的术语、框架和热词。您可以将这部分视为一部定制的百科全书，里面囊括了追求可持续发展的人们使用的方法、工具以及案例。我们还提供了相关资源，资源的顺序大致按照有效性排列，以帮助您了解更多信息。这部分将帮助您确定，您可以采取哪些具体行动实现可持续发展。

（3）应用问题和S-CORE自我评估。每章最后都有应用问题和S-CORE自我评估，可以帮助您确定自己的实力和需要改进的领域。应用问题有助于读者和教师更加充分地利用每一章。把S-CORE评估结合起来，可以让您知道您所在的组织在可持续发展方面绩效如何。评估列出的每项实践，都可以用基准对三个层面的绩效进行测试，这样您就可以确定您在可持续发展道路上走到了哪一步，并且明白怎样才能实现全面可持续发展。进一步的说明，请参见"如何使用自我评估"。

2.如何充分利用这本书

当然，您可以从头至尾地把本书读一遍，以了解与可持续性相关的问题和策略之全貌。但对于某些人来说，他们可能不会这样读完这本书。对可持续性不熟悉的人可能会阅读"您应该了解的可持续性"，然后选择一个问题并使用我们在"可用策略"部分提供的几个工具。那些精通可持续性的人可能想要直接进入S-CORE自我评估，以确定需要改进的领域，然后寻找适当的策略。教师们则希望使用每一章中提供的应用问题部分。

根据您对可持续性的了解、职位和所在的行业，某些章节会与您更加相关。第一章讲的是作为战略性问题的可持续性，对所有对可持续性概念还不熟悉的人都有用。因为每个组织都有服务与办公部门，我们建议所有的读者，无论来自哪个行业，都阅读第三章（服务行业）。就职于政府部门或制造业的读者可能还希望阅读与他们行业相关的章节，和与他们的职能相关的章节。当然，有很多职位头衔，本书并没有包括进去，所以建议读者选择阅读与自己的工作最相关的章节。例如，办公室主任负责维护办公室、采买办公用品、管理安全计划，这样的读者应该阅读服务行业、设备、采购和相关实践的环境事务评估章节。把本书视为一本有关可持续性理念的书，读上一章，发现某些值得去做的事情，把想法付诸行动，然后再回到本书寻找其他机会。

3.如何使用自我评估

每章最后提供的S-CORE自我评估，您可以使用不同的方法进行。如果您是您的组织中唯一一位倡导可持续发展的人，与您的职能和行业有关的评估能够帮助您在您所控的范围内采取一些行动。如果您所在的组织已经对可持续性非常了解，并且一直在积极努力实现可持续性，这些评估可以帮助确定可持续发展策略缺少哪些要素。对可持续性不了解的人，这些评估可以帮助他们设想出，在他们的领域可持续性意味着什么。

（1）服务机构（比如银行、餐馆、旅馆、建筑师以及大多数的非营利机构）会想使用服务行业的评估，以及所有相关的职能评估（高层管理、人力资源等）。

（2）制造业企业会想使用服务与制造业评估以及所有相关的职能评估。

（3）政府机构（政府各级政策决定、政策实施机构或部门，而非公用事业或公共运输当局这样的公共服务机构）会想使用服务与政府机构评估，以及所有相关的职能评估。

您可以把根据本书所进行的所有纸质版评估的结果进行整理，以便比较全面地了解您所取得的进展，以及您还需要做什么。

任何人都可以使用本书中的S-CORE工具，但是S-CORE也是一项独立的服务，提供更加复杂的分析，包括把您所在组织与做过S-CORE评估的其他组织进行比较。国际可持续发展专业人士协会现在对实施S-CORE可持续性快速评估提供授权。那些得到授权的人们，有机会使用更多开发出来的特定行业评估。要找接受过培训并有授权使用本评估的人员，请联系国际可持续发展专业人士协会。任何想实际使用S-CORE进行正式评估的内部或外部的顾问必须得到授权，他们将了解本工具的微妙之处，成为得到授权的S-CORE评估人员，得到所有需要的辅助文件、可使用基准数据库和本书中没有提供的行业评估。他们还可以为改进S-CORE献计献策，得到评估工具的最新版本。

我们无意用这些评估取代世界各地正在开发的评估组织的可持续发展绩效的各种评分体系［（比如全球报告倡议、英国标准8900、S-BAR标准、委托责任1000准则（AA 1000等）］。这些评估也不能决定可持续发展最终的样子，因为可持续性是个全球问题，不是任何一个组织能够实现的。我们建议不要公开声明，要使用本工具把您所在的组织的表现与其他组织的表现进行比较。我们的目的是，把S-CORE当作促进组织内部改进的工具,帮助组织做出决定,采取行动实现可持续发展。

为了便于使用我们的评估,评估包括更多的流程措施(你们在过去的五年进行过能源审计吗?),而不是量化的结果(你们节约了多少能源?)。评分(1—3—9)与您在内部把可持续性制度化的程度挂钩,也与您对其他组织的影响挂钩,9分表示全面可持续发展。

4.说明

按照以下步骤完成每一项S-CORE自我评估:

(1)检查相关S-CORE可持续性实践清单,了解您在过去五年中实施了多少可持续实践。

(2)在您进行了可持续实践的某个方面后,使用评分等级确定您可以得到的分数。我们已经对初始试验阶段、计划阶段和全面综合系统性阶段的基准进行了描述(为了避免冗余,这些阶段栏是加和型的,有些内容没有列入计划阶段,是因为假定您也达到了列入其他两个阶段的标准)。您可以给自己打最能代表目前状态的0—9分。例如在某一方面,您可以给自己的可持续实践打1.5分,给另一方面的可持续实践打4分,您必须达到全面可持续发展的状态才能得到9分。

(3)完成评估后,把分数加起来再平均,然后寻找机会在更大的范围内进行可持续实践,或尝试尚未进行的可持续实践。

(4)完成了所有相关的S-CORE评估以后,把每个职能领域的平均分数进行比较,用比较的结果来确定提高可持续发展绩效的策略。如果是授权的评估人员帮助进行的S-CORE评估,那您就可以拿到一份包括他们专业性建议的详细报告。

5.扩展本书与S-CORE评估的价值

有一些读者阅读本书以了解可持续性都包括什么,也有一些读者利用本书为他们可以实施的项目获得灵感,还有第三类读者,他们阅读本书的目的不仅如此。例如,可持续达拉斯(Sustainable Dallas)组建了一个图书学习小组（Book Study Group），把本书每一章都学习了一遍。您可以把本单位或来自不同单位的人员组织起来，还可以根据章节标题组织系列午餐讲演。一些对可持续性感兴趣的商业集团已经把S-CORE作为他们的评估办法。一些贸易协会帮助我们为他们的行业做了详细的行业增补，这些S-CORE的增补对授权的评估人员开放使用（例如教育、SPAS、电力公用事业）。

表1　S-CORE评估结果的解释

如果你的平均分是	那么你所处的阶段是
0—1分	滞后阶段：您可能已经开始可持续发展工作，但都是临时起意，您开始落在正在落实可持续实践的其他人后面，应该想方法迎头赶上。为实现可持续发展，您可能需要创建更有说服力的商业案例。我们建议您从传统意义上具有很好的商业价值的项目开始，您需要制定带有衡量标准的可持续发展规划。如需要帮助，请参阅可持续发展规划详细指南。
2—3分	学习阶段：您有高层管理人员的支持，有实现可持续发展目标的策略，并且取得了一些进展，但是您还可以做得更多。想办法扩大已经取得的成果，或者选择从其他方面来说非常及时的项目。确定在哪些实践方面您仍然落后，然后找到对您最有帮助的实践。
4分以上	领先阶段：您已经走在了前列，成为他人的表率，但是不要认为您已经实现了全面的可持续性，我们要走的路还很长。世界已经走上可持续发展之路，在竞争中保持领先会更加困难。为取得重大进展，您可能需要影响您的行业、供应商和其他利益相关者。邀请对您最不满意的人帮您制定新的方法。不断创新，通过说和写的方式，如果合适也可以通过实地访问的方式分享您的经验教训。

注:这些分数和级别没有直接对应评估中的1—3—9评分制,因为您的平均得分可能低于您的某些单项得分。

6.对其他可持续发展专家们的免责声明

作为正在蓬勃发展的领域,可持续发展实践在世界各地层出不穷,我们不可能把每个例子、每个国家、每个框架或每种方法都纳入本书,我们尽量选择可以说明我们的观点的例子, 优先考虑那些容易进行进一步研究的例子(比如书面讲过的例子、在网络上能找到资源的例子)。有些可持续发展专家可能会读到我们的书,然后发现他们的项目没有被写入本书,所以我们要事先向所有可持续发展专家表示歉意。我们希望你们把反馈和建议提供给我们,这样我们可以在更新版本时使用。感谢你们的奉献、创造和给予的帮助,我们的共同努力会为我们所有人搭建更美好的未来。

投稿人介绍

可持续性已经成为一个非常复杂的领域,出现了众多的倡议,达西·希区柯克和玛莎·威拉德寻求专业人士们的帮助,让这些可持续性领域的专家帮助更新第三版各章的信息内容。 我们对他们花时间提供的真知灼见表示感谢。

德米·艾伦(Demi Allen):法学和工商管理硕士。他是一名商业和监管律师,曾担任多家上市生物科技/制药公司的法律顾问。他曾担任 Zymo-Genetics 公司的首席法务官,是公司绿色团队的成员。2010 年该公司被百时美施贵宝(Bristol—Myers Squibb)收购,德米·艾伦成为百时美施贵宝可持续发展委员会的律师和成员。企业战略和企业文化管理一直是他职业生涯中的重点领域。2013 年,他在班布里奇研究生院(Bainbridge Gradu-ate Institute,BGI)获得了可持续商业工商管理硕士学位,并曾在 BGI 担任助教。他在西雅图每天骑自行车上下班,也是活动交通的有力倡导者,在几个与交通相关的委员会任职。

米歇尔·安德森(Michelle Anderson):工商管理硕士。她是华盛顿班布里奇岛的可持续发展专家,热衷于讲故事和发挥领导作用,目前她把这股热情投入可持续食品和农业领域。在成家之前,她曾在多家科技公司从事产品开发和网络营销工作,并担任经济顾问。米歇尔·安德森毕业于西雅图大学,获得经济学学士学位,是平肖大学(Pinchot University)班布里奇研究生院可持续系统工商管理硕士。目前她正致力于向人们宣传如何修复并建立繁荣的地区粮食系统。

杰西卡·阿农德松(Jessica Anundson): 工商管理硕士。她曾与美国各地各种规模的企业合作。她的工作经历包括管理一个由社区支持的能源效率计划,倡导在华盛顿海岸建立开放空间,设计和实施吸引下一代公民领袖的活动。杰西卡·阿农德松对商业的热情源于她丰富的经历:她是环境和社会公平的倡导者、领导力培训师、世界旅行者、协同设计师和热情的户外设计师。她还在班布里奇研究生院担任助教,重点讲授组织领导力,是致力于为西北内陆地区打造充满活力的未来制定战略的 Camas Partners 公司的合伙人。

科琳·鲍曼(Colleen Bowman): 工商管理硕士(可持续商业)。 她对可持续发展以及可持续发展目标对各种形式与规模的组织可能带来的社会、环境和经济利益进行了专业和学术上的探索。她热衷于活跃当地经济,支持以服务社会为目的的创业企业,通过咨询和管理服务,为许多企业提供过支持。科琳是密歇根州底特律人,从 2001 年起,她把华盛顿州的西雅图当作了自己的家。她是派克市场社区的活跃分子,非常喜欢作为西雅图珍贵地标的派克市场所传承下来的一切和带来的活跃氛围。

钱特尔·邦克尔斯(Chantel Bunkers): 工商管理硕士。她是经验丰富的战略运营和流程改进专业人士,擅长通过流程定义、创新运营改进、适应性工具/技术和明确的沟通来创建自我维持业务实践。策略是钱特尔的核心力量, 比如她在很多情况下都会搭建平台, 让周围的人都能做到最好。她在市政部门、学术领域、非营利企业、新创企业和大公司都工作过,并在欧洲和亚洲生活和工作过。钱特尔喜欢置身于自然中,无论是攀岩、登山还是自行车旅行,她都喜欢。她不仅是能源与环境设计先锋 LEED 认证的专业人士，还非常热爱园艺、下厨、制陶、编织和跳探戈舞。

克丽·卡尔波利（Kerrie Carbary）：工商管理硕士（可持续商业），对可持续商业、小额信贷和微型企业有浓厚的兴趣。她曾几次创办公司，包括一家纸艺用品制造公司、可持续艺术用品商店、再生素描本及期刊制作公司和一家小型报刊出版公司，目前是一名商业和创业顾问。克丽对非营利性和营利性部门的工作都很在行，并且有自己的目标，就是让那些身体不好，或身心有残疾，或因文化背景被边缘化，但却在努力保持自己的独立性和潜力的低收入的人们强大起来。她热衷于使非营利领域实现可持续性。

阿基玛·康奈尔（Akima Cornell）：博士，目前是可持续发展顾问和政策专家，为气候变化问题提供创新型解决方案。十年来，她为洛杉矶、旧金山、华盛顿特区和英国的公有和私有组织、大学和非营利性组织研究、制定并评估与气候变化和可持续性有关的政策，积累了很丰富的经验。她拥有以下技能：可持续发展咨询、项目管理、数据分析、项目标杆管理、公共外联、利益相关者参与、政策分析与谈判、活动协调与活动策划。阿基玛是橘县（Orange County）可持续发展委员会董事会成员洛斯费利斯（Los Feliz）绿色委员会的代表。她拥有加州大学圣迭戈分校的政治科学与哲学学士学位，爱丁堡大学政治学（研究方向）硕士学位和埃塞克斯大学国际环境政治与统计学博士学位。

凯莱布·迪安（Caleb Dean）：工商管理硕士（可持续系统）。他认为通过倾听我们所处的社区的心声和通过领导实践所创造出来的设计方案，是最具创新性和可持续性的。他是 Owl,Fox & Dean 组织战略与设计公司的创始人和董事，并帮助打理岳父岳母在马萨诸塞州剑桥市经营了四十多年的名叫剑桥天然产品的商店。他热衷于设计、系统思考、领导力和个人发展、创业、通信和经济发展，并在以上方面有着丰富的经验。2008 年他在家乡谢尔伯恩瀑布设计并推出了同辈人可持续创业空间（The Generation Sustain Venture Space），为自由职业者、初创公司和社区组织提供专业的商业便利设施，帮助建立一个强大的经济发展社区。凯莱布拥有马萨诸塞大学阿默斯特分校环境设计学士学位和班布里奇研究生院可持续系统专业工商管理硕士学位，主攻方向为金融。

苏拉娅·多萨·沙特克（Soraya Dossa Shattuck）：工商管理硕士（可持续系统，拥有可持续人造环境证书）。她的同龄人都说她是一个充满好奇心的生态冒险家。自从 15 年前从肯尼亚移居到美国的西北部，她对探索自然的热情一直呈指数性增长。苏拉娅拥有运营管理学学士学位，在过去的七年中，一直在帮助企业将精益环境效率和能源效率融入其流程。她在班布里奇研究生院学习，获得组织领导力专业可持续发展工商管理硕士学位和可持续人造环境毕业证，这段学习经历加深了她对可持续性的系统思考、社会公正和商业文化影响的认识。她非常高兴能够运用自己的知识激发旅游业积极的变革，增强旅游业的环境与社会责任感。

劳伦·弗鲁热（Lauren Fruge）：工商管理硕士，能源与环境设计先锋 LEED 认证的绿色运营与维护专家（LEED AP O+M）。她是华盛顿州西雅图市的可持续发展和能源效率专业人士，致力于影响建筑性能，促进利益相关者参与和长期规划工作。劳伦拥有华盛顿州立大学荣誉学院的环境科学学士学位，班布里奇研究生院可持续系统工商管理硕士学位。她和丈夫住在瓦顺岛，是当地社区和公立学区的活跃成员。

马里萨·甘特（Marisa Gant）：工商管理硕士（可持续商业）。她在国际发展部门工作了七年多，在她的引领下，See Your Impact、美国公平贸易协会、全球交易所和可持续发展基金会在业务发展、贸易认证和运营方面都取得了成就。马里萨是公认的项目管理、组织和分析专家，在将想法付诸行动和促进不同利益相关者之间的合作方面，业绩可观。她最近获得西雅图班布里奇研究生院可持续商业工商管理硕士学位，目前是一名可持续商业顾问，同时还在为获得喀拉拉大学（Kerala University）阿育吠陀健康咨询证书进行在线学习。她计划利用新培训获得的知识为客户优化业务和系统健康。

格雷格·希拉尔多(Greg Giraldo):工程原理与实践专业,能源与环境设计先锋 LEED 认证,工商管理硕士(可持续系统)。他目前在西雅图的 SvR 设计公司担任设计总监。除了从华盛顿大学获得土木工程学位、从事可持续设计十七年并获得班布里奇研究生院工商管理硕士学位外,格雷格还在华盛顿大学教授可持续工程设计策略课程。他专门研究系统设计工程及其与自然环境的关系,主攻设计如何影响结果。

希瑟·希金博特姆(Heather Higinbotham):工商管理硕士(可持续系统),理学硕士(环境研究)。她是蒙大拿州的本地人,非常热衷于保护给她灵感和培育她成长的这片土地和社区。她拥有蒙大拿大学环境研究、替代能源和可持续建筑科学硕士学位, 以及班布里奇研究生院工商管理硕士学位。目前,她担任蒙大拿州波兹曼市的节能技术员和黄石商业合伙公司的可持续发展项目负责人。希瑟是一位桥梁建造者和生态卫士,她利用自己的好奇心和社区的力量,寻求合作解决该地区最大的环境、社会和经济问题。她是一位骄傲的母亲,是出色的女儿司各特的领路人。通常她会和女儿一起泡天然温泉、欣赏音乐和冒险,她在努力让世界变得更美好。

埃琳·休姆(Erin Hulme): 她是商业和伙伴关系发展方面的一位创业型专业人士和关系架构师。她在小型、多样化和快速移动的团队摸爬滚打,积累了丰富的经验。在这样的团队工作,需要同时具有多方面的能力,包括市场营销、战略规划、技术写作、销售、合作开发、活动策划和公开演讲的能力。她毕业于班布里奇研究生院,在太平洋西北芭蕾舞团(Pacific Northwest Ballet)的企业关系部工作,该芭蕾舞团是美国最大、最受推崇的芭蕾舞团之一。她还担任过企业责任和产品经理,为减少浪费和节约能源、留住更多的人才,她制定了企业责任战略计划。

阿兰娜·坎伯利 (Alana Kambury):商业发展总监和饥饿小巷农场

(Starvation Alley Farms)的共同所有者。2014年毕业于平肖大学,获可持续系统工商管理硕士学位。长期工作生活在俄勒冈州波特兰市的阿兰娜主要从事协作系统和集成通信的研究,她把自己的研究与她和共益实验室(B Lab)、西北部的共益企业(B Corp)社区共同开发的一项研究生课题结合在一起。广阔的研究领域让阿兰娜变得很理性,她用玛丽·奥利弗《夏日》中的一句话来衡量自己的成功:"告诉我,你打算用你那疯狂而珍贵的生命做什么。"

戈兰·科丹(Golan Kedan):一名专门从事决策分析和人类健康风险评估的环境顾问。他拥有十四年为公有和私营部门客户提供服务的工作经验,所涉及的项目范围广泛,包括管理和分析大型数据集、进行技术写作、为优先考虑用于评估决策备选方案的因素,包括估计温室气体排放量和社会经济影响之目的,促进与利益相关者的会议。戈兰在工作中采用了系统思考的方法,力求促进可持续性,特别是在能源使用方面。他拥有华盛顿大学环境健康硕士学位和班布里奇研究生院可持续商业工商管理硕士学位。戈兰在工作之余,酷爱户外活动,包括陆地和水上运动。

希拉里·基尔戈(Hilary Kilgour):创新、创业和目标意识很强,是一个罕见的集组织建设能力、善言沟通能力和户外教育能力于一身的人,非常热衷提高创业生态系统的能力。她是一位河道向导,无论身在何处,董事会上、山顶上、竞争中或是独自创业中都能坚持自己的立场。希拉里是加拿大最早的社会企业之一"我到我们"的负责人,负责加拿大西部地区的业务,通过与露露乐蒙(Lululemon)、Nsansa、梅琳达和比尔盖茨基金会及松鸡山(Grouse Mountain)度假村的合作,她的跨部门专业知识得到扩展。她正在动员跨部门的合作伙伴,利用部门之间的可能性应对我们面临的全球性资源匮乏问题,并明确地提出要采用创新的方法。作为Unati战略公司的联合创始人,希拉里正在建立一个社会企业,重新定义人们和组织如何建立团队来完成有意义的工作。

伊泽戈比·恩那穆迪(Izegbe D.N.N'Namdi)：密歇根州底特律本地人，他在教育部门工作了十多年，为加强行政程序和教育设施提供可持续的运营战略。伊泽戈比是班布里奇研究生院工商管理硕士，毕业之后成立了NDA可持续战略有限公司，一家为城市社区的经济与房地产发展提供可持续解决方案的微观经济发展公司。他还通过参与阿尔法·卡帕·阿尔法联谊会(Alpha Kappa Alpha Sorority)、底特律艺术学院现代与当代艺术董事会之友，以及其他社区组织的活动为自己的社区提供服务。

雅各布·佩里特·克雷维(Jacob Perritt Cravey)：我们中立公司的董事兼联合创始人。该公司是一家非营利组织，负责开发有助于社会、经济和环境发展的当地碳补偿项目。2008年，他创建了中立鳄鱼计划，并带领全国冠军佛罗里达鳄鱼队进入了美国大学生体育协会(NCAA)历史上第一个碳网足球赛季。从那时起，利用当地碳补偿，所有运动项目在所有赛季碳排放都有所减少。雅各布最近刚从班布里奇研究生院毕业。

梅里亚·普雷斯(Melea Press)：博士、mPression咨询公司总裁、巴斯大学副教授。她所授课程的内容是作为重要商业战略的可持续性，并提供这方面的咨询服务。普雷斯博士的研究重点是市场和市场体系的有效性和变革。她的研究成果发表在顶级学术期刊上，包括《消费者研究杂志》《市场营销杂志》和《公共政策与市场营销杂志》，她还在全球很多会议上做过发言。

阿曼达·托马斯(Amanda Thomas)：工商管理硕士，致力于激发个人潜能、引发再生变化的工作。她通过获得班布里奇研究生院可持续系统工商管理硕士学位和可持续食品和农业系统证书，把自己对商业、可持续性和食品的兴趣完美地结合在一起。阿曼达拥有西蒙特学院传播学学士学位，在西海岸与人共同创建并经营零售店面和做活动规划的经历，使她对食品政策，减少食物浪费，阐明水、能源和食物之间的联系产生了兴趣。作为非营利性初创企业，黄色种子协作项目的主要催化剂，她和她的团队正在通过创建一个在线决策工具来促进有意识的贸易，帮助新兴的小规模农场进入新市场。阿曼达能力卓越，喜欢游玩于西海岸的山水之间，或许她现在就徜徉在加州的沿海各县，享受着那里的蓝天和丰富的有机蔬菜。

目　录

第一部分
基础概念

第一章

可持续性：一个战略性问题 *

　　我们出版《可持续性发展业务指南》一书第二版的时候，董事们与媒体对可持续性一词还感到很陌生，但是几年前，当我们在《华尔街日报》上看到这个词，并且《华尔街日报》没有对可持续性进行定义的时候，我们就知道这个概念已经成为主流。如果你来自商界或是社区工作者，但是对可持续性还不了解，也不追求可持续性，那你就落伍了。因为可持续性已经为人熟知，本章我们将聚焦可以让人们对可持续性有进一步理解的关键问题。与所有新术语一样，可持续性往往会被轻描淡写或过渡渲染，我们希望能够澄清一些观点。在本章，我们将探讨什么是可持续性，为什么对企业和社区来说可持续性是一个非常关键的战略问题。

---

　　* 第三版的第一章在德米·艾伦和梅里亚·普雷斯的帮助下更新。

一、什么是可持续性？

（一）善恶有报

从实际的日常角度来说，可持续性就是为获得多种利益，制定既能促进经济发展，又能让社会和环境变得更好的决策，而不是顾此失彼。企业一直以来把此称作"三重底线"。"三重底线"是约翰·埃尔金顿（John Elkington）在《餐叉食人族》一书中创造的。在要就业还是要环境，要经济增长还是要环境健康，要发展还是要栖息地的问题上，我们无须再进行争论，答案应该始终为都要，而不是非此即彼。一个为了利润或牺牲环境，或盘剥员工的公司不会获得可持续性发展，因为从长远看，这样做会使其经营许可面临风险。我们必须满足所有三个方面——经济、社会、环境——的需要，因为系统地说，这三个方面相互联系。如果您向环境中释放有毒的化学物质，会造成人们体弱多病，从而影响到经济。例如中国，中国生态环境部估计，2010 年环境的恶化给中国造成的损失高达 2300 亿美元，大概占到了国民总收入的 3%。[1]（如下）

环境破坏（污染）→社会损害（病痛）→经济损失（国民生产总值）

因为这是一个完整的系统，你可以在任何地方开始论证。2008 年经济出现崩溃，很多人失去了工作，失去了住房。像底特律这样的城市（建立在 20 世纪技术之上的城市）被掏空，银行委托公司把止赎房屋里剩下的所有东西都清理出来，然后扔进垃圾桶。（如下）

经济损失（崩溃）→社会损害（失去住房、失去工作）→环境破坏（垃圾）

正如托马斯·弗里德曼（Thomas Friedman）所说，叙利亚目前的冲突并非事出无门。气候变化导致水资源短缺，政府没有采取相应的应对措施引发了革命。现在炸弹满天飞，极有可能破坏中东的稳定，石油价格在一点

点上涨,使世界经济增长放缓。[2] 如此循环下去,我们将进入一个死亡旋涡。(如下)

环境破坏(气候变化)→经济损失(伤害农民)→社会损害(革命)→环境破坏(战争造成的破坏)→经济损失(石油价格)

(二)任何人、任何组织机构、任何社区都不是一个孤岛

只是认识到三个领域——经济、社会与环境的存在,并在每个领域采取行动,不能让您或您的组织实现可持续性发展。现在有很多的公司声称他们的发展或他们的产品是可持续的,但是可持续性是整个系统——地球的一个特征。一个公司或一个社区的可持续性发展不是可持续性,这些公司或社区可能在追求可持续性发展,但是请不要声称已经做到可持续性。在本章的后面,我们会从科学角度探讨全面可持续性是什么意思。言归正传,我们应该探讨为什么对组织来说,把可持续性作为发展战略是明智之举。

(三)是什么推动着可持续性发展的趋势?

可持续性不再是一个边缘问题。对一个公司来说,要长久地生存下去,并在健康的生态环境下经营下去,有什么比其能力更重要呢?鲍勃·威拉德(Bob Willard),《可持续性发展之优势》一书的作者,鼓励组织把可持续性视为有利于发展的一项战略,而不是要实现的众多目标中的其中一个目标。可持续性可以把各方面的力量都组织联合起来,包括那些看起来毫不相干的精益生产项目、国际劳工问题及零废物项目。可持续性思维要求组织了解他们的所作所为对社会与环境造成的所有物质影响,在取得经济成功的同时,建立评价标准,衡量他们在控制这些影响方面取得的成果,并且时常关注外部环境,以便发现问题和机会。在一个资源有限、生态系统承受着巨大压力、全球气候不断恶化,人口不断增长的世界,这样管理组织是很好的发展战略。不能采取这些措施的公司,不可能取得长远的发展。

面对这些趋势，组织都在努力实现可持续性发展，其背后的原因各有不同。

(四)大公司

大的上市公司追求可持续性发展部分原因如下：

(1)社会对企业的期待发生了变化。今天社会对企业的期待是全方位的。1999年进行的、涉及了来自6大洲23个国家25000人的一项"企业社会责任千年民意调查"发现，大多数人期待企业做到的远远不只是营利、守法、纳税以及创造就业。他们还期待企业"超越所有法律，设立更高的道德标准，为所有人建立一个更加美好的社会"。[3]

(2) 社交媒体改变了人们获取企业以及产品可靠信息的渠道。根据2013年进行的一项企业责任调查：

①有34%的消费者使用社交媒体分享有关企业和问题的正面信息；

②有29%的人使用社交媒体获取更多有关某个具体公司和问题的信息；

③有26%的人使用社交媒体分享负面信息。[4]

(3)投资者们发现关注环境、社会和治理问题的组织管理得更好。一些调查显示，这些组织的股票表现和财务状况一点也不比那些不关注以上问题的公司差，而且经常好于后者(为对该研究有更全面的了解，请参阅马修·基尔南(Matthew Kiernan)的《为可持续的世界投资》的第一章)。既然让世界变得更美好不会给您带来经济损失，那么为什么您要选择创建一个让世界变得更糟糕的企业？

(4)CDP(也就是以前的碳信息披露项目)已经促使很多的公司主动报告其温室气体排放情况，不久他们也会报告污水排放情况。该项目表明，主动报告碳排放情况并对风险进行管理的公司，其股票的价格有很大幅度的上涨。[5]

(5)董事会开始关注可持续性。根据可持续投资研究所的统计，54%的标准普尔500强企业由董事会对可持续性发展问题进行监督。[6]

（6）可持续性发展报告成为常态。到 2011 年, 全球 250 强（世界上最大的公司）中有 95% 发布了可持续性发展报告（遗憾的是, 没有发布可持续性发展报告的公司中，有 2/3 是美国公司）。[7] 全球报告倡议（Global Reporting Initiative）、综合报告（Integrated Reporting）与可持续性会计准则委员会（Sustainability Accounting Standards Board, SASB）都在努力, 保证对这些评价指标的跟踪与报告具有连贯性。

（7）保险公司担心气候变化和气候变化带来的影响会破坏他们精算模型的有效性, 所以保险公司在给主要的碳排放公司施压, 要求他们报告并管理气候风险。

（8）各大品牌都强烈地感到有必要保护自己的形象, 这也是股东和非政府组织（NGO）各类活动的目标。对他们来说, 在供应链中积极寻找可持续性的可能是明智的品牌管理办法。

（9）在某些情况下, 公司之间的交流也需要他们这样做。在澳大利亚, 人们希望公司就这些问题进行报告, 如果不进行报告, 需要解释原因。

（五）中小企业

中小企业追求可持续性发展的部分原因如下：

（1）在很多情况下, 客户要求他们这样做。比如, 沃尔玛要求所有供应商必须报告与其可持续性指数相关的各种因素。出于利益考虑, 大企业促使小企业按照要求去做。同时, 小的街边企业也在利用人们对本地的、有机的、可持续的、天然的产品和服务日益增长的兴趣。

（2）年轻一代的员工期待他们这样做。进入劳动力市场的年轻人希望在这个世界上有所作为。他们知道, 他们从 20 世纪接过来的是一个混乱的世界——这一切都是他们在学校里听说到的, 因此现在他们想做点什么。

（3）可持续性给工作带来意义。甚至老一辈人也会因与可持续性相关的努力而受到鼓舞。北欧一家斯堪迪克酒店（Scandic Hotels）的总经理肯·霍珀（Ken Hopper）这样说道：

　　我在斯坎迪克工作十年了，我们举办过各种各样的活动，或者说做过各种事情，没有什么比这样的环保运动更令人兴奋的了。影响非常巨大，所有人都受到感染。人们对可持续性如此热衷，愿意做出一些牺牲，愿意投入时间与精力参与其中，真是令人难以置信。我们一直想把员工们组织在一起，却从来没有成功过，而可持续性却成功地做到了。我们以前所做的一切，都没有像可持续性一样，成为把人们团结起来的一股力量。[8]

　　（4）他们明白了。一些商业领袖对可持续性有或产生了热情。与他们的华尔街兄弟不同，他们可以采取大胆的冒险行动来实现这一目标，而不必担心下一季度的利润。雷·安德森（Ray Anderson）是世界上最大的地毯公司之一界面地毯公司（Interface Carpet）的前负责人，他认为他的公司应向世界展示未来发展的道路，因为正如他在演讲中经常说的，"如果有人做过，那一定是可能的"。

（六）社区与直辖市

　　社区与直辖市也登上了可持续性发展的列车，部分原因如下：

　　（1）他们可能经历过某种灾难：大雇主关停工厂；一连几年，气候变化造成百年一遇的洪水；或者他们认为永远不会枯竭的某种自然资源被消耗殆尽，所以他们开始思考恢复能力的重要性，并且拥有为了服务于人，而不是服务于汽车重建城市的机会。

　　（2）他们拥有开明的、关心可持续性的公民。在美国，对于那些有兴趣创建一个更可持续的社会的人们，俄勒冈州波特兰市已经成为一个圣地。在欧洲，有很多的城市标榜正在建设生态城。很多的城市成立了过渡镇[9]小组，为如何让一个资源有限的世界持续发展做规划。

　　（3）他们的社区计划让居民和城市官员加入解决长期问题和实现未来

梦想的行列中来。

（4）他们需要重振那些已经被郊区无计划的扩张所掏空的城市核心区。城镇复兴项目可以成为他们解决贫困、多样性、食物荒漠、交通、能源和就业等方面问题的机会。

（5）他们渴望和平。政治上的不稳定可以造成环境与社会的不稳定，从而影响经济实力。如果我们希望生活在一个理性的世界，追求可持续性是利国之举。

二、追求可持续性的好处

根据已经接受可持续性的其他企业或社区的经验，下面是一些您应该期望的好处。

（1）实施更具战略性的管理。当您开始确定并跟踪环境与社会评价指标的时候，您可能对您的企业或社区获得意想不到的了解，您将发现以前可能没有发现的机会。比如，多数企业仍然在专注如何用技术替代劳动力，但是在20世纪，掣肘因素更多的是资源，而不是人。我们已经看到能源价格飙升，这是因为易于获取的石油和天然气已经消耗殆尽。水利和其他自然资源也越来越少，同时社会也在变革，多数发达国家出现人口老龄化问题、新一代不想拥有汽车的高校青年问题。明智的做法是定期从日常工作中抽出时间，思考这些战略性转变会如何影响您所在的组织。

（2）降低能源消耗、减少废物和成本。有一些组织已经实现了废物填埋为零的目标。想象一下没有垃圾箱的情景。例如，丰田公司在前一段时间，通过重新设计原材料和流程，对原材料实施再利用等一系列手段，已经实现所有制造厂废物填埋为零的目标。[10] 这些组织不仅可以节省运输成本，并且"残余产品"（以前被称为废物）还可卖钱。要取得这样的成果需要付出很多心血，需要重新设计系统，与内部的团队进行合作，与供应商和其他外部合作伙伴进行合作,但是所有这些付出都是值得的,因为这样做不仅能够改善财务状况、开辟新的收入渠道,还能够减少对环境的影响。

(3)令您与众不同。公司与社区总是在寻找使自己有别于竞争对手的方法,对可持续性的不懈追求是一个能让您脱颖而出的方法。例如,道琼斯可持续性发展指数企业排名是最广为人知的可持续性投资基准,是对一个公司管理工作重要的外部验证,对于企业来说,这一排名可以带来重要的溢出效益。对拥有非常好的可持续性发展项目的公司进行外部排名的,还有《企业责任》杂志的百位最佳企业公民名单,这些都是可以让您获得业界认可、成为行业领头羊的方法。

(4)把未来监管条例的影响降到最低。随着新的研究与关切的出现,监管条例在不断地变化,对于那些想走在前头的公司,可持续性思维有助于他们了解监管条例可能的转向。在某些情况下,您可以完全避免负面影响的发生。例如,率先投资采用更环保流程的干洗店,没有受到淘汰传统干洗常用的致癌溶剂全氯乙烯的影响。金属铸造行业很多家公司没有想到人们对废铅的关切,而俄勒冈州巴尔铸造公司一位机敏的工程师注意到了这个问题,并研发出一种不使用铅的流程。巴尔公司的竞争对手,一家现在已经停业的公司老板,得知了巴尔公司的所做所为后悲叹道:"为什么我公司的工程师不把这些告诉我?"

(5)创新出新产品和新流程。可持续性思维可以帮助您看到世界目前以及未来面临的问题,开发出新产品和新流程,这样使您能够部分地解决所面临的问题。有超前意识的电器制造商们正在开发一种不用水的洗衣机。丰田公司开发出普锐斯混动技术,在向市场推出绿色节能的汽车时,正好赶上石油价格高峰,现在他们把该技术出售给其他制造商。印度马杜赖(Madurai)阿拉文眼科诊所(Aravind Eye Clinic)为白内障患者发明了人工晶体,费用仅为进口的几分之一,现在他们还出口人工晶体。界面地毯公司让人们租赁地毯,只要地毯漂亮的外观没有被破坏,他们只需把破损的地毯块去掉就又成了新地毯。

（6）开辟新市场。大多数公司致力于为占世界人口不到六分之一的工业化国家的人们服务，但是无论您是否相信，为"金字塔最底层"的人们，哪怕是最贫困的 30 亿人口服务，便可以让您轻松赚钱，只要您有他们需要的，而且价格又是他们能承受的产品。印度的阿穆尔乳业公司发现，如果他们把冰淇淋的成本降低到大约一勺一个卢比，印度的穷人就吃得起。由于冰淇淋成本主要来自制冷，他们开发出一种更便宜的冷藏方式，这种新工艺开辟出一个巨大的市场，让他们发现了可以用在其他地方、成本极低的制冷流程，使他们拥有了竞争优势。[11]

但也不是只有小公司需要这么做。法国食品巨头公司达能集团（Danone），通过为新兴市场的穷人提供能在街头巷尾贩卖的、量少而富有营养的酸奶，获得了这些市场 42% 的销售份额；阿迪达斯运动鞋公司正在为赤脚走路的孟加拉人研发一种一欧元的鞋；欧莱雅向印度最贫困的人口销售一次性袋装洗发水。[12]

（7）吸引并留住最优秀的雇员。今天的雇员想为那些与自己价值观趋同的公司工作，他们想让自己的所作所为对世界产生一些影响。可持续性可以让平凡的工作变得有意义。俄勒冈州波特兰的一家小餐饮连锁店热唇披萨（Hot Lips）发现，追求可持续性能帮助他们吸引来更高素质的雇员，因为可持续性发展的使命让工作看起来更加有意义。可持续性可以激发人的热情，这是多数其他机构变革做不到的。甚至在瑞典麦当劳做汉堡的员工都觉得他们在改变世界，因为他们提供的是有机奶制品和牛肉。当员工们觉得他们的工作可以帮助解决他们所关心的重大社会问题时，你会看到他们的敬业和忠诚所释放出的巨大力量。

（8）提升你在股东和公众眼里的形象。追求可持续性发展可以让组织在对社会负责的趋势中走在前列，帮助那些经常受非政府组织攻击的大公司与公众建立起友好关系，还可以帮助中小企业得到公众的认可。格丁/埃德伦地产(Gerding/Edlen)，一家美国西北太平洋地区的房地产公司，通过商业期刊和一个公共广播服务电视节目得到国人的认可，该公司老板说："我们就是花钱也买不到这类公共关系。"

（9）降低法律风险和保险成本。为了管理风险，组织必须要注意社会与环境实践，可持续性可以帮助组织大幅度地减少这类的风险，以及风险所带来的间接费用。以前设在俄勒冈州的一家日冲半导体工厂发现，如果他们淘汰掉某些有毒的化学制品，保险公司会降低保费；世界最大的再保险公司之一的瑞士再保险公司，告诉那些大量排放温室气体的客户，如果他们不制定计划对气候风险进行管理，再保险公司可能会拒保。

（10）提高生活质量。可持续性帮助社区做出通过"巧增长"设计原则最大限度地提高生活质量的决定。比如巴西的库里蒂巴把真知灼见应用到城市规划、交通和社会项目中，从而大大提高了所有居民的生活质量。该市的公共交通系统非常便捷，使用率非常高，交通运营不需要政府补贴。整个城市是为人，而不是为汽车设计的，这样的设计不仅使人们的生活质量提高了，还减少了空气污染。

虽然很难预测可持续性发展的时机，但是其轨迹很清晰，因为人口的不断增长、社会期待的提高及资源限制，与可持续性有关的问题摆在了您的面前，认真审视可持续性问题帮助您为未来的问题做好准备，让您更加确信，从长远看，资本性支出是明智之举。资本投资预期的周期越长，搞清楚世界的发展方向越重要。

三、追求可持续性的潜在风险

公平地说，追求可持续性也存在风险，特别是如果您不认真细致地与利益相关者就您的计划与活动进行沟通。谨慎行事并及早让利益相关者参与，可以让失误的风险得到控制，这样利益相关者的期望亦趋合理。请注意以下这些问题：

（1）"漂绿"。公开宣传其可持续性发展工作而没有采取很多后续行动的组织可能被认为有"漂绿"之嫌,组织越大越有名气,越有可能成为被指责的对象。为防止这类事情的发生,在开始可持续性发展之旅时要低调、谦虚,要在转型初期就让利益相关者参与其中。

（2）蚕食自己的企业。无论您什么时候进行提高产品或服务质量的研发,都会有使自己提供的核心产品或服务被淘汰的风险,但是如果您不进行这样的研发,很有可能别人就会。成为未来的一部分总比完全落后好,与客户和利益相关者围绕可持续性进行互动,可以帮助您在竞争前看到新的机会。

（3）令人产生不切实际的期望。追求可持续性令人产生使命感、激情和紧迫感。所以无论您做多少,总有人——员工、顾客、非政府组织或股东——认为您应该做得更多。您可以将这些不切实际的期望看作需要处理的麻烦事,也可以将其视为防止自满的预防针。

四、什么是真正意义上的可持续性？

到目前为止,我们对可持续性的描述是为实现多种利益进行管理,以解决整个系统中的社会、经济和环境问题。但是这三个领域并没有帮助我们知道,什么时候我们可以说实现了可持续性发展。我们需要回答以下问题：我们的目标到底是什么？ 我们的目标实现了吗？

（一）目标是变得完全可持续,不只是"不那么糟糕"

可持续性发展领袖威廉·麦克多诺（William Mcdonough）对"不那么糟糕"与恢复能力和全面可持续性进行了区分。我们不是想把破坏社会和自然的速度降下来,这不是我们的目标,我们需要确定可持续性发展目标,然后衡量我们在实现目标的道路上所取得的进展。

　　瑞典公司自然之道，使用科学方法为建设可持续社会提出四个原则或"系统条件"。具有讽刺意味的是，四个原则的提出在某种程度上是先想象出一个特别邪恶的外星人，然后搞清楚这个邪恶的外星人要如何更加迅速地杀掉地球上的所有生命，这样来帮助科学家知道什么是不该做的事情。遗憾的是，我们现在正在做我们不该做的事情。

　　这四个原则的优点在于，它们定义了什么是全面可持续性，将这四个原则视为我们社会的操作手册。我们在社会设计中犯了四个错误，这四个错误使我们进入不可持续的状态，现在我们需要阅读手册，然后采取行动修补社会，直到我们的社会恢复良性运转。

　　一旦我们知道了自己的目标，我们就可以衡量我们离目标还有多远，然后行动起来实现我们的目标。当然，有很多不同的可持续性发展框架可供使用（了解更多，请参阅国际可持续性发展专业人员协会网站上《可持续性热词》一文）。但是与自然之道的四个系统条件不同，所有其他的框架对最终的结局都没有清楚的说明。网上和书中有很多关于自然之道及其战略性可持续性发展框架的优秀资源，参阅本章最后的资源一节。在这里我们只想突出一些亮点，对四个系统条件进行概述，并说明如何使用四个系统条件实现可持续性发展目标。（有关指标的更多信息，请参阅第 13 章）

　　在表 1.1 中，我们从科学角度对系统条件进行描述，给出每个系统的简要说明，然后提供我们用来帮助客户记住它们的记忆辅助工具。在表 1.1 的第四列中，我们提供了一些组织或社区根据系统条件可以采用的示例目标。表中的目标应该让您对自己离目标有多远有一个认识：目标看起来很高，也确实很高。我们用了几百年的时间建立了不可持续性发展的社会，所以也需要很长时间根据可持续性发展系统条件重新设计我们的社会。了解完全可持续性是什么，总比本来没有取得什么进展，却自欺欺人地认为我们正在取得重大进展好。好消息是，我们知道我们必须做什么，而且多数的解决方案都已经存在。因为我们针对的是一个系统，一个行动往往会带来很多意想不到的益处,我们只需要有人带头行动。

愤世嫉俗者可能会说企业和民选官员不善于从长远考虑,但即使是现在,在短期内减少对稀缺、昂贵和受到更严格调控的燃料来源和材料的依赖也会符合组织的最佳利益。如果您按照四个系统条件对自己的组织进行审查,您可以看清在哪些方面可能面对威胁,在哪些方面能够找到机会。您的社区发展靠旅游业吗?如果燃料价格再次暴涨怎么办?您企业的发展靠新鲜的冷水吗?在一个有 90 亿人口的、越来越暖和的世界,您从哪里能够弄到新鲜的冷水?对于这些问题的思考会引发创新,只要您使用"现在的做法是否具有商业意义"这一常用标准对这些想法进行筛选,那么您几乎不会出错。

表 1.1 《自然步》的系统条件

系统条件[①]	简短说明	记忆辅助、怎么做	建议性可持续性发展目标
在可持续社会,自然不会受到从地壳中提取的物质的系统性增加的影响。	碳氢化合物、金属和矿物质在地壳中存在了数百万年。因为热力学第一定律表明,物质不能被创造或毁灭,如果我们从地壳中把这些元素转移到生物圈的速度比自然将其再沉淀的速度快,这些元素必然会在自然界中堆积起来。堆积的数量变化会产生影响。气候变化、含铅气体造成的铅污染和海洋死区都说明我们的社会不可持续。	从地壳中开采出来:我们需要走向一个碳中和的社会;这可能需要不再把化石燃料作为能源,需要改变土地使用方法、回收森林和土壤中的碳。我们需要确保金属和矿物质不在自然界中堆积。要做到这一点,我们可以回收、更好地管理资源(例如,什么时候使用化肥)或不再使用稀有金属和矿物质,改用矿藏丰富的金属和矿物质。	100%的电力来自可再生能源。 温室气体零排放(如有必要,在碳补偿以后)。

① 《自然步》(未注明出版日期)可持续性科学定义:http://www.naturalstep.org/the-system-conditions.

续表

系统条件	简短说明	记忆辅助、怎么做	建议性可持续性发展目标
在可持续社会，自然不会受到社会制造的物质的系统性增加之影响。	我们已经学会制作大自然不认识的化学物质。热力学第二定律讲的是熵；在一个封闭的系统中，物质扩散。我们制作沙发使用阻燃剂，在地里喷撒杀虫剂。但是阻燃剂和杀虫剂不会滞留在沙发或地里，这些化学制品进入我们的身体中，进入到地球上所有的有机体中。	制造大自然无法处理的东西：我们需要停止使用被称作持久性生物积累有毒（不容易分解，并且会在生物体中积累）的化合物（PBTs）。这些制品包括阻燃剂、杀虫剂、工业溶剂等。我们可以改用更安全的替代品，或构建系统捕获任何使用过的这些制品。	有毒制品零使用。不使用PBTs。 在大气中、土壤中或水中有毒物质零排放。
在可持续社会，自然不会受到通过物理手段系统性增加降解的影响。	热力学第二定律表明自然最终会进入停滞、死亡的状态。从物质的角度，地球基本上是一个封闭系统，而从能源角度，我们不是一个封闭的系统。我们有太阳。 绿色细胞，那些能够进行光合作用的细胞，是地球上大多数生命的基础。自然给我们提供很多"生态系统"服务，包括清洁水源、富有营养的土壤。所以我们不能不断地破坏我们赖以生存的自然的生产力。	从自然中攫取的速度超过自然恢复的速度：我们需要管理自然资源存量（渔业、森林分水岭等），使之可以持续，并保护基因的多样性。	所有自然资源都来自可持续管理的认证来源［有机的、森林管理委员会和（FSC）海洋管理委员会认证的］。

系统条件	简短说明	记忆辅助、怎么做	建议性可持续性发展目标
在可持续社会,人们不受系统削弱他们满足本身需要之能力的条件束缚。	前面的三个系统条件是针对环境。但是我们的社会也需要可持续性运作。	伤害社区:我们需要保证我们的选择不会带来伤害。我们不应该把有毒的废物输出到其他国家,不应该使用冲突矿产或从血汗工厂购买材料,以此削弱其他社区的能力。	不使用"苦难材料"(例如来自血汗工厂、工厂条件差或冲突地区的材料)。从认证渠道采购的比例(例如公平贸易)、员工满意度调查评级高。
	因为我们探讨的是社会体系,所以绝对的问题很少。然而我们知道社会体系的运转需要一定程度的信任和经济公平,以及一定程度的参与和自由。高压、腐败和极端的收入不平等往往会带来社会分裂。	我们也需要为员工提供高质量的生活,包括合理的工作与生活之间的平衡、参与给他们带来影响的事务的机会,以及提高技能和发展兴趣的机会。	社区贡献(时间、实物和钱财)。所有员工的工资都够谋生;工资最高者和最低者的比率合理。社区福祉;社区目标的进展情况。

(二)我们需要合作

然而一个公司或者社区不能单独做到完全的可持续性,我们需要协作完善相关的体系,惠及所有的参与者。例如,户外服装联盟经过努力,通过行业协作,在供应链中不再使用有毒的原材料。他们开发出一个被称为希格指数(Higg Index)的强大工具,供全行业在对户外服装与鞋类产品所产生的环境和社会影响进行评估时使用。其中的一个原材料可持续性指数,使产品在设计的过程中就避免有毒原料的使用,针对这样的要求,原料供应商也不得不对他们提供的原料进行调整。[13]行业与社区的努力可以产生深刻的全球影响，超越国家或地方政府的监管，并且经常对政府的监管工作起到指导性作用。

事实上，著名公司的首席执行官们呼吁加强协作，因为协作是取得可持续性发展重大成果的关键。 埃森哲（Accenture）"2013 年联合国全球契约进展报告"包括对全球著名公司数百名首席执行官（CEO）所做的可持续性发展工作的调查结果。这些首席执行官们说，有时感觉无力通过个体管理工作推动重大变革，而接受调查的首席执行官中，有 93% 认为可持续性发展对他们的长期成功至关重要，并且他们对自己的可持续性发展举措表示高度满意，只有 32% 的人认为，全球经济有望在环境和社会条件的限制下，满足不断增长的人口需求。[14] 他们认识到，一家公司在不可持续的系统中运营只能做到这个程度，要实现系统性变革需要政府行动和跨行业合作。

出于这些原因，从现在来看，可持续性显然是一个战略问题。它可以帮助组织了解当前趋势，核查他们面对的威胁和机会，并看清二者之间的关系。可持续性有助于激发创新、提高员工的参与度。如果您不能从这条学习曲线开始，您就有可能落在后面。

五、结论

本章中，我们已经表明可持续性是一个日益重要的战略问题，它可以帮助您了解您的组织和社区所面对的威胁和机会。许多可持续性发展的行动现在都具有经济意义，一些技术还有很长的路要走，但您现在需要知道世界的发展方向，这样您就可以投资未来的平台而不是走入死胡同。

有些读者可能对短期内就可以带来改进的战略感兴趣，也有些读者对更长远的战略感兴趣，但是有一点很清楚，我们这些人有义务从现在开始围绕可持续性对我们的系统和我们的社会进行重新设计这一漫长的进程。我们知道自身的问题是什么,还知道大多数问题应该如何解决,唯一的问题是我们是否有远见和意愿去做。

事情看起来令人生畏,但是实际上还有数百万其他人与您一起做。选定立场,为创造一个更美好、更可持续的世界奉献出自己的力量。一开始,您可能感到不知所措,但是加入到这场运动中来,我们向您保证,这段旅程将令您大开眼界、振奋不已。人生有目标是幸福的关键,让可持续性成为您人生的目标,没有比这更重要的工作了。每个人都可以发挥自己的作用,本书下面的章节会帮助您了解如何将您的工作转化为您一生的事业。

六、应用问题

(1)选择一个您感兴趣的社区、行业或组织,是什么与可持续性有关的问题影响了他们(例如,不稳定的燃料价格、劳工投诉、环境或气候有关的灾难)?

(2)在今后的十年、二十年,他们面临的三个最大的可持续性问题是什么?

(3)选择一个问题。采取什么样明智的战略可以避免这个问题带来最严重的影响,甚至可以为他们带来竞争优势?

资源

1.一般资源

(1)AtKisson,Alan(1999/2010)*Believing Cassandra:An Optimist Looks at a Pessimist's World.* White River Junction,VT:Chelsea Green Publishing.

(2)Dietz,Robert and Dan O'Neill(2013)*Enough Is Enough:Building a Sustainable Economy in a World of Finite Resources.* San Francisco,CA:Berrett-Koehler.

(3)Ellen Macarthur Foundation.被称为"循环经济"的资源,短视频可以在以下网址找到:http://www.ellenmacarthurfoundation.org/videos.

（4）Hitchcock，Darcy and Willard（October 2009）"Sustainability Buzzwords：Making Sense of All the Terms". International Society of Sustainability Professionals. 源自以下网址：http://www.sustainability-professionals.org/sustainability-buzzwords-making-sense-all-terms.应联合国要求进行的由数百位世界顶级科学家实施的千年生态系统评估：http://www.millenniumassessment.org/ 也请参阅千年发展目标：http://www.un.org/millenniumgoals/

（5）Rockstrom，Johan，et al.（24 September 2009）'A Safe Operating Space for Humanity'，*Nature*，472–475.

（6）在 YouTube 上有 Sustainability Illustrated 系列短视频，短视频用图解的方式对可持续性和系统条件进行说明：http://wwwyoutube.com/watch?v=beidaN3SNdA.

（7）世界自然基金会发布的 The Living Planet Index 提供很有用的世界状况数据：http://www.panda.org/livingplanet/.

（8）The Natural Step.http://www.naturalstep.org.

（9）联合国环境署的全球环境展望，即全球环境展望报告 4（系列研究的第四个）提供环境状况概述：http://www.unep.org/geo/.

（10）世界资源研究所有大量不同生态系统的数据。

2.供企业使用的资源

（1）Anderson，Ray（February 2009）The Business Logic of Sustainability. TED Talk.http://www.ted.com/talks/ray_anderson_on_the_business_logic_of_sustainability. 这是个好视频，值得与企业领导人们分享。

（2）鲍勃·威拉德有很多有用的书和电子表格：http://www.sustainabilityadvantage.com/products/index.html.

（3）Hart，Stuart（2010）*Capitalism at the Crossroads*. Upper Saddle River，NJ：Pearson Education.

（4）Harvard Business Review 多年来发表了不少可持续性问题的文章，其中包括题目为"Sustainability a CFO Can Love"和"Making Sustainability Profitable"的两篇文章。

（5）Reuters（19 October 2007）"$ 1 Trillion Green Market Seen by 2030"，Environmental News Network. http://www.enn.com/business/article/23958.

（6）UN Global Compact-Accenture CEO Study on Sustainability 2013. http://www.accenture.com/us-en/Pages/insight-un-global-compact-ceo-study-sustainability-2013.aspx.

（7）World Business Council for Sustainable Development：http://www.wbcsd.org/home.aspx.

3.供社区、直辖市使用的资源

（1）BALLE：Be a Localist 是一个专注于地方生活经济的组织：http://bealocalist.org.

（2）Ecocity：Concerto Initiative：http://www.ecocity-project.eu/The ConcertoInitiative.html.

（3）Hitchcock，Darcy（November 2010）"Cities as Solutions：Lesson in Sustainability from Denmark and Sweden"，International Sustainability Professionals. http://www.sustainabilityprofessionals.org/cities-solutions-lessons-sustainability-denmark-and-sweden.

（4）ICIEI：Local Government for Sustainability：http://www.iclei.org.

（5）James，Sarah and Torbjorn Lahti（2004）The Natural Step for Communities：How Cities and Towns Can Change to Sustainable Practices. Gabriola Island，BC：New Society Publishers.

（6）Sustainable Cities：http://sustainablecities.net.

（7）SymbioCity，Sustainabililty by Sweden：http://www.symbiocity.org.

注释：

1.Wong, E. (29 March 2013)Cost of Environmental Damage in China Growing Rapidly Amid Industrialization. *New York Times*. http://www.nytimes.com/2013/03/30/world/asia/cost-of-environmental-degradation-in-china-is-growing.html?_r=0.

2.Friedman, T. (18 May 2013)Without Water, Revolution. *The New York Times Sunday Review*. http://www.nytimes.com/2013/05/19/opinion/sunday/friedman-without-water-revolution.html?pagewanted=all.

3.Environics International Ltd.(1999)Millennium Poll on Corporate Social Responsibility：Executive Summary. http://www.globescan.com/news_archives/MPExecBrief.pdf.

4.Cone Communications/Echo (2013)Global CSR Study. http://www.conecomm.com/global/csr-study.

5.Sustainable Management Capital Management(September 2013)Linking Climate Engagement to Financial Performance：An Investor's Perspective. http://www.sicm.com/docs/CDP_SICM_VF_page.pdf.

6.Sustainable Investments Institute (31 March 2013)Board Oversight of Sustainability Issues. A Study of the S &P 500. IIRC Institute. http://irrcinstitute.org/pdf/final_2014_si2_irrci_report_on_board_oversight_of_sustain -ability_issues_public.pdf.

7.KPMG (2011)International Survey of Corporate Responsibility Reporting 2011. KPMG. http://www.kpmg.com/PT/pt/IssuesAndInsight/Documents/corporate-responsibility2011.pdf.

8.Nattrass, B., & Altomare, M. (1999)*The Natural Step for Business.*

Gabriola Island, BC: New Society Publishers, 87–88.

9.See Transition Network, http://www.transitionnetwork.org.

10.Toyota Sustainability Report 2013. http://www.toyota-global.com/sustainability/report/sr/.

11.Hammond, A., & Prahalad. C. K. (2004) Selling to the Poor. *Foreign Policy.* http://foreignpolicy.com/2009/10/27/selling-to-the-poor/.

12.Passariello, C. (25 June 010) Danone Expands Its Pantry to Woo the World's Poor. *Wall Street Journal.* http://online.wsj.com/news/articles/SB10001424052748703615104575328943452892722.

13.Sustainable Apparel Coalition. http://www.apparelcoalition.org/hig-goverview/.

14.The UN Global Compact –Accenture CEO Study on Sustainability 2013. http://www.accenture.com/us –en/Pages/insight –un –global –compact –ceo–study–sustainability–2013.aspx.

第二章

变革推动者：如何沿着可持续性发展之路顺利走下去 *

《引爆点》一书的作者马尔科姆·格拉德韦尔（Malcolm Gladwell）说："任何一种社会风尚的成功流行在很大程度上取决于具有某些特定而罕见的社交天赋的人们的参与。"[1]激发变革的人们是变革推动者，如格拉德韦尔的个别人法则所言，每个人都代表着独一无二且重要的技能集合。

很多在可持续性方面做得非常出色的组织都拥有充满热情又坦率直言的掌舵人。界面公司是一家全球闻名的模块地毯设计与生产公司，公司首席执行官雷·安德森向世界各地的人们讲述他读了保罗·霍肯（Paul Hawken）的《商业生态学》之后的感受。他讲到，保罗·霍肯的书让他感到锥心的疼痛，让他认识到自己的公司给地球造成的破坏。2011年，霍肯发表讲话对安德森大力称颂，他说："如果这本书只有雷·安德森一位读者，那么我撰写这本书也是值得的。"[2]幸运的是，霍肯的这本书还有其他读者，沃尔玛的李·斯科特（Lee Scott）、联合利华的保罗·波尔曼（Paul Polman）分别在2009年和2011年读了此书并受到启发。这些商业领袖意

---

* 第三版的第二章在希拉里·基尔戈和苏拉娅·多萨·沙特克帮助下更新。

识到"把可持续性与企业发展深度结合起来的重要性，认为企业成功的关键取决于是否有强大的愿景、目标绩效和可持续性产品"[3]。在过去的二十年，可持续性对话从为什么转变为如何转变，从竞争优势转变为商业需要，用耐克转型的推动者达西·温斯洛（Darcy Winslow）的话说就是，"可持续性不是待解决的问题，是待创造的条件"。[4]

尽管官方的可持续性角色和领袖的数量正在增加，变革仍然经常由组织内部众多不同职位的人非正式地促成。无论您在组织担任什么职位，您都可以发挥自己的作用。在资源价格上涨、气候问题日益严重、公众要求更高透明度的形势下，支持这些转型的人们是创新和系统层面变革最重要的推动力。雷·安德森团队的一名成员乔伊斯·拉瓦列（Joyce Lavalle）把《商业生态学》一书放到雷·安德森桌子上；是乔伊斯·拉瓦列十二岁的女儿把这本书从学校带回家给妈妈读。雷采取大胆的行动，行动的火花来自他团队一名敢于行动的成员。在每一个追求可持续性发展的组织内部，总有一个率先行动的人，这个人通常是对这件事情十分热衷的人。这些变革推动者通常在没有得到组织公开批准的情况下就开始行动起来，一段时间以后，他们有了引人注目的商业案例，就让其他人加入进来，经常是到一定时候官方会任命他们负责这项工作。例如，"设计创新软件"著名供应商欧特克（Autodesk）公司的柯霖娜（Lynelle Cameron）女士给公司写了一封信，为自己设立了可持续性主管一职："您眼前有一个把可持续性融合到您所有的工具中的好机会，我希望能帮助您成功做到这一点。"[5]大多数可持续性发展领袖都在不断地编写自己的工作职责，给自己创造机会。

要成功实现可持续性发展，就必须把可持续性融入组织的每一个部门，在此之前，通常需要有一个人或团队负责指导这项工作。如果是由一个人负责指导工作，这个人经常被称作可持续性发展经理，这个职位可以是全职，但更多是兼职，是一个包括创新、战略与合作伙伴关系的职位。本章专门讲的就是这些人，他们无论有没有正式的授权，都在推动着组织的可持续性发展。

一、您应该了解的可持续性

改变视角需要从系统内部做出改变，事实上，可持续性发展推动者可以来自组织的任何一个部门。他们可能是工程师或科学家这样的技术专家，可能是组织发展、营销、交际、运营学科专家，或者是法律顾问、政策制定者和工会代表等倡导者。

技术人员渴望发现并分享新信息。例如，德鲁蒙德·劳森（Drummond Lawson）是美方洁（Method）的绿巨人（也就是可持续性发展主管），曾经是国际环保促进机构（EPEA）的化学家，在与配方研发研究员和包装工程师团队合作过程中，他根据自己做化学家的经验，将环保材料嵌入基于可持续性设计的产品中。这就是说，这些产品不仅无毒，而且在整个生命周期所使用的资源也比那些使用破坏性包装和配料并添加有香味的产品使用得少。通过这样做，他和他的团队改变了个人清洁产品行业，因为大公司不得不使自己的产品转型。他们的理念不是差异化，而是将可持续性视为产品质量的基础。[6]

学科专家经常在他们的部门和科室担任推销员角色。无论是正式还是非正式，他们都在倡导将可持续性纳入各自学科的重要性。许多品牌、合作伙伴关系和商业开发领域的专家，通常都非常有魅力，并且有特定技能，他们正在引领这场可持续性发展运动，视其为各自行业的下一个前沿领域。耐克公司的洛里·沃格尔（Lorrie Vogel）就是一个很好的例子。洛里是耐克 Considered 团队总经理，这是一个商业服务团队，帮助鞋子设计师在开发创新型产品时增强可持续性意识。[7]

倡导者往往是变革的催化剂。他们是具有文科或社会科学背景的人才，深知播种和建立必要联系以应对复杂性新挑战的重要。例如，苹果聘请了美国环保署(EPA)的首席执行官莉萨·杰克逊(Lisa Jackson)作副总裁,负责制定环保措施工作。许多人认为莉萨是因为对这个行业的了解以及完成工作的能力而被聘用的,但是"蒂姆·库克聘请她来,不是让她默默工作并保持现状的"[8]。在短短几个月的时间里,她帮助苹果公司实现了"逆袭",制定了建立100%可再生数据中心的远大目标,还采取了很多其他关键的环保举措。[9]

随着对使命或基于目标的工作越来越感兴趣,每个部门和科室的员工都在积极参与可持续性发展。他们扮演着"内部创业者"的角色,这是吉福德和伊丽莎白·平肖(Gifford & Elizabeth Pinchot)在1987年创造的一个术语,旨在在他们自己的势力范围内实现变革。[10]例如,俄勒冈州图拉丁谷水区(Tualatin Valley Water District)的可持续性发展协调员,也是金融分析师,她是集不同技能于一身的典型,不同技能的特别组合让她在董事会中赢得信任。塔吉特(Target)公司可持续性发展领导人凯特·海尼(Kate Heiny)说:"我的团队对各种背景都很重视。我想要的是质疑现状的、不怕分享不受欢迎的信念、为商业挑战提出创造性解决方案的人。"[11]因此,如果您有激情和意愿去驾驭这项工作中固有的复杂性,您很有可能在可持续性方面发挥出自己的作用。

无论他们任职于组织的哪个部门,变革推动者都面临着许多挑战和机遇。这里有一些跨越每个最常见障碍的建议。

"选定您的角度,尽您所能认真仔细地埋头做下去,这样您就可以改变这个世界。"——查尔斯·埃姆斯(Charles Eames)

(一)无授权影响

在各个地方寻找机会,最好在现有的角色中找。让您的经理成为关键的支持者,让您的团队成为共同创造者,在现有的成就基础上,寻找合适的机会提出某些问题。正如玛丽·奥托梅尔(Mary Altomare)和布赖恩·纳特拉斯(Brian Nattrass)在《与虎共舞》中所强调的,这是一支需要认真跳的舞蹈。她们的建议是，不要把目光放在阻碍上，而是放在容易取得的成就和内部盟友上。[12] 她们的目标是从早期采纳并支持可持续性的人入手，向外制造声势。这是她们成功支持可持续性发展拥护者工作的重要部分，她们的支持让这些拥护者在星巴克、耐克和惠斯勒黑梳山度假村（Whistler Blackcomb Resorts）最先启动了可持续性发展进程。

（二）得到管理层的重视与尊重

如果您所在的组织还没有把可持续性作为一项重要的战略工作，那么您必须赢得管理层的尊重。战略性地与组织中支持您工作的领导合作。首先决定什么时候努力引起管理层的注意。您可能想做一些不为人关注的小项目，这将使您能够在自己的范围内取得一些小的成绩，并建立小型成功案例以启动这一势头。了解哪些指标对管理团队有意义，并确保跟踪项目中的这些积极影响，然后开始将这个概念推介给管理层。沃尔玛的前首席执行官李·斯科特启动了沃尔玛的可持续性发展工作，他建议变革推动者提出这样的问题："首席执行官想努力实现的是什么目标？我怎么对待自己认为正确的事情？我自己怎么把自己认为正确的事情纳入执行官的计划，而不是让执行官把我的想法纳入他们的计划？"[13]

通常新的想法都不容易被接受，所以开始就要从多方面入手。分享您的成功项目，把来自权威商业期刊的重点文章拿给管理人员看，把所在组织的高管介绍给其他已经在追求可持续性发展目标的组织的同行。不要慷慨激昂地陈述您的观点，不要指望管理人员的思想发生快速转变。您可以向他们建议，可持续性应成为战略规划中应考虑的关键趋势。思考问题要讲究战略。可持续性对组织战略有什么影响？可持续性带来的是威胁还是机会？使用商业术语交谈。例如，《新的可持续性发展优势》的作者鲍勃·威拉德认为，他在国际商业机器公司（IBM）工作时可能提出的最好的问题，是针对当时的首席执行官郭士纳（Lou Gerstner）提出的一个简短问题："亲爱的，就IBM如何把利润增加38%，我有一些想法。您感兴趣吗？"[14]

让您的领导们投身可持续性发展是您成功的关键。

(三)避免职业倦怠

问题巨大,不可能快速解决,或靠一个人孜孜不倦地单独解决。您不可能同时处理所有事情,所以需要想办法确定工作重点。什么事情真的重要?什么事情会产生最大的影响?这个时间做什么事情最合适?做什么事情成功的可能性很大?什么可以为其他工作提供平台? 在确定项目优先顺序时,对每个项目将产生的影响和需要的工作量进行分类很有帮助。看看您的每个项目属于哪一类。应该先做那些需要的工作量少,但具有很大影响的项目,最后做那些需要的工作量大,但是没有多大影响的项目。这是一项日常的战略活动。战略大师迈克尔·波特(Michael Porter)说,要确定组织的实力,然后找出它在业务中具有最大影响力的地方。[15] 为您的旅程制定出路线图,并邀请其他人加入您的行列。

(四)邀请其他人加入

通常人们都很忙,当您接近他们,让他们多考虑一件事时,他们更可能为此感到恼火而不是兴奋。如果您了解您的组织中其他部门的内部目标和当前的问题,就可以确定可持续性发展项目将如何帮助他们。这种方法能使人们参与进来,并使他们投入精力成功地付诸实施。员工敬业度可以成为实现变革的好方法。具有前瞻性思维的组织正在感受到以人为本的项目、为员工主导的计划提供工具和支持的好处。例如,您的运营团队可能会被天然气价格上涨和每日交付的频率搞得焦头烂额,这是您鼓励他们更好地去了解运营系统、找到可持续运营方法的机会。帮人们做些功课,以他们的方式交谈。让他们测试新产品或工具,或者尝试在小范围内试验新的商业模式,看它是否至少与旧商业模式运行得一样好。也要意识到有些人会愿意倾听,而其他人则不愿意。把重点放在愿意倾听,或有理由与您协作的人们身上。

您所在的组织中,可能会有一些人全面抵制您的想法或可持续性概念。如何接近并让这些人参与，需要讲究策略。如果这些人具有影响力——因为他们是您正式或非正式的领导，或者因为实施您的想法必须有他们的支持——可以考虑让他们参与到您的工作中。邀请他们成为规划团队的成员，或说服他们参加有关可持续性的演讲。让对可持续性持怀疑态度的人参加规划可能会非常有用：他们可能代表其他人的立场或态度，您会想了解他们的关切或疑虑，并做出解释。如果在这个过程中，您能成功地把某个怀疑论者争取过来，您可能取得其他怀疑论者的信任。如果这些人没有什么影响，您可以考虑暂时绕过他们，集中精力争取那些可以促进您工作的人的支持。您可能会发现，让几个关键人物参与其中比努力赢得群众的支持更富有成效。

资源

可持续性是一个日异月新的领域，订购或采用可靠的专业资源可以让变革推动者更容易了解最新的事态发展与技术，每天的社交媒体发帖和每周的电子邮件中有最新的资源，这些资源包括有事实支撑的具有影响力的故事。下面是有关博客与组织一览表。

1.CSR Wire @ CSRwire

2.Corporate Knights @corporateknights

3.GreenBiz @GreenBiz

4.Guardian Sustainable Business @GuardianSustBiz

5.International Society of Sustainability Professionals @sustainabilityProf

6.Net Impact @netimpact

7.Sustainable Brands @sustainablebrands TriplePundit@triplepundit

8.2 Degrees @2degreesnetwork

要了解更多资源，您可以在 fentonprogress 网站找到 Fenton 提供的掌握最新社会变革与传播趋势的二十种方式。

二、可用战略

当今要进行变革,有非常好的工具和做法可以供您使用。随着这个相对年轻的领域的发展,更多的领袖会出现,资源、成功的故事以及经验教训也会不断涌现。变革推动者的工作具有多样性、复杂性和挑战性,但是终究是有意义的工作。

根据您作为变革推动者得到的授权级别,我们把工具的讲解分为两部分:第一部分讲的是适合没有正式授权的变革推动者使用的工具,第二部分讲的是适合拥有正式授权的可持续性发展协调员（即使这个职位可能是兼职)使用的工具。

(一)没有正式授权的变革推动者

没有正式授权的变革推动者必须谨慎地在组织内部构建支持和可持续性发展文化。下面的方法可能会有用。

1.在您管控的范围内开始

事实上,任何人在自己的工作范围内都可以找到更多的可持续性发展的机会,不要从行业转型开始重点关注您的角色和部门中能使您的角度更加突出的领域。宾馆的客房服务部门,可以就绿色清洁产品展开研究;办公室行政管理人员可以制定战略减少纸张的使用;设施维保人员可以推动节能工作;如果在工作时间,您没有这样的灵活性,您可能需要在家里做些研究。把精力放在可以增加利润、节省时间或提高生产力的变革上。有时候,最好的战略是选择一个您有把握可以带来积极影响的小项目。构建小项目成功案例的组合,在您想实施比较大的项目或进行资源投资(无论是资本投资还是人员投资)而必须要得到管理层同意的时候,可以增加您的杠杆作用。

2.播种

开始为支持在组织内实现可持续性发展想法的倡导者创建一个网络平台,要找到这个倡导者,您可以开始播种。

(1)与人们讨论您所学到的有关可持续性的知识,然后观察他们的反应。

(2)与政策决策者分享有意思的文章,并附上一张纸条,请他们写出看完文章后的反应。

(3)邀请人们与您一同参加有关可持续性的演讲。

播下这些种子之后,您就会发现有些人的大脑里会生出可持续性发展的想法。您会找到相应的热情,您联系过的人们所关心的、您能够以可持续性的名义重新构建的东西。与这些人一起探讨,在组织内部哪个领域可能找到机会,虽然有个"捍卫者"负责这项工作很重要,但是关键还是组建一个由建立势头的人们组成的团队。

3.讨论小组

很多的组织允许员工在午餐时间组成非正式的讨论小组。美国西北太平洋地区的西北地球研究所和全球行动计划这样的组织为自助课程提供可在任何环境下完成的材料。"深生态学"和"自愿简单"是常常令员工们产生紧迫感和参与感的两个主题。这些互动可以让参加讨论的人们渴望改变在家里和工作单位的行为习惯。

资源

1. 西北地球研究所有很多可以在组织机构或社区内使用的讨论课程 , 网 址 :http://www.nwei.org;The Global Action Plan: http://www.globalactionplan.com.

2.下面的书籍也可以为讨论提供很好的材料:

(1)Benyus,Janine (2002).*Biomimicry*. New York:Harper Collins. 本书探讨大自然如何启发人类重新设计我们的产品、我们的农业系统和我们的社区。

（2）Gilding，Paul（2001）.*The Great Disruption*. London：Bloomsbury.
本书迫使读者努力应对消费社会的影响。

（3）Is Sustainability Still Possible？"世界观察研究所 2013 世界状况
报告"是一本关于各种主题和问题的论文集。

（4）McDonough，Bill and Michael Braungart（2002）.*Cradle to Cradle*.
New York：North Point Press. 本书提供能做些什么的正面实例。

4.跨部门团队

讨论小组经常演变为自愿绿色团队，即通常在非工作时间集会探讨
如何教育其他人、如何提高自己所在的组织可持续性绩效的人们构成的
群体。他们在午餐时间举办演讲系列活动，或瞅准机会消除废物，节约能
源。这些绿色团队常常没有组织的正式授权，但还是能够加快比较正式的
倡议的出台。约翰·科特(John Kotter)是组织变革专家，他认为在促进组织
内部建立由对变革需要具有紧迫感并制造势头的领导者组成的"强大的
领导者联盟"方面，群体能发挥关键作用。[16]要保证对于那些参加讨论的
人来说，参与很有趣，但是也要着手一些重要的项目。要保证您的一些工
作可以为组织省钱或赚钱，也要意识到，这些绿色团队经常会逐渐消失，
所以要以一种允许它们演变成为更加正式的某种组织的方式定位这些绿
色团队。请参阅下一章节中的团队结构实例。

(二)有正式授权的可持续性发展专业人员

得到管理层授权的可持续性发展从业者具有更大的影响力，他们可
以设置部门结构和改变工作流程影响整个组织，在这种情况下，以下的方
法可能会有所帮助。

1.指导委员会

指导委员会与绿色团队不同，因为指导委员会不是自发组成的，其成
员是指定的。这些委员会是临时创建的平行组织，其创建是为了落实可持

续性发展的目标。组织通常是从各个部门抽调人员组建这些委员会，并设置与各部门相对应的职位。这可以是很好的开始，但是这些委员会经常演变成为小得多的团队，成员也是经过精挑细选。例如，位于爱达荷州的辛普劳公司(Simplot)的一家工厂，其指导委员会最初有二十多名成员，后来演变成只有一名成员，外加几个出类拔萃的个人，这些个人包括 20% 的高层管理人员、一名实验室人员（研究职能）、一名采购人员、一名环境代表以及维护和规划代表。他们还为普通的员工设置了席位，员工们轮流做团队的队员。当他们决定朝某个方向前进时，他们有足够大的影响力做到这一点。

2.特别工作组与项目团队

指导委员会通常下设特别工作组与项目团队负责一个个的项目。例如，一个团队可能负责温室气体排放的审计，另一个团队负责制定改造计划，有时候这些特别工作组会聘请公司的其他员工（非指导委员会的组成部分）参与某些具体的项目。聘请一位专业人士参与项目的完成可能很有帮助，因为这样就有一个了解流程的人负责这项工作。例如，俄勒冈州希尔斯伯勒市(Hillsboro)的可持续性发展指导委员会下设了四个工作组，负责设计、实施、监督及管理与建筑业、办公室运作、能源和政策可持续性计划中关键的目标有关的项目。

至少要保证这些团队开局顺利，在设立这些工作小组的时候一定要考虑周全——对任务、成员构成和方法进行认真思考——尽量避免混乱、范围蔓延和职业倦怠。我们建议，"启动"阶段要对以下每个组成部分加以考虑。

（1）为什么要做这个项目？要保证您能阐明项目的业务案例。把您期待团队实现的目标与组织的战略目标联系起来，这项工作对参与者越重要，他们越愿意投入时间与精力响应您的号召。

（2）谁来做这个项目？选择组成人员的时候要讲究策略，有志愿者参加很好,因为您可以肯定他们愿意参与,但是也要考虑招募一些具有相关专业知识、领导能力和影响力的人员,还要包括那些其工作或工作流程会受到影响之群体的代表(比如,与您的建筑相关的项目设施管理者)。不同的项目,人员组成也有所不同,把管理人员包括进来也可能很有帮助,因为他们推动决策, 可以快速地把想法纳入业务决策标准并在业务中实施变革。

(3)目的是什么? 使用可以衡量的结果表明这些团队的目的,包括项目交付期限,这样可以帮助团队拟定期待和项目范围。如果可能,用一个简单的问题表达他们的任务,讲清楚什么事情是他们可以决定的,什么事情他们只能提出建议。

(4)什么时间做?在哪里做?要想招募人员的事更简单,需要您能够估算出,要完成项目要求人们投入多少时间:这些人员多久会面一次? 会面的时间多长?要让他们顺利完成项目,您要保证他们有足够的时间和必要的资源——会面的地方、数据访问、经理的许可等。

(5)如何做? 最好是这些团队由训练有素的引导师来负责,设立有效的会议角色、过程和基本规则也很有帮助。就与项目评估、工具、研究、预算、团队可以使用的资源等方面的设想进行探讨。

三、引领可持续性发展工作

达西·温斯洛在平肖大学 2014 届毕业生毕业典礼上, 对新加入可持续系统的工商管理硕士(MBA)专业的毕业生提出了以下挑战:"你们的作用就是为正在改变我们目前发展轨迹所需要的那种对话、协作、创新和行为号召创造条件,为集体领导力创造条件。我还要说,你们的工作包括召集会议、引导、翻译、设计、创新,当然还有创业。"[17]

2010 年,国际可持续发展专业人员协会承担了一项确定可持续性发展从业人员所需要的核心能力之综合研究项目。[18] 研究调查了大约 400名专业人员以确定他们面临的问题、他们的工作职责，以及他们最常需要的技能。研究提到了一些预料之中的技术与专业知识，但却也惊人地发现，所需要的最关键的技能是"软"技能，即人员管理技能，包括与利益相关者的沟通技能、启发与鼓励其他人的技能、团队建设的技能、构建共识的技能、在组织内影响变革的技能。

这项研究后来发展成为一项更加具体的工作任务分析，对可持续性发展从业人员所需要的具体技能、知识与能力进行整理与详细说明（http：//www.sustain@bilityprofessionals.org./process–developing–certification–sus–tainability–professionals）。

（一）个人

有时候根本不需要团队，如果您接触的是那些对的人，并且把可持续做法融入组织系统中，通常您可以产生更大的影响。比如，如果您可以向采购经理证明，实施环境优先的采购政策，并把这些政策纳入在线采购系统很有好处的话，其他的员工就不用必须考虑可持续性问题，因为很简单，提供给他们的就是可持续性的选择。只要可能，把做出可持续性的选择变成一件容易做的事情，或把这种选择变成唯一的选择。

（二）奖励计划和认证体系

很多组织发现，为可持续性设立奖励制度或认证体系对工作取得进展具有强大的推动作用，很多的地区制定环保或可持续性奖励制度，为人们是否有资格得到公众的认可提供一个框架或标准。你们也可以出台一些认证制度——例如建筑改造能源与环境设计先锋（LEED）认证，或环境管理体系 ISO 14000 认证——抑或像海洋管理委员会鱼类产品认证、森林管理委员会林业产品认证这样的特定产品认证。

（三）可持续性管理体系（SMSs）

为了不让您的第一个可持续性项目变成您的最后一个项目，您需要建立一个扶持可持续性的管理体系。通常这些体系都是以质量管理体系（ISO 9000）和环境管理体系（ISO 14000）为模型，它们包括：

（1）描述意图与承诺的政策声明。

（2）确定工作重点、评价标准和目标的方法。

（3）启动、监督和完成项目流程。

（4）审查项目结果和审核并改善可持续性管理体系本身的流程；以及把从项目中获得的见解制度化，使之融入其他体系，包括工作程序、纠错计划和培训的方法。

了解更多 SMSs 信息，请参阅第十一章环境事务部。

四、结论

在资源价格上涨、气候变化日益严重和对透明度要求越来越高的形式下，支持这些转型的人们才是实现创新和系统层面变革最重要的推动者。根据新产业模式报告，这一运动最大的推动者就是参与其中的员工和资深执行领导。[19] 正如著名人类学家玛格丽特·米德（Margaret Mead）所说，重大的变革来自敬业的人们的小动作。您可以产生影响，但在组织里单独发声不是一件容易的事情，所以要争取他人对您的支持。寻找帮助组织发展的同时，也创造社会和环境效益的双赢机会。选择成功率高的项目来赢得组织对您的信任，一旦您赢得他人的尊重，并且让他们看到积极的成效，把步子迈得更大就变得更加容易。很多人认识到，一旦他们明白可持续性是怎么回事，就不会像从前一样假装对此全然不知。当您让越来越多的人了解这些概念的时候，您可能不会看到所有的扩散效应，但可以肯定的是，扩散效应会出现。要有耐心，人类进入目前的不可持续状态用了很长时间，要转变我们的社会与经济也需要时间。人类历史正在发生令人兴奋的转折，而您是全球努力推动这一转折的一部分。

五、应用问题

(1)想想您见证过的某个组织变革。其成功或失败的原因是什么?

(2)谈到可持续性,您愿意发挥什么样的领导作用?您可能想做,也可能不想做可持续性发展主管,您可能想在某个方面发挥作用(比如在您现有的职位上,或在您所在的社区)。您想帮助实现什么目标?

(3)对国际可持续性发展专业人员协会发布的 2010 能力报告中(http://www.sustainabilityprofessionals.org/sustainability-professionals-2010-competency-survey-report),以及 2014 ISSP 知识体系文件中(http://www.sustainabilityprofessionals.org/process-developing-certification-sustainability-professionals)所提到的可持续性发展主管应具备的能力进行审查;2014 ISSP 知识体系文件描述了可持续性发展从业人员应具备的知识、技能和特质。什么能力与您想发挥的领导作用有关?您的实力在哪里?还需要加强哪方面的能力? 您如何获得更多的经验与专业知识以提高您领导可持续性发展工作的能力?

资源

1.ISO14001 是全球接受的一套环境管理体系标准与认证。

2.下面的书籍目的相似,是对《可持续性发展业务指南》一书的补充。

（1）Blackburn,William(2008) *The Sustainability Handbook*. New York, NY： Routledge.

（2）Epstein,Marc J.(2008)*Making Sustainability Work*. Sheffield,UK： Greenleaf Publishing Limited.

（3）Hitchcock,Darcy and Marsha Willard(2008)*The Step by Step Guide to Sustainability Planning*. London,UK： Earthscan.

（4）Laszlo,Chris and Nadya Zhexembayeva(2011)*Embedded Sustainability:The Next Big Competitive Advantage*. Stanford,CA: Stanford University Press.

（5）Robert,Karl-Henrik and Goran Broman(2012)*Sustainability Handbook*. Stockholm： Studentlitteratur AB.

（6）Sukhdev,Pavan(2012)*Corporation 2020: Transforming Business for Tomorrow's World*. Washington,DC： Island Press.

（7）Welhelm,Kevin （2014)*Making Sustainability Stick*. Newalk,NJ： Pearson.

(8)Weybrecht,Giselle(2009)*The Sustainable MBA: The Manager's Guide to Green Business*. Hoboken,NJ： Wiley.

（9）Willard,Bob （2012)*The New Sustainable Advantage: Seven Business Case Advantages of a Triple Bottom Line*. Gabriola Island,BC: New Society Publishers.

3.在以下网址可以找到更多的工具和简单的框架：

（1）Bertels,Stephanie,Network for Business Sustainability： Embedding Sustainability in Organizational Culture,http://nbs.net/wp-content/uploads/Executive-Report-Sustainability-and-Corporate-Culture-pdf.

续表

（2）Biomimicry 3.8：http://biomimicry.net.

（3）International Living Future Institute：http://livingfuture.org.

（4）Natural Step：http://www.naturalstep.org.

（5）Willard，Bob，Sustainability Advantage's Business Case Stimulator，http://sustainabilityadvantage.com.

表 2.1　S-CORE 可持续性变革推动者
（参阅引言部分的"如何使用自我评估"）

做法（分数）	孵化器（1分）	计划（3分）	全面（9分）
可持续性管理体系（SMS）：确定可持续性改进工作的重点、监督效果，并把最好的做法制度化创建一个流程。（参阅第六章和第十一章的相关做法） 设想：对可持续性如何涉及企业的使命有清晰的设想。（参阅第六章相关做法） 实施方案：制定实现可持续性的可行方案。 绩效指标：制定一套可持续性指标并对指标进行跟踪。（参阅第六章和第十一章相关做法） 报告：定期公布可持续性工作取得的成绩。（参阅第六章和第十三章的相关做法） 角色转换：随着时间的推移，转变可持续	落实正式（但也许是临时的）体系和流程以明确并实施可持续性改进工作（例如，建立指导委员会）。 创建商业案例并赢得管理层对可持续性发展措施的支持。 为试验措施制定方案，并加以实施。 制定并跟踪指标以说明投资可持续发展项目带来的回报和其他好处。 引领可持续性发展工作。	落实包括 ISO14001 规定之要素的环境管理体系。 执行回测式流程以对可持续性以及临时目标有清晰并长远的设想。 为宣传可持续性思想与行动，使之人尽皆知制定方案，并加以实施。 制定一整套可持续性绩效指标以跟踪组织的绩效。 向所有管理人员展示如何支持可持续性工作。	落实包括可持续性政策、标准和目标在内的可持续性管理体系。 推动组织对其在一个完全可持续社会的角色有长远、清晰的设想。对自己的使命或商业模式的基本假设提出质疑，并为转变所在的组织和所在的行业做出长期的努力。 制定并实施把可持续性纳入组织结构以及其他战略关系的方案。 制定跟踪战略伙伴（主要供应商）以及其他与经营有关的外部机构的可持续性绩效指标与方法。教导组织以外的其他人如何引领可持续性工作。（例如通过公共讲演、

续表

做法	孵化器(1分)	计划(3分)	全面(9分)分数
性发展协调员的角色,做到在整个组织内,可持续发展人人有责。			写文章、访问供应商网站)
总分			
平均分			

注释:

1.Gladwell,M.(2006)*The Tipping Point*. New York：Little,Brown and Company.

2.Hawken,P.(11 August 2011)Reimagining the World Was a Responsibility. Greenbiz. http://www.greenbiz.com/blog/2011/08/11/reimagining-world-was-responsibility.

3.Sustainability/GlobeScan（14 May 2014)The 2014 Sustainability Leaders.http://www.globescan.com/component/edocman/?view=document&id=103&Itemid=591.

4.Winslow,D.(January 2013)Change Agent in Residence Comments at Pinchot：Former General Manager of Global Women's Fitness Business. Presentation given at the Bainbridge Graduate Institute in January 2013.

5.Wenzel,E.(15 April 2014)How She Leads：Lynelle Cameron,Autodesk Foundation. Greenbiz. http://www.greenbiz.com/blog/2014/04/15/how-she-leads-lynelle-cameron-autodesk-foundation.

6.Cleaning Products 2014（14 March 2012)Sustainability and Innovation,Key to Method's Approach. http://cleaningproductseurope.com/interview-with-drummond-lawson.aspex.

7.Werbach,A.(2009)*Strategy for Sustainability*. Boston,MA：Harvard Business Press.

8.Schwartz,A.(2014)How Former EPA Chief Lisa Jackson Can Change Apple's Culture of Sustainability.FastCompany. http://www.fastcoexist.com/302 0124/how-former-epa-chief-lisa-jackson-can-change-apples-culture-of-sustainability.

9.Levy,S.(21 April 2014)Apple Aims to Shrink Its Carbon Footprint with New Data Centers. Wired. http://www.wired.com/2014/04/green-apple/.

10.Macrae,N.(17 April 1982)Intrepreneurial Now,The Economist. http://www.intrapreneur.com/Mainpages/History/Economist.html.

11.Albanese,M.(11 December 2013)How She Leads：Kate Heiny,Target. Greenbiz. http://www.greenbiz.com/blog/2013/12/11/how -she -leads -kate-heiny-target.

12.Nattrass,B.,& Altomare,M.(2002)*Dancing with the Tiger*. Gabriola Island,BC：New Society Publishers.

13.Weinreb,E.(September 2013)Pioneers of Sustainability：Lessons from the Trailblazers. Weinreb Group. http://weinrebgroup.com/wp-content/uploads/2013/09/SustainabilityPionnersWeinrebGroup.pdf.

14.Schachter,H.(n.d.)Go-green Argument. The Globe and Mail. http://www.sustainabilityadvantage.com/products/nextwave_reviews1.html.

15.Porter,M.,Hills,G.,Pfitzer,M.,Patscheke,S.& Hawkins,E.(2012)Measuring Shared Value：How to Unlock Value by Linking Social and Business Results. Foundation Strategy Group. http://www.fsg.org/Portals/0/Uploads/Documents/PDF/Measuring_Shared_Value.pdf.

16.Kotter,J.(November 2012)Change Faster：How to Build Adaptive Genius in Your Organization. Harvard Business Review,p.44.

17.Winslow,D.(June 2014)Commencement Address to Pinchotgraduates. http://www.natureleadership.org/a-new-kind-of-leader/.

18.International Society of Sustainability Professionals (2010)The Sustainability Professionals: 2010 Competency Survey Report. http://www.sustainabilityprofessionals.org/sustainability-professional-2010-competency-Survey-report.

19.Lavery/Pennell (February 2014)The New Industrial Model: Greater Profits,More Jobs and Reduced Environmental Impact. http://laverypennell.com/wp-content/uploads/2014/03/New-Industrial-Model-report.pdf.

第二部分
不同行业的可持续性

第三章

服务业与一般性办公室工作的可持续性 *

服务机构经常很难理解服务业如何能够有意义地落实可持续性。因为服务机构的办公室没有冒烟的烟囱，所以很多的组织会尽职尽责地把重点放在纸张再利用和晚上切断计算机电源的工作上。这些绿色团队采取的措施确实有些作用，但是从更大的方面来说就显得微不足道。绿色团队最大的作用通常不是来自他们的工作方式，而是来自他们的选择产生的影响。比如，建筑师的影响更多是与他设计的建筑物有关，而不是与设计用纸有关。

在很多国家，服务业在经济中占主导地位，特别是在美国。2008 年，在美国，4 份工作中有 3 份，或者说大约 77% 的工作是服务性工作，预计这个比例到 2018 年会增长到 79%。在欧盟，服务行业占欧盟成员国国内生产总值的 50% 以上。[1] 在全球，服务业被认为是贸易与经济增长的关键因素。[2] 人们认为，服务业的主导地位日益增强很有好处。以服务为主导的企业一般需要更多的人力资本，而非自然资本，鼓励教育投资，并且比以

＊第三版的第三章在科琳·鲍曼和克丽·卡尔波利的帮助下更新。

原料为主导的制造业需要的自然资源少。[3]

一、您应该了解的可持续性

　　服务业一般包括所有非商品生产的行业，所以是国民经济的重要组成部分。但是大多数服务业的经营也包括生产这一组成部分。经理编写报告，建筑师和工程师制造模型与原型，医院和酒店要洗衣用水，餐馆工人制造垃圾，消防员、警察和士兵主要还是靠化石燃料进行交通运输。服务机构也生产产品，可持续性发展的机会可以出现在以下四个方面：

　　(1)清理你们自己的经营，并且要"言出必行"；

　　(2)管理你们所提供的服务产生的连锁效应；

　　(3)监控利益相关者、商业模式形象面临的战略威胁；

　　(4)利用出现的机会，成为一个可持续的、价值驱动的组织。

　　通常来说，内部的经营所带来的影响是你们在组织以外产生的影响的一部分。前面说过，一家建筑公司所使用的能源和材料数量，与他们设计的大楼所使用的能源与材料相比，可以说是小巫见大巫。改进外部经营比清理内部经营能给企业带来更高的经济回报，但是企业把自身经营的改进放在首位，有很多非财务方面的原因。

　　把实现可持续性发展的目标作为内部经营的首要任务，体现了领导层的决心、同情心和能力。这样会让参与可持续性发展工作的员工了解改进经营的目的，并且愿意为此做出自己的贡献。

　　"言出必行"，"已所不欲勿施于人"，这样您可以避免被指有"漂绿"之嫌，同时您也可以支持真正把可持续性作为使命和目标的组织文化。

　　很有可能会有为您们节约成本，或给您们带来更多利润的外部行动，但是很多内部行动可以产生更多、更系统的影响。哈佛商学院最近为凯撒娱乐集团所做的研究表明，顾客忠诚度与满意度与企业可持续性发展活动中员工的参与度有直接关系。⁴名为"绿色代码"（Code Green）的项目为员工提供很多积极参与可持续性发展行动的机会，还包括一个数字平台，鼓励组织增加透明度，增加很多业务之间的联系和竞争。

二、可用战略

（一）清理经营

（1）设施

能源效率是采取措施节约成本的第一个领域，遗憾的是，一些企业租赁办公用房，所以可能没有独立的电表，也就是说，节约用电可能首先是房东的事情，而房东会不会让承租人在用电的时候节约一点不得而知。如果您自己拥有并管理办公大楼，进行能源审计可以带来节约能源开支的重大机会。如果您租赁办公用房，尝试着让您的房东提高大楼的可持续性。更多信息，请参阅第七章"设施部"。

以下几个案例可以激励您采取自己的行动：

（1）俄勒冈州波特兰市的交通管理局 TriMet 把电费单贴在电梯里，单子上没有写要员工怎么做，也没有写任何其他评论，但是员工们看到他们的能源开支如此之大后，转变了行为模式，接下来的那个月，电费减少了 20%。

（2）俄勒冈州的华盛顿公园动物园（Washington Park Zoo）允许员工把节能灯泡、电池等在家里难以再利用的东西带到单位。员工们带来的这些东西，再加上动物园本身产生的很多废弃物，数量多到可以容易地进行再利用。

（3）华盛顿西雅图的布利特中心（Bullitt Center）目前拥有"世界最绿色的商用大楼"称号。为做到言出必行，中心要求承租人参与设施可持续性的行动。承租人必须监控能源消耗情况以满足中心制定的年度预算。承租人还必须同意不能购买含有有毒物质的办公家具。为保证充足的日光和新鲜空气,必须把每个员工的办公桌摆放在离中心大窗户 30 英尺以内的地方。中心还鼓励承租人坐公交、骑车或步行上班,走着上楼,而不是坐电梯,并让公众使用他们的设施达到教育目的。一旦节能目标得以实现,中心把节约下来的一部分费用,以租赁信贷的形式转赠给承租人。[5]

(2)采购政策

如果价格是影响采购决定的唯一因素,可持续性企业在决定之时更慎重、目的更明确。无论做什么采购决定,人们必须认真考虑产品整个的生命周期,从产品的采购到产品被废弃后怎么处理都需要认真考虑。采购经理在做决定时,还可以优先考虑质量而非数量。例如,购买很多小的打印机和购买几个大的多功能机器,哪个更加合理?应该购买大量便宜但效能低的灯泡,还是应该购买 LED 灯泡,或是购买价格高但是生命周期更长的其他技术灯泡?

检查围绕产品生命周期结束所进行的实际工作。你们是否从拥有产品管理战略的制造商处购买设备?在产品生命周期结束时,是否为产品或组件找到新的用途?你们的供应商是否在共同努力,在产品使用寿命结束时,对产品进行处理或再利用? 还是他们只是将这种责任转嫁给你们? 同样,如果你们向非营利组织或学校捐赠可用设备,你们是否也把这种责任转嫁给他们?

认真管理你们的纸张采购决策,对无纸化项目的这些发现进行思考,无纸化项目是一个基层公司联盟,致力于改变组织处理纸质和电子内容的方式。

①一般一位上班族每年使用约 10,000 张复印纸。

②一个组织的收入,有 15%用于创建、管理和分发文档。

③员工 60%的工作时间用于处理文档。

④85%的商业文件是纸质的。

⑤一般文件要印刷五次。

⑥90%的企业信息都在文档中。

⑦以每小时 30 美元计算，知识工作者因用纸工作，每年造成的浪费是 4500 美元。[6]

除了经济效益，企业还发现少用纸张的其他好处，包括更快地进行文件访问（可以提供更快、更有效的客户服务），通过电子文件分享进行协作的机会增加。

不可避免的是，有些公司无法实现完全无纸化。在这些情况下，您可能希望使用森林管理委员会认证（Forest Stewardship Certified）的纸张或尝试使用无树纸。在安讯士绩效顾问公司（AXIS Performance Advisor），我们曾送出用洋麻（一种来自锦葵科的可爱草本植物）制成的纸制作的节日贺卡，贺卡的开头是一首毫无韵律的诗歌，诗歌是这样的："无树纸可以令您欢笑，这祝贺是印刷在洋麻上。"

在做卫生间和休息室用品采购决定的时候，您也应该进行认真思考。在进行更换时，我们建议采取"不问，也不说"方式。您永远想象不出，在说到纸制品的时候，人们会变得多么自负。他们认为，含有很高消费后再回收成分的卫生纸或纸巾易破或者不好用。例如，在俄勒冈州的波特兰市有一家物业管理公司决定改用更环保的产品，开始他们没有告诉任何人这件事情，一个月过去了，大家很开心，没有任何人抱怨。但是在他们向人们承认已经改用再生纸之后，人们开始抱怨。帮自己一个忙：不问，也不说。

在考虑采购休息室用品时，问问自己以下这些问题：你们的电器设施是能效最高的吗（比如，是能源之星认证的）？ 你们还在使用一次性杯子吗？ 你们的咖啡制作方法具有可持续性吗？ 你们提供再利用和堆肥选项吗？ 或者东西用完直接进入垃圾箱，造成你们的废物管理成本增长吗？ 问问自己这些问题，并对休息室和卫生间进行一些小的调整，可以帮助你们做到言行一致，并且可以避免采购以后不得不以处置成本的形式再次支付的东西，从而为公司节约成本。

（二）管理连锁效应

服务机构最大的影响通常不是机构是做什么的，而是如何影响员工和顾客的行为和选择。当建筑师设计建筑物，并指定建筑材料时，他们的影响远远超出了他们的蓝图。他们的选择决定了大楼能源使用的命运，提供木材的森林的健康，建筑物居住者呼吸的空气质量，周围河流中的水质。

当金融家们决定给一个家庭或企业提供融资时，他们的影响绝非只是一纸协议，因为我们在2008年了解到，次贷危机的到来使美国经济陷入萧条。金融家们的决定不仅影响社区人们的生活质量，也影响交通拥堵、少数民族人口的机会，以及很多人分摊保险费用等问题。当一家大型连锁超市建在城镇边缘，并提供数英亩的免费停车场时，它会影响驾驶模式、空气质量、温室气体排放和城镇中心的活力。企业不是生存在真空中，他们的决定会直接或间接地导致两种结果，无论哪种结果，都可能给员工、社区、行业甚至更多方面带来影响。

（三）为所造成的连锁效应负责

有些企业选择忽视他们对其他人的影响，甚至不承认他们对他人会造成影响，他们把这些影响称为"外溢效应"。然而，通常你们可以通过正面而不是负面地影响他人，使自己不同凡响，树立自己的品牌形象，"外溢效应"可能最终让你们尝到苦果，使你们的公众形象受损，或者为监管付出高昂的代价。随着消费主义的日益抬头，越来越多的公众认为企业要为所造成的连锁效应负责。

（1）星巴克正在尽力为遮阴咖啡的公平贸易开辟可靠的市场，星巴克与保护国际基金会（Conservation International）合作，制定出自己的咖啡与种植者公平惯例准则（Coffee and Farmer Equity）目标，意图是为咖啡种植者创造可持续的生计，并使咖啡的供应在长时间内都达到这些标准。尽管在 2011 年只有 8.1%的咖啡供应得到公平交易的认证，[7] 但是公平惯例准则和公平贸易认证让星巴克可以对外宣称，自己 86%的咖啡是"道德采购"来的。这一战略有助于星巴克在出现气候变化风险时，也能保证产品的供应，这也是一个很好的营销举措，因为顾客对具有社会与环境效益的产品越来越感兴趣，需求越来越大。对咖啡种植者来说，制定并实现公平惯例准则目标，带来很多积极的连锁效应，他们的就业率提高了，医疗卫生条件更好了，受教育的机会和饮用水的供应增加了。

（2）华盛顿西雅图的弗吉尼亚梅森医疗中心把连锁效应管理得很好，是一个证明把可持续性纳入组织核心价值观非常有益的例子。"无损于病人优先"是希波克拉底誓言和医疗生物伦理学中经常使用的一个短语。梅森医疗中心的可持续性发展主管，布伦纳·戴维斯（Brenna Davis）解释了他们如何再次运用这一原则对连锁效应进行评估。"在弗吉尼亚梅森医疗中心，我们认为，'无损于病人优先'不仅延伸至我们如何治疗病人，而且也延伸至我们如何影响病人呼吸的空气质量和病人所吃的食物生长的土壤质量。我们把这看作我们对病人、他们的家庭以及后代的承诺。"[8] 从战略上讲，弗吉尼亚梅森医疗中心获奖的环境管理倡议，环境梅森（Enviro-Mason）巩固了该中心在减少废物、节约能源、采购本土化和员工参与方面作为行业领袖的地位。

（3）西雅图城市农场公司（SUFCO）是最好的一个例子。该公司通过管理连锁效应，使自己成为一个与其他园林绿化服务公司很不同的企业。公司所有人科林·麦克里特（Colin McCrate）和布拉德·哈尔姆（Brad Halm）创建的该公司，帮助住宅和商业用户种植自己的有机食物。城市农场公司提供以健康和自给自足为中心的服务，公司两位所有人从日常工作中抽出时间参与活动，对公众进行可持续性问题培训，让公众了解无毒建筑材料以及超本地采购，并更懂得尊重农民的好处。他们的使命不仅是创造美丽的景观，而且是非常有益的景观，带来比一般的园林绿化公司所带来的连锁效应更加有益的连锁效应。

（四）监控战略威胁

服务公司必须考虑可持续性对公司关键事项的影响，包括他们的客户、公共形象及企业的基础因素。某些情况下，与可持续性有关的趋势可以动摇企业的基础。制定可持续性发展战略帮助企业预见潜在的威胁，并为应对威胁做好准备。

服务公司应该考虑可持续性给他们的形象与影响造成的正面与负面的效应。可持续性发展倡议最好能够被全面纳入公司文化与品牌中，以免被控有"漂绿"之嫌。但是有些公司发现，既要有效地促进公司的战略举措，又要避免因犯错误受到人们的指责是很难做到的。

餐饮业，特别是快餐店和连锁店给环境和社会带来的影响受到人们称颂，同时也饱受人们的诟病。为应对批评而出台可持续性发展的举措，而不是把可持续性发展作为长期的战略，有可能令人更加反感，而且长远来看损害底线。对可持续性的主张，公众可能会不加思考就提出批评，这会令企业因为害怕受到攻击闭口不谈可持续性。Chipotle 墨西哥烤肉店（Chipotle Mexican Grill）一向奉行向公众发布他们可持续性方面的战略，但是公众对此反应不一。Chipotle 通过回收和合成计划，以及实施绿色内务政策有效地把可持续性发展融入其日常的运营之中。[9] Chipotle 在营销工作中专注可持续农业，此举遭到公众的批评。2013 年下半年，他们发行《稻草人》这部短片，向人们展示传统农业的黑暗面，以及"建设一个更美好世界"的解决方案。该视频遭到部分媒体的贬低，并引起了观众之间激烈的争论，YouTube 上的视频页面上贴出了数千条评论，[10] 有完全支持的，也有控诉的，说 Chipotle 是一家资金匮乏的企业集团，正在采取恐吓手段来推销他们的产品。

或许今天企业所面临的最大战略威胁来自气候变化。保险业特别关注气候变化在给他们的客户带来什么样的影响，虽然保险公司靠的是根据历史数据平均风险水平，但气候模式的近期变化增加了预测影响保险公司利润的灾难的难度。这些风险将以更高的保费形式转嫁给部分消费者，但实际上会因风险变化而导致某些领域的保费降低。[11]

瑞士再保险公司是一家也很关注法律风险的保险公司。他们认为，气候变化是继石棉和烟草之后，下一个重大的企业诉讼威胁。他们投保的许多公司都是温室气体的主要排放源，也是诉讼的主要目标。股东们焦躁不安，股东决议大幅度上升，很多决议事关气候变化，通过代理人，他们以投票的方式以前所未有的比例解雇公司董事。瑞士再保险公司已经传话出来，如果投保公司没有采取足够措施避免全球变暖，那么他们可能不会保护董事免受诉讼。由于董事可能需要对环境问题承担个人责任，瑞士再保险公司的话引起了他们的注意。

（五）新兴机遇

把可持续性融入企业运营之中也会带来能够增强企业实力和竞争力的机会，使企业进入一直被忽略的市场。实力强大的企业，不是把可持续性作为应对问题的手段，而是在增加和加强底线的同时，利用可持续性战略，找到为社会做出积极贡献和建立良好意愿的方法。

不是一定要成为非营利组织才能承担起为社会和环境做贡献的使命。越来越多的企业正在寻找一种与其使命相匹配的法律或所有权结构，不再因为事情一直都是这样做的而去选择传统的法律结构。组织可以在一开始就创建一个最有意义的、最符合他们使命的框架。已经运营中的组织可以利用新的机遇，例如利用所在的州提供公益或社会企业注册的机会，改变企业机构。

因为现有企业和新的尝试都在寻求通过共享所有权充分吸引员工的方式，合作社正变得越来越普遍。设在俄亥俄州克利夫兰的常青合作社（Evergreen Cooperative）从根本上来说是合作社中的合作社。常青合作社是一个由志同道合的、员工所有的企业组建的网络，他们不仅把可持续性、地方主义和教育作为核心价值观,还致力于在该地区创造就业和经济机会。[12]

Chipotle 是越来越多的传统结构化企业之一,他们正在跳出眼下和短期的业务目标,转而支持从长远看有利于其业务的举措。Chipotle 通过他们的诚信食品(Food With Integrity)倡议[13],一直坚定地公开支持可持续农业和运营。该公司表示,他们坚持使用天然饲养的肉类,反对使用牛生长激素[14],并开始尽可能在其餐厅使用环保设计。他们位于伊利诺伊州古尔尼(Gurnee)的餐厅是有史以来第一家获得 LEED 评级系统最高级别的铂金认证的餐厅。[15]该公司也在致力于把可持续设计融入所有的餐厅,以减少对环境的影响。设计特点包括施工期间控制侵蚀和污染,餐厅选址靠近公共交通,设有自行车架,以及最大化水和能源效率。在古尔尼的餐厅,通过安装能源之星等级的厨房设备,使用 LED 照明,而不是白炽灯,设计高效的暖通空调(HAVC)系统,他们设法把用水量减少了 40%,能源效率提高了 17.5%。他们还安装了一台 6 千瓦的风力涡轮机,餐厅所用能源的7.5%由该涡轮机提供。[16]Chipotle 把实施这些方案看作一次机遇,而不是应对风险的一种方法,从而使它与客户和环保组织建立起积极的公共关系,并赢得二者的忠诚。

可持续性发展工作还能够产生新的收入来源,越来越多的企业不仅专注于可持续运营,而且也专注于可持续的产品发售。这些公司把可持续性发展融入各个方面,包括他们发售的产品,这样他们能把握住使竞争对手落在后面的机会。

例如,威斯康辛州的波塔瓦托米部落推出了一个餐厨垃圾到能源化生物消化器项目,该项目将产生 2 兆瓦的电力,并出售给电网(2 兆瓦电力足以满足 1500 个典型家庭的需求)。部落希望利用该项目,为其附近的赌场和酒店提供电力,而电力来源于这些企业提供的废弃物。这个机会不仅可以让每天二十辆卡车的垃圾不再进入垃圾填埋场,还可以增加社区的收入。[17]

乔氏连锁超市(Trader Joe's)前总裁道格·劳赫(Doug Ranch)正在波士顿打造日常餐桌店(the Daily Table Store)。该店接收不完美的食品,即杂货店通常要扔掉的食品,然后进行二次销售,或用这些食品做出饭菜进行销售,这样不仅减少了垃圾,还减少了处理这些垃圾的费用;该店还通过这项可持续业务创造了经济机会。[18]

还可以利用小动物消化垃圾。万德循环(Wonder Cycle)用手工制作果汁剩下的废料生产狗粮万德乐食(Wonder Treats)。与果汁公司合作,万德减少了需要填埋的垃圾,并为有社会与可持续性意识的消费者打造出一种独特的产品。[19]

当然,并不是只有垃圾可以得到重新利用,开发出新产品,创造新商机。像泰瑞环保(Terra Cycle)这样的公司,把难以回收的包装和难以回收的产品收集起来进行重新利用,创新出价格低廉的背包、家具、园艺用品和玩具等产品。[20]比利时的欧维洁(Ecover)公司最近宣布,他们要用从大海里捞起的塑料垃圾制造包装材料。[21]

可持续性还可以帮助企业发现新市场。从经济角度看,世界可以分为三类市场:消费经济(10亿人口)、新兴市场(20亿人口)、生存经济(30亿人口)。

传统上,企业一直把重点放在前两类市场,而忽视了世界的另一半人口。普拉哈拉德(C.K.Prahalad)写了好几本书和好几篇文章,探讨金字塔最底层的经济机会,他认为要打入这类市场,可持续性应该同时进行。

每个消费者都想拥有一部手机,所以产品设计师应该提出这样的问题:为什么型号不同的手机需要不同的充电器?充电器不是用来区分手机型号的。设想一下,如果充电器可以通用,可以节约多少资源?减少多少垃圾?消费者又可以省下多少钱呢?

很多人也想拥有私人交通工具,但化石燃料会越来越少,越来越贵,想打入这些新兴消费者市场的公司需要找到为这些汽车提供动力的可持续方法。

说到稀缺的水资源,我们能不能开发出不用水的洗衣液?我们能不能培育出不用水就生长的水稻?[22]

在社会企业界,很多企业试图在创造可行商业模式的同时,为这类人口找到解决问题的方法。社会企业是指那些不是一味地触碰底线为股东们实现利益最大化,而是致力于改善社会与环境福祉的企业。可以把成为社会企业作为组织的使命,或在企业向公益实验室申请通过公益企业认证时,使社会企业成为更加正规的企业形式。[23]公益公司认证向全球企业开放,到2014年上半年,全球32个国家的990家企业注册成为社会企业。社会企业正规化可以更深入。美国很多州已经通过了《公益公司法》,无论企业是否得到公益企业认证,都可以正式组建成为这一类的公司。[24]

朱瓦巴尔公司(Juabar)在坦桑尼亚农村地区提供手机充电亭,给当地的企业家们提供机会,并为他们所在的社区提供服务。该公司的充电亭使用的是太阳能,不仅可持续,而且非常适合当地的情况。该公司这样说道:"作为自供能充电亭,我们的充电亭是为企业家们设计的一种能在公共场所使用的弹出式太阳能充电产品。我们的公司是能源公司,是零售点,提供手机充电服务和辅助产品销售。"像Juabar这样的公司不仅提供经济机会,在与合作伙伴合作提供服务方面也做得很好。目前该公司正与一个致力于使清洁能源产品惠及所有坦桑尼亚人与社区的组织,合理农业技术研究所(Appropriate Rural Technology Institute)[25]和一家帮助农民使用智能手机进行通讯的坦桑尼亚公司,"农民之声"合作知识库(Sauti Ya Wakulima)进行合作。[26]

社区公益资金是一家在华盛顿州注册的社会目的公司,是通过了公益公司认证的企业。与传统的企业融资不同,社区公益资金"利用来自社区居民的资金为小企业提供贷款"。他们主要是帮助小企业建立起可持续融资模式，这让该企业与那些因缺少发展与生存资金有可能被淘汰的企业建立起合作关系。采用创新与对社会负责的合作方式，他们为来自社区成员，那些小企业的支持者的资金提供原则框架。[27] 这样，小企业得到了所需资金，也提供了社区赋权，使个人为他们希望留在自己街区的企业提供直接的支持。

无论企业是否走认证之路，或是组建形式合法化之路，很多的公司都在把可持续性和社会关切纳入他们的商业模式并当作大事来抓。万德循环建立伊始为一家有限责任公司，但是现在把社会与环境公正承诺写入了其运营协议。例如，他们要求在决策阶段首先坚持公司的使命与价值观，这样公司可以做出可能是最环保，但不一定是给公司带来最大利润的决定。[28]

三、可用战略

(1)确定不仅符合公司底线要求，而且又环保的可持续性发展倡议。您可以做出能够提高能效、建筑改革和其他战略性决策以保护地球，提高对业务的认知，增加公司销售额。

(2)思考企业如何与其他企业合作创造经济与社会效益。

(3)搞清楚你们的企业产生哪些废物。你们能够进行废物回收，创造经济机会吗？又或者你们能够找到合作伙伴把你们产生的废物转化为产品吗？

(4)使用价值创新战略实现可持续性发展。价值创新也称为"蓝海战略"，"是对差异化和低成本的同步追求，为买家和公司创造更大的价值"。[29]有什么样的社会问题需要解决？你们的企业如何能加快步伐，用可持续的方法解决这些问题？

资源

1.Hall, Jeremy and Harrie Vrendenburg(Fall 2003)"The Challenges of Innovating for Sustainable Development", MIT Sloan Management Review.

2.International Panel on Climate Change: http://www.ipcc.ch.

3.Kim, W. Chan and Renee Mauborgne (2004)*Blue Ocean Strategy: How to Create Uncontested Market Space and Make the Competition Irrelevant*. Cambridge, MA: Harvard Business Review Press.

4.Rees, Martin (2003)*Our Final Hour: A Scientist's Warning: How Terror, Error and Environmental Disaster Threaten Humankind's Future in This Century-on Earth and Beyond*. NewYork: Basic Books; Suzuki, David and Holly Dressel(2002)*Good News for a Change: Hope for a Troubled Planet*. Toronto, CN: Stoddart Publishing.

5.United Nations Environmental Program (2002)Global Environment Outlook 3: Past, Present and Future Perspective. UNEP and Earthscan. http://www.centrogeo.org.mx/unep/documentos/geo-3/geo_3.pdf.

6.Young, Stephen(2003)*Moral Capitalism: Reconciling Private Interest with the Public Good*. San Francisco, CA: Berrett-Koehler.

四、结论

从以上可以看出,服务型组织的责任不仅限于对纸张进行再利用、减少能耗,而是有很多需要考虑的威胁与机会。服务型公司必须超越自己组织的范围,对这些真知灼见加以利用。他们必须检查会破坏公司形象以及影响客户群生存能力的潜在威胁,并考虑全球人口的变化情况。

服务业经常被认为是经济的"第三产业",地位远不如自然资源开采的第一产业和第二产业制造业。然而服务是所有公司的一个组成部分,是对公司主要功能的补充,因为它们越来越多地把服务纳入业务范围,公司之间的竞争也越来越多的是服务方面的竞争。当我们开始不再滥用自然资源和肆意消费物品,转而关注人类福祉和幸福时,预计服务业将成为这一可持续商业难题的极其重要的一部分。

五、应用问题

(1)通常来说,哪类决策影响更大——是影响组织的决策还是影响外部环境的决策? 这两类影响的区别在哪里? 相同点在哪里?

(2)有什么简单的方法让你们的经营更加环保?言行一致为什么很重要? 确定可以立即实施的三项经营改进措施。

(3)选择你们关心的一个服务行业。该服务行业如何能够改变他们的经营,创造更多的社会和环境效益? 有没有残疾人可以做的工作? 该行业如何能为服务不足和就业不足的人口服务? 该行业对环境产生的最大影响是什么? 如何减少这类影响?

表 3.1　S-CORE 服务业和办公室工作
(参阅引言部分的"如何使用自我评估")

孵化器(1分)	计划(3分)	全面(9分)	做法
战略:制定公司可持续性发展战略,确定面临的机遇和威胁。服务提供:把可持续性纳入核心服务中。能源: 提高能效,向可再生能源过渡。(参阅第七章相关做法)	制定可以走可持续发展道路的商业案例,采取初步措施加以落实。对核心服务的可持续性进行分析,为所有重大影响确定可持续性目标。一年至少实施一项可持续性发展方案。选择几个目标购买类别,确定哪些更环保。至少每五年对办公	可持续性是公司战略与业务规划中的一部分;可持续性被认为是公司竞争优势的重要因素。重新设计服务,消除所有对环境的重大影响。参与旨在减少提供产品或服务过程中产生的常见负面影响的活动。制定体系定期对所购物品的影响进行	积极努力影响客户、供货商和行业中的其他人以解决与可持续性有关的问题。改变提供服务的手段,促进客户改变行为方式支持可持续性发展。80%以上的办公用品与设备的来源都是可持续性的,例如是得到认证的可持续来源,100%消

续表

孵化器(1分)	计划(3分)	全面(9分)	做法
	室的运营进行能源审计，并根据结果采取行动。	评估并努力找出更环保的类别。	费后垃圾可回收，产品可收回。
交通运输：积极减少人员运输、文件/材料运输带来的气候影响。（参阅第八章中的相关做法） 承包服务：使用同样致力于可持续性发展的承包商，例如银行、清洁工、园林绿化、快递、餐饮等。（参阅第九章相关做法） 食品服务：保证提供的食品全部为健康和可持续的食品，把浪费减少到最低，例如自助餐、自动售货机等。 改造：选择新址或对现有建筑进行改造时，坚持绿色建筑原则。	通过激励或其他手段，鼓励员工使用替代交通工具（例如收取停车费、拼车）。通信、货运和商旅，使用能满足有关各方需要的对环境影响最小的载体。把你们对可持续发展的承诺告知所有主要的承包商/供应商。使用非一次性的餐具和节能设备。获得 LEED 认证与其同等的认证。	制定体系对能效进行监控，并让办公室人员知晓，促进行为的改变。采用激励措施鼓励承包商和客户减少对化石燃料的使用。开发评估承包商可持续做法的工具。把可持续性标准和要求写入所有承包合同中。给健康食品贴上标签（有机农产品、低脂肪等），并促进健康食品的销售。获得 LEED 白银认证，或与其同等的认证。	实现电力、供暖和制冷的气候中立，例如通过发电，购买100%的绿色电力，或购买碳补偿。公司全部交通运输与至少25%的人员通勤实现气候中立。积极影响非直接雇佣的承包商的选择，例如与大楼业主合作，与大楼的租户建立合作采购计划。只提供当地生产的、应季的可持续食品种类。所有的餐厨垃圾制成堆肥。获得 LEED 白金认证或与其同等的认证。
总分			
平均分			

注释：

1.http://dpeaflcio.org/programs-publications/issue-fact-sheets/the-service-sector-projections-and-current-stats.

2.European Commission(2013)International Trade in Services. http://epp.

eurostat.ec.europa.eu/statistics_explained/index.php/Internation al_trade _in_services.

3.World Bank（2000）Growth of the Service Sector. In Beyond Economic Growth.Washington,DC：World Bank. http://www.worldbank.org/depweb/beyond/beyondco/beg_09.pdf.

4.Serafeim,G.,Eccles,R. G.,& Clay,T. A.(8 March 2011)Ceasars Entertainment CodeGreen. Cambridge,MA：Harvard Business Review. https://hbr.org/product/caesars-entertainment-codegreen/an/111115-PDF-ENG.

5.Pryne,E.(4 May 2013)Tenants for Bullitt Center Must Think Green. *Seattle Times*. http://seattletimes.com/html/businesstechnology/2020481293_bullittleasesxml.html.

6.The Paperless Project（n.d.）The Paperless Project. http://www.thepaperlessproject.com.

7.Starbucks(n.d.)Coffee. http://www.starbucks.com/responsibility/sourcing/coffee.

8.Eisel,D.(2014 February 14)Why Healthcare Is an Important Aspect of Sustainability. 2degrees Network.http://www.2degreesnetwork.com/groups/2degrees-community/resources/why-healthcare-important-aspect-sustainability.

9.Chipotle（n.d.）Gurnee Mills - LEED Highlights. http://www.chipotle.com/en-us/flash/assets/GurneeLEED-ENG.pdf

10.Weiss,E.(23 September 2013)What Does the Scarecrow Tell Us about Chipotle? *The New Yorker*. http://www.newyorker.com/online/blogs/currency/2013/09/chipotle -mexican -restaurants -animated -film -sustainable -food -marketing.htm.

11.Stromburg,J.(24 September 2013)How the Insurance Industry Is Dealing with Climate Change. *Smithsonian Magazine*. http://www.smithsonian mag.

com/science-nature/how-the-insurance-industry-is-dealing-with-climate-change-52218/?no-ist.

12.Evergreen Cooperatives(n.d.)Evergreen Cooperatives. http://evergreen-cooperatives.com.

13.Chipotle (n.d.)Food With Integrity. http://www.chipotle.com/en-US/fwi/fwi.aspx.

14.Chipotle(n.d.)We Treat Them Like Animals. http://www.chipotle.com/en-US/fwi/animals/animals.aspx.

15.Chipotle(n.d.)Green Is the New Green. http://www.chipotle.com/en-us/restaurants/sustainable_design/sustainable_design.aspx.

16.Chipotle (n.d.)Gurnee Mills - LEED Highlights. http://www.chipotle.com/en-us/flash/assets/GurneeLEED-ENG.pdf.

17.Content,T.(26 October 2013)Potawatomi Project Will Use Food Waste to Make Energy. *Journal Sentinel.* http://www.jsonline.com/business/potawatomi-project-will-use-food-waste-to-make-energy-b99127156zl-229382841.html.

18.Reeves,H.(8 November 2013)In the Old Days,You'd Smell the Milk. *The New York Times.* http://www.nytimes.com/2013/11/10/magazine/doug-rauch-wants-to-sell-outdated-food-at-junk-food-prices.html.

19.WonderCycle(n.d.)About. http://www.wonder-treats.com/about.html.

20.TerraCycle (n.d.)About TerraCycle's Products.http://www.terracycle.com/en-US/product_categories/toys/products.html.

21.Smithers,R.(7 March 2013)Ecover to Turn Sea Plastic into Bottles in Pioneering Recycling Scheme.http://www.theguardian.com/environment/2013/mar/07/ecover-sea-plastic-bottles-recycling.

22.C.K. Prahalad,quoted in Witkin,J.(18 September 2009)Innovation at the Bottom of the Pyramid. http://green.blogs.nytimes.com/2009/09/18/in-novation-at-the-bottom-of-pyramid/.

23.B Lab(2014)Certified B Corporation. http://www.bcorporation.net.

24.The Center for Association Leadership(2012)Benefit Corporations: A New Formula for Social Change. http://www.asaecenter.org/Resources/ANowDe-tail.cfm?ItemNumber=179687.

25.Juabar Is a Mobile Phone Charging Kiosk. http://juabar.com/about/.

26.Sauti ya wakulima(n.d.)http://sautiyawakulima.net/bagamoyo/about_more.php.

27.Community Sourced Capital(n.d.)http://www.communitysourcedcapi-tal.com.

28.Wonder Treats(n.d.)About. http://www.wonder-treats.com.

29.Blue Ocean Strategy(n.d.)Value Innovation. http://www.blueoceanstrat-egy.com/concepts/bos-tools/value-innovation.

第四章

制造业和产品设计的可持续性 *

几十年前,制造业先于其他行业掀起了一场质量革命,给亚洲带来了经济的繁荣,而因为美国汽车制造业的领袖们对此始料未及,这场质量革命给美国的汽车制造业造成严重破坏。同样,可持续性发展运动首先影响到制造业,一个简单的原因就是,制造业使用的材料常常有害,对自然资源的消耗大,能耗多,产生的废物也多。

到2050年,世界人口预计会增长到90亿,人口的激增在一定程度上促进了亚洲经济的繁荣。人口的增长需要更多的制成品,即使人口没有增长,全球对制成品的需求也在不断增加。需求的增长造成资源供应减少,能耗增加,产生的废物增加。由于气候变化的不确定性,以及气候变化对能源和资源的影响,制造业和产品设计的可持续性成为多国公司获取长远成功的关键。向广大消费者提供品牌产品的公司(例如耐克、丰田)或以前遭受环保人士诟病的行业,包括能源、自然资源和化工(例如荷兰的壳牌、路易斯安娜太平洋、杜邦)都开始意识到可持续性发展对公司以及公

---

* 第三版的第四章在格雷格·希拉尔多和伊泽戈比·恩那穆迪的帮助下更新。

司的长远成功的重要性。最近,苹果、通用电气、凯泽罗思(Kayser-Roth)和安客(Anchor Hocking)都找到了使美国制造业更具活力、更具可持续性的方法。

一、你应该了解的可持续性

制造业追求可持续性有几个原因。有些公司追求可持续性是为了降低成本和减少废物,也有些公司是为了与其他公司或利益相关者建立联系,还有一些公司是因为监管或产品的销路。循环经济原则,是一种正在获得认可的使用可持续方法进行制造和产品设计的模式。这一原则提供了一种从自然过程角度,描述经济关系的方法,与"攫取—制造—废弃"的典型线性经济体系完全不同。循环经济把生命体系作为框架,来描述类似于自然再利用和再生能力的经济机会。把基于自然的框架运用到经济体系的想法并不新鲜,但是直到最近才由艾伦·麦克阿瑟基金会(Ellen MacArthor Foundation)和麦肯锡公司(McKinsey & Company)在提交给2014年世界经济论坛的广泛分析报告中进行了详细描述。[1]

典型的制造业和产品设计过程是,资源提取、组件形成、产品制造、服务提供、客户使用,以及最终的产品能量回收和产品处理。循环经济一个主要的目的是,保留进入到制成品中的材料、劳动和资本成本,不让废物产生。

(1)以下是企业认识到的使用可持续方法从事制造业和产品设计所带来的好处。有利于创新,提高企业的竞争优势。特斯拉(Tesla)发现了增加竞争优势的创新机遇,2012年,该公司在三天内,把原材料变成了100%完整的汽车。工厂的速度与自动化程度让特斯拉不用像竞争对手那样保持很多的库存,也让质量监控变得很容易,并且能够更加有效地减少废物的产生。从可持续性角度看产品,可以释放创造性思维,带来惊人的创新。最令特斯拉职工感到骄傲的一项创新是,公司一直自己生产电池和电池控制系统。这让特斯拉与其他汽车制造商相比具有了明显的竞争优势。

(2)提高材料效率。新技术的出现提供了更加有效使用材料的机会,三维(3D)印刷就是一个例子。各个行业的制造商,从汽车制造商到手机制造商,再到家具制造商和制鞋商都在进行三维印刷的各种应用。三维印刷让制造商们使用加法而非减法的工艺,把产品打造出来,而不是雕刻出来。从过剩的原材料到废物回收,减法工艺会产生多种形式的废物。三维印刷消除了减法工艺中必然产生的大部分废物,使得加工材料可以直接转化为最终形式,而又不像废物回收和处理需要那么多的能耗。

三维印刷的另外一个优点就是可以灵活地为特定情况进行产品设计,实现快速制作原型。以2014年的"超级碗"(Super Bowl)为例,在比赛开始前天气状况未知的情况下,耐克采用3D打印的方法,特别为当天的天气条件制作了带有防滑钉的鞋子。[2]

(3)提高产品的可靠性。飞利浦微电子公司开始为每一种产品种类设计一种"旗舰"绿色产品。在决定如何消除电视机外壳中的阻燃剂(积聚在人体组织中)时,他们发现了消除装置中热点的简单方法。因为高温是导致电子故障的主要原因,热点消除的同时,产品的使用寿命也得到了提高。后来该公司通过生态远景计划,加大了可持续性发展力度,目的就是提高人们的生活质量,提高飞利浦产品的能效,完成材料循环。

(4)消除废物。有一些组织已经实现了填埋垃圾为零的目标,这些组织内部不需要垃圾箱,还有更多的组织把产生的废物减少了至少90%。所有工艺都产生一些残余副产品,但不是说这些副产品全部是废物。在俄勒冈州希尔斯伯勒市的一家爱普森工厂不再填埋任何废物,第一年就节省费用30万美元。一位电子产品生产商这样说道:"如果您还没有找到回收你们企业产生的所有废物的人,那只能说明您还没有尽力。"在某些情况下,回收废物的人要花钱购买这些废物,并且负责把废物运走,把废物转化为收入。

(5)管理风险。制造商也为管理风险而追求可持续性。如果制造商有更强的可持续性意识,并对其影响有更深刻的了解,就可以避免以下情况的发生:

1)失去顾客。顾客越来越想知道,也越来越关注自己购买的产品是什么材料制成的, 涉及他们的子女使用的产品时更是如此。2007年美泰(Mattel)多次召回其产品,使家长们对中国制造失去信任。媒体对双酚A问题的报道,造成比一般奶瓶差不多贵两倍的BornFree奶瓶下架。[3]

2)负面报道。耐克公司因其国际劳工实践而遭到媒体的谴责。耐克公司本身不生产任何产品——他们利用供应商生产鞋和衣服,这些供应商大多集中在亚洲。耐克公司认为,他们不应该为供应商们的做法负责,但是他们的辩解没有影响公共陪审团。当虐待工人的报道见诸报端后,耐克公司的形象大跌。这次经历促使他们开始思考还有什么其他问题会让他们猝不及防。公司责任人萨拉·塞弗恩(Sarah Severn)认为,他们必须做得更好, 否则他们会因为涉及可持续性发展的环境问题再次遭遇公共关系滑铁卢。

(6)保持市场份额。2001年,索尼公司经历了一件令他们难堪而且代价高昂的事情。在正值一年休假旺季的时候,荷兰禁止使用该公司的家用电视游戏机(Play Station),原因是线缆镉含量过高,此事引发媒体的喧嚣,同时公司也收到高额罚单。但是他们最大的问题是企业形象受损:您愿意购买有毒的玩具,送给孩子当圣诞礼物吗?特别是欧盟在通过越来越多的立法禁止产品使用有毒材料 [例如,"限制有害物质使用指令"(RoHS),"化学制品注册、评估、授权指令"(REACH),和把证明化学制品安全性的责任者转换为制造商责任的法国新环境及卫生法"格勒内尔法"(Grenelle II Law)等]。从那个时候开始,索尼公司对手机线也采用了同样的战略，生产出 Xperia P 手机。Xperia P 智能手机荣获欧洲影音协会颁发的"欧洲绿色智能手机奖"。[4]

（7）避免与非政府组织发生矛盾。2014 年，苹果公司迫于来自中国非政府环保组织的压力，开始更认真地解决供应链问题。在与自然资源保护协会（NRDC）、公共与环境事务研究所（IPE）人员会面之后，苹果公司承诺加强对在中国的供应商的监管，还进一步制定了涉及劳工、人权、健康与安全、环保要求的供应商行为准则。2014 年供应商责任报告提到，为保护环境，公司要在 13 个供货现场开展洁净水计划，对 62 个供货现场进行重点评估，对 520 个供货现场进行调查，确定环境风险。

（8）取悦客户。不仅仅是大的跨国公司受到了可持续性的冲击，这一轮冲击波一直波及供应链。2004 年，飞利浦公司把可持续性的理念延伸到 5 万供应商。他们并不像很多制造商那样，只是要求供应商们建立环境管理体系，他们的标准设置了对环境、健康与安全以及劳工问题的最低要求。满足这些最低的要求是公司决定是否建立业务关系，或是否保持业务关系的重要因素。

（9）避免触犯监管条例。电子废物是当前的一个战场。因为电子废物中有害材料含量高（特别是重金属），并有可能渗入到地下水源之中，有些国家和美国各州都禁止填埋电子废物，特别是监视器和电池。有几个州已经在实施类似于欧洲现行监管条例的"回收"立法，强迫制造商在产品使用寿命结束时对其负责。但是在全球范围内，制造商们还没有就产品管理战略达成一致。在他们达成一致或政府强制解决之前，回收似乎是个合理的解决办法。在过渡期，大多数电子废物都被运到中国（尽管联合国有禁令禁止这样做）。电子废物被运到中国后，塑料部分被焚烧掉，焚烧过程产生二恶英，有毒的沉渣流进河里。所有这些都被摄录入名为《输出危害：流向亚洲的高科技废物》的视频中。[5]

（10）减少保险费用。温室气体和全球气候变化问题也引起了关注。在

《京都议定书》被批准之前,保险公司和监管人员就对这类风险表示出担忧。瑞士再保险公司是美国最大的(全球第二大的)财产和人寿再保险公司,该公司认为气候变化是继石棉和烟草之后的下一个巨大诉讼风险,他们担心气候问题不仅会造成财产损失,而且有可能带来各种疾病的爆发。为管理自身的风险,保险公司一直在提高保费,停售某些险种,或以投保人的某些行为作为承保风险的条件。[6]

资源

以下资源与以上所举实例有关

1.Circular Economy:http://www3.weforum.org/docs/WEF_ENV_Towards Circular Economy_Report_2014.pdf.

2.Corporate Citations:http://www.wired.com/2014/01/nike-designed-fastest-cleat-history/.

3.Legislation:http://www.electronicstakeback.com/promote-good-laws/state-legislation/.

二、可用战略

可以看出,有很多影响制造业的可持续性发展的问题,为应对这些威胁,抓住机遇,制造业在进行多种实践活动,我们把这些实践活动粗略地分为两类:产品设计和运营。

(一)产品设计

一种产品的影响大多由其设计决定。福特探险者(Explorer)车主无论多么仔细地驾车或对车子进行维护,车子永远不会像丰田普锐斯(Prius)混合动力车一样能跑那么多公里。所以,生产出可持续产品的多数战略在于设计也就不足为奇。

1.环保设计

"环保设计"（DfE）是一套旨在在产品生产过程中以及产品终端,减少产品环境影响的实践活动。首先包括为取得某种效果,选择对环境影响最小的材料。这可能需要考虑再生成分比例、可回收性、所含能源(生产此材料使用多少能源)、毒性和所产生的成果(例如被认证为可持续的自然资源)等因素。有些设计师试图"分众"产品(例如,效果不变,但所使用的材料减少,以减少对自然资源的压力,降低运输成本)。他们考虑使用一些方法取缔对持久性或有害化学制品的使用,包括阻燃剂、木料防腐剂和工业溶剂。

刚开始的时候,选择更环保的设计看起来需要付出更高的代价,但可持续设计师没有知难而退。例如耐克公司发布空中飞人(Air Jordan)XX3运动鞋的时候,根据公司可持续性发展标准进行首批优质产品设计的人员发现,一加仑的水清洁溶剂价格更高,但是水溶剂不像石油溶剂那样容易挥发。把功能性考虑进去,水溶剂的成本反而更低。空中飞人 XX3 运动鞋只使用水溶剂,采用把更多的部分缝制在一起的方法,耐克公司还减少了鞋胶的使用。遗憾的是,这些创新确实使成本提高了 25%,不过因为对可持续性的追求,在软经济盛行时期,公司抢占了市场份额。[7] 但是不要认为环保设计都会使成本增加。惠普公司停止使用一种使墨盒不能回收的粘合剂,两年就为公司节省 240 万美元,每生产一个墨盒成本下降 17美分。

环保设计还注重制造工艺的效率与生态有效性。需要消耗多少能源?如何利用余热?水可以重复使用吗?使用的是最无害的化学制品吗?实际进入成品的原材料有多少?

最后一点,环保设计不仅考虑制造过程中产生废物的问题,在一定程度上还考虑产品使用寿命结束时的处理问题。例如,世楷公司(Steelcase)的思想座椅(Think Chair)所用材料据说 99% 可以循环,并且只用 5 分钟就可以拆解完毕。设计师应该提出这些问题：生产过程中产生的副产品（以前被称为废物）能否作为原材料出售给某个其他制造商？所有的塑料部分是否都有标明？一个组件是否只使用一种塑料，以便于再利用？产品是否易于拆解？易于拆解的设计常常让生产速度加快，因为这样设计出的产品容易生产，也容易拆解。

荷兰电子产品巨头公司，飞利浦公司生产的电视机、CD 机、DVD 机和众多其他电子类产品，都率先采用了环保设计。例如我们前面提到过，飞利浦公司想找到一种可以不在电视机外壳使用阻燃剂的方法，因为这些化学制品犹如影响内分泌正常的荷尔蒙。电视机外壳使用阻燃剂是为了防止机体燃烧。飞利浦公司的设计人员提出这样的问题：为什么电视机会在相对比较低的温度起火？他们发现电视机内有"热点"。当您把壁炉里的木头堆在一起时，火就会烧起来，把木头分开，火就慢慢熄灭。对于电视机各元件也是同样的道理。为减少热点，飞利浦公司把电视机内的元件进行了重新排列。因为高温是电子元件出现故障的主要原因，这样做还提高了产品的质量，延长了使用寿命。

埃凡达（Aveda）是一家天然个人护理产品制造商，他们给设计人员列出很多指导性的问题，其中包括：

（1）我们是否需要该产品？没有行不行？

（2）我们能不能停用或少用该产品？

（3）项目设计是否把废物的产生降到了最低？还能不能再小一点，再轻一点，或少用一点材料？

（4）产品是否被设计成耐用品，或多功能产品？

（5）产品是否无毒？能否使用无毒的材料制成？

（6）是否使用可再生的资源？

（7）重复使用可行吗？鼓励吗？

（8）产品和/或产品包装是否为可再装、可循环或可修复产品？

（9）是否使用消费后的可再生材料制成？使用多少？

（10）产品是否由对社会、对环境负责任的公司提供？

这些问题可以让设计人员在不同的选项中进行选择。通常设计人员必须在一个标准与另一个标准之间进行平衡，但是这样的一些问题促使他们不再把眼光放在已有的供应商身上，而是寻求由更负责任的公司生产的材料。

资源

1.Faud-Luke,Alastair（2002）*EcoDesign: The Sourcebook*. San Francisco,CA：Chronicle.Hannover Principles：http://www.mcdonough.com/wp-content/uploads/2013/03/Hannover-Principles-1992.pdf.

2.Kurk,Fran and Curt McNamara（2006）*Better by Design: An Innovation Guide.* St Paul,MN：Minnesota Pollution Control Agency.

3.Lewis,Helen and John Gertsakis（2001）*Design+Environment.* Sheffield,UK：Greenleaf Publishing.US EPA：http:// www.epa.gov/dfe.

2.生命周期评估

生命周期评估（LCA）是对产品在整个生命周期的影响进行审查的过程：原材料来自哪里？这些材料如何运输过来？产品如何生产出来？产品如何运输到市场销售给顾客？顾客如何使用产品？产品使用寿命结束时如何处理？生命周期评估对产品生命周期每一步所造成的环境影响进行量化，公司可以根据生命周期评估设计产品，最大限度地减少产品对环境和社会的负面影响。

对产品进行全面的生命周期评估可能是很艰巨、很复杂的工作，需要作出各种假设，而且很遗憾的是，结果通常不容易复制，原因是在能源、运输和生命周期评估运用方面，各国可能有很大的不同。如果您希望公开声明，自己的产品比对手的产品更加环保，或许有必要做出这样全面的生命周期评估分析,不过粗略的评估分析也有助于对产品的影响有一定的了解。

伊莱克斯公司开始考虑他们应该如何提高公司其他产品的环保性能。他们在检查洗衣机产品的时候,提出这样的问题:洗衣机对环境最大的影响是什么？影响是出现在生产过程中,还是使用过程中,抑或是产品处理的过程中？根据分析,他们发现洗衣机对环境的影响多发生在使用过程中。一台洗衣机使用多年,每年要洗很多的衣服,每次都要使用 51 升甚至更多的水(并且经常是使用高能耗的热水)。所以他们研发出新的、目前常见的前置式洗衣机,这种洗衣机的用水量比传统洗衣机的用水量减少了很多。这种新式洗衣机的能耗也少,并且延长所洗衣服的使用寿命。创新让他们提早打开了迅速发展中的中国市场。在过去的几年中,他们的环保产品在总销售额中所占比例日益增加,并且利润率也比传统产品高。

生命周期评估和生命周期清单实践活动在快速发展,为减少所用时间,降低成本,开发出了很多新工具。以下是可供使用的一些资源和工具。

资源

1.GaBi software for LCA：http://www.gabi-software.com/america/index/.

2.National Risk Management Research Laboratory's Life Cycle Assessment(LCA)：http://www.epa.gov/nrmrl/std/lca.lca.html.

3.The International Journal of Life Cycle Assessment:http://www. Springer.com/environment/journal/11367.

4.United Nations Environment Programme - Environment for Development:http://www.unep.org/resourceefficiency/Consumption/Standardsand-Labels/Measuring Sustainability/Life Cycle Assessment/tabid/101348/Default.aspx.

3.生命周期成本核算

与 LCA 相关的是生命周期成本核算(LCC),即对产品整个生命周期产生的成本(相对于产品对环境的影响)进行审核:从研发和生产到维护和处理。与作业成本分析法一样，生命周期成本核算有助于更清楚地了解几个产品选项的真实成本。通过生命周期成本核算，可以清楚地看出，最低的原始成本从长远看常常并非最低。生命周期成本核算让企业把产品使用寿命、有关的安全措施和处理成本这些因素都考虑进去。例如，乙烯基地面材料通常是原始成本最低的地面材料选项之一，但是很多其他选项的地面材料更耐用，不需要花钱买更多的材料，并进行安装。也就是说，从地面材料的整个使用寿命看，乙烯基地面材料常常不是最好的选择。

生命周期成本核算可以帮助企业确定资本项目中各选项之间最佳的总体收益。例如，一栋大楼的成本大多发生在使用而非建设之中，所以生命周期成本核算可以帮助企业确定，哪些环保特征虽然增加前期成本，但从长远看更具有经济价值。生命周期成本核算还可以帮助企业确定，哪个产品系列确实利润率最高，因为一旦把培训、安全设备、危险废物许可证等花费和产品处理成本计算进去，原以为赚钱的产品或许并不赚钱。

例如，C&A 地面材料公司（C&A Floorcovering）收到一些来自顾客的问题，顾客提到地毯使用寿命结束后如何处理的问题，这令他们感到不安，因为建筑废物占填埋垃圾的很大一部分，填埋后的地毯可能需要两万年的时间分解。他们决定用旧地毯生产出新地毯，但是他们不得不挑战长期以来在地毯行业存在的很多观点。其中之一就是，要对商业地毯进行再利用，需要把乙烯基背衬与尼龙绒毛分开。当公司的一名技工决定把整个地毯熔化，使背衬与绒毛融为一体压制出新地毯的时候，他们发现由此压制出的地毯性能更好，而且经过一些改进，这种地毯的制造成本更低。现在，C&A 公司急欲把使用过的地毯回收过来，而不再让它们被送到垃圾填埋场。

生命周期评估和生命周期成本核算可以结合使用增加产品的销售：虽然竞争对手的产品或许初期花费少，但是您的产品具有更长的生命周期（参阅第十三章）。

4.产品生命周期管理与产品生命周期工具

随着生命周期评估的出现,产品生命周期管理软件工具应运而生。产品生命周期管理(PLM)主要管理涉及管理说明,以及从商业/工程角度看，产品通过研发和使用所具有的性能，而产品生命周期成本管理(PLCM)涉及从商业成本和销售措施看产品在市场上的生命。[8]这些往往具有行业特征。例如,格伯科技有限公司(Gerber Technology and Infor)把他们最新的产品生命周期成本管理系统推介给服装/纺织业,西门子公司为流程产业提供了一种产品生命周期管理产品,工程设计用 Enovia 生命科学加速器针对的是医疗器械行业。[9]

5.灰名单、黑名单和供应链管理

很多国家和顾客都在公布灰名单(他们想淘汰的化学制品)和黑名单(他们不允许在产品中使用的化学制品)。这也是索尼公司与欧盟发生矛盾的原因,因为索尼的家用电视游戏机的某些组件镉含量过高。当然,要知道产品中都含有哪些材料,您还必须知道从供应商那里采购的组件、染料和和其他产品用料中都含有哪些材料。

假如您的企业生产的产品是经常出现在这些名单上的 PVC 塑料等产品,那您会面临一个很大的商业威胁。什么样的化学制品会被列入这些名单?通常是具有下列一个或多个性质的化学制品,或其生产过程中会产生具有以下一个或多个性质的副产品的化学制品:

(1)致癌物——引发癌症。

(2)致畸物——造成婴儿畸形。

(3)内分泌干扰物——类似荷尔蒙(也是一种致畸物)。

(4)诱变剂——引发基因突变,并会遗传给后代。

(5)持久性生物积累化合物(PBT)——很难生物分解、不断在人体组织内堆积的一种化学制品。

威廉·麦克多诺和迈克尔·布劳恩加特(Michael Braungart)与瑞士罗

纳纺织厂（Rohner）合作为 Design Tex 家具产品生产装饰面料，他们协作生产出一种使用有限的一系列化学制品织造和染色的高级时装面料。瑞士当局通知罗纳纺织厂，装饰面料剪屑被列为危险废物，处理废物最近的地点在西班牙。麦克多诺和布劳恩加特对所用的大约 1,600 种染料进行了检查，淘汰了那些会引发癌症或其他健康问题的染料，并确定出 16 种安全染料。用这 16 种化学制品，他们可以以具有竞争力的价格调制出任何颜色。他们又设计出一种使用无害材料织造的性能更好的织物，废物剪屑现在可以用来做地膜和除草织物，成为一个新的产品系列。绿色化学要解决的问题是方程式的危险部分。

即使我们竭尽全力，还会有事故发生。有害物质排放目录（该目录只包括了我们生产的 80,000~100,000 种化学制品中的 650 种，而且检测的只是美国排放有害物质比较多的公司）表明，在 2012 年这些有害物质的排放量为 36.3 亿磅。[10]

通过监管达标的方式，对环境和健康风险进行管理的成本巨大。1996 年，杜邦公司环境达标预算与研发预算相当。这两项加起来占化学制品销售收入的 41%。但是管理人员常常无视这些成本，因为他们都忙于核算与具体产品和生产线没有直接关系的会计行项目——培训、许可证、防护装备、保险、健康成本、文字材料、罚款、司法费用等。尽管预算庞大，2005 年，杜邦公司因没有遵守《联邦环保法》，被勒令支付罚款 1,025 万美元，在当时这是美国环保署开出的最大一笔行政罚款。[11]

以前解决污染问题的办法是稀释，但是如果化学制品具有持久性和生物累积性，这样的办法就行不通了。世界各地的研究证实，我们每个人都带着数百种合成化学制品的"人体负担"——木材防腐剂、工业溶剂、杀虫剂、阻燃剂——这些危险材料可以通过母乳或其他形式传给孩子。所以，我们警告人们，有些品种的鱼不要吃，因为含汞量太高。那么汞是哪里来的？大都从火力发电厂来的。熵出现，所有物质都扩散。

绿色化学家认为控制物质排放最好的方法,是根本就不产生排放。改变生产流程还有其他的好处。位于得克萨斯州毕晓普市(Bishop)的塞拉尼斯公司(Boots-Hoechst Celanese BHC),利用绿色化学原理生产常见的止痛药布洛芬。过去的化学计量过程需要 6 个步骤,形成的东西约有 60% 都是副产品,而不是布洛芬。后来他们改用另外一种流程,使用一种化学反应之后可以回收重复使用的催化剂。这一绿色化学流程只需要 3 个步骤,形成的 99% 的东西中,有布洛芬(80%,比以前多一倍),回收的是催化剂(可以再次使用生产更多的布洛芬)和一种副产品,醋的主要成分——醋酸。[12]

最近,有人引述辉瑞公司(Pfizer)的话说,因为绿色化学,两种最畅销的药品为公司节省了数百万美元。当检查人员来检查罗纳工厂,检查前面提到的获奖织物时,他们认为设备坏了,因为工厂排出的水与进水一样干净,甚至更干净。实际上制作织物的过程包括过滤水。正如威廉·麦克多诺所说:"在这里,未来的过滤器是在我们的头脑中,而不是在管道的尽头,未来的过滤器是智能过滤器。"[13]

资源

1.Global Environmental Management Initiative：http：//www.gemi.org.

2.HIS provides tools for companies to make optimal business decisions：http：//www.ihs.com.

3.McDonough，William and Michael Braungart（2002）*Cradle to Cradle: Remaking the Way We Make Things*. New York：North Point Press.

6.绿色化学

灰名单与黑名单催生了绿色化学。无论什么时候进行生产,生产出来的不仅有产品,还有不想要的副产品。直到最近,化学家们才开始思考这些副产品的毒副作用。这也引起一些具有讽刺意味的怪现象,比如医药公司在生产药品的过程中,生产出致癌物和其他有毒的副产品,医药公司在给我们治病的同时,也可能让我们生病。

环境风险一直被认为不仅包括这种危害函数，还包括接触这种危害（Risk = Hazard × Exposure）。

为了管理风险，多数组织都把工作重点放在减少或避免接触上：防护服、洗涤器、过滤器、警告标志、培训等。例如，通过上述方式，组织可以减少像丙酮这样的有机溶剂。在生产万艾可的过程中，药品公司将每生产一千克药物产生 1,300 升丙酮减少到 6.3 升。[14]

资源

1.要更好地全面了解组织在生产、农业和其他领域消除有害化学制品方面所面临的的压力，请参阅：

Schapiro, Mark（2007）*Exposed: The Toxic Chemistry of Everyday Products: Who's at Risk and What's at Stake for American Power.* White River, VT: Chelsea Green.

2.有关化学制品技术和监管信息其他方面的资源：

（1）American Chemical Society Education — Green Chemistry: http://www.acs.org/content/acs/en/greenchemistry.html?cid=pl_acs_footer.html.

（2）EPA Green Chemistry: http://www.epa.gov./greenchemistry.

（3）Green Chemistry at the University of Oregon: http://greenchem.uoregon.edu./.

（4）National Health Information Centre, Harmful Chemicals in Everyday Products—What to Look Out For, http://www.natural-health-information-centre.com/harmful-chemicals.html.

（5）Royal Society of Chemistry, Green Chemistry: http://www.rsc.org/is/journals/current/green/greenpub.htm.

7.把产品转化为服务

我们的制造流程存在这么多的问题，其中一个原因就是激励措施有误。如果您是一家产品公司，要赚更多钱的办法就是，无论产品可能造成怎样的危害,都要卖出更多的产品。功能陈旧是盈利的关键,顾客把旧的产品扔掉,购买新产品的速度越快越好。但是有些进步的公司,发现了对公司和环境都有益的更好的商业模式。有时候解决问题的方法就是把产品转化为服务。通常情况下,顾客并不想真的拥有某种产品,而是想要产品提供的服务。"我想要的不是钻头,而是钻的洞。"

在公对公的情况下,有些组织使用服务合同,使自己的利益与供应商们的利益达成一致,该方法最常使用在资源管理方面和运输合同中,或使用在有害化学制品的采购方面(油漆、清洁用品等)。例如,杜邦公司改变了与汽车公司的关系。他们过去买汽车车漆,卖得越多赚的钱越多。现在他们卖的是给汽车喷漆的服务。汽车制造商对车漆的质量做出详细说明,给出他们愿意出的价格。杜邦公司在汽车制造商自己的车间里开了一家油漆店,汽车制造商永远不用占有油漆,也就是说,他们不用承担车漆的储存、搬运、清理及处置责任。现在,杜邦公司在保持质量不变的情况下,因为所使用的油漆量减少而有钱可赚。

在公对个人的情况下,作为最大的商业模块地毯生产商之一的界面公司提出常青租赁计划。顾客不是买地毯,而是租赁地毯。公司对地毯的使用实施监管,地毯出现磨损就换掉。这样做对顾客有益,因为顾客省下初期资本投资的钱,可以用于购买贵的东西。这样做对界面公司也有益,因为这种方法使公司无论是处在繁荣时期,还是出现了萧条,收入都不会出现大的波动。公司把旧地毯变成新地毯,节省了原材料的成本,并且与客户建立的是一种长期的关系。

资源

1.Rotenberg,Sandra(Winter 2007)Sustainability through Servicizing, MIT Sloan Management Review,48(2),83-89.

2.White,Allen,Mark Stoughton and Linda Feng,Servicizing: The Quiet

Transition to Extended Production Responsibility，http://www.greenbiz.com/
sites/default/files/document/O16F7332.pdf.

8.仿生学

如果把人类制作东西的方法与大自然制作东西的方法进行比较，会发现大自然比人类优雅并高效得多。工程师们一直在谈论三种工艺流程：高温、捶打、处理。与自然相比，我们使用的制造方法通常需要消耗大量能源，产生大量的危险废物。大自然不能这么浪费，不能利用"古老的阳光"，也就是有时候被称作化石燃料的东西，大自然行事小心，不会弄脏自己的巢穴。

仿生学利用大自然获得设计灵感，能给人意想不到的启迪。人类想做的事情大多是大自然做的、而且做得更好的事情：计算、上色、清理、建造、筑城等。蜘蛛网比凯夫拉（Kevlar）结实，并且更有韧性；贻贝分泌一种水下使用并能生物降解的胶；壁虎可以吸附在玻璃上；鼻涕虫在崎岖的地形上建造自己的公路。雅尼娜·拜纽什（Janine Benyus）是创造"仿生学"术语的生物学家，她没有设想要建商业鼻涕虫养殖场或蜘蛛工厂，她和其他仿生学家只是学习大自然的独具匠心，产生设计灵感。

大部分研究进行的时候还远没有出现可供销售的产品，但是有些产品已经在使用中。"更好的设计"（Better by Design）计划包括不少仿生学鼓舞人心的例子：速比涛（Speedo）泳衣模仿鲨鱼皮来减少阻力；在发展中国家使用的一种脱水疫苗模仿地衣；防尘漆使用的工艺与荷花清洁叶子的方法一样。

拜纽什给出以下建议：请一位生物学家参加设计大会，询问他自然界中哪些有机体面临同样的问题，这有机体如何解决这个问题。我们应该提出的问题是：大自然会怎么做？大自然想让我们怎么做？

> **资源**
>
> 1.Benyus, Janine M.(1997)*Biomimicry: Innovation Inspired by Nature.* New York：William Morrow.
>
> 2.Biomimicry Institute：http://biomimicry.net/about/biomimicry38/institute/.

（二）运营

一种产品的影响主要在设计，但是日常的运营决定也会有影响。以下是提高企业可持续性绩效最常用的一些战略。

1.能源与温室气体

几年前，俄勒冈州能源局和波特兰市可持续性发展办公室，要求我们对某些制造行业资源效率战略进行研究。我们采访了很多当地的厂长和工程师，发现很多人不明白能源利用与温室气体之间的联系，这让我们感到震惊。当被问到二氧化碳（CO_2）排放和温室气体问题的时候，这些被采访的人们经常会说他们企业不存在这个问题，就好像要找到个侧面写有二氧化碳字样的气罐才能算存在这样的问题。所以如果您还不明白的话，让我们说清楚：假如您的企业使用石油、天然气或煤炭这样的能源，您的企业就排放温室气体，也许并非直接排放，但是也算排放。

生产过程也可能直接产生二氧化碳（比如水泥生产），厌氧过程（奶牛、稻田、垃圾填埋场、增加白蚁数量的营林方法）可能排放甲烷，而甲烷每个分子的温室效应是二氧化碳的 21 倍。还有人为产生的温室气体，如主要来自铝熔炼的全氟化碳，公共事业开关设备和变电站使用的六氟化硫（SF_6），有一段时间耐克的空中飞人运动鞋也产生温室气体。

《京都议定书》列出六种温室气体，政府间气候变化专门委员会（IPCC）为每一种气体指定了一个因子，使其分子与二氧化碳相当。

二氧化碳（CO_2）；

甲烷（CH_4，是 CO_2 的 21 倍）；

氧化亚氮（N_2O，是 CO_2 的 310 倍）；

氢氟烃（HFCs，是 CO_2 的 100 倍）；

全氟化碳（PFCs，是 CO_2 的 6,500 倍）；

六氟化硫（SF_6，是 CO_2 的 23,900 倍）。

然而对于大多数人，引起气候变化最主要的因素可能是能源：交通、供暖、制冷以及生产产品使用的能源。当然，每一个组织都坚信自己的组织极其精简高效。大多数组织在 20 世纪 70 年代和 80 年代的时候就采取提高能效的措施，现在他们都认为自己的组织已经把能效提高到他们能达到的最高水平。

陶氏（Dow）的经历表明并非如此。1982 年，设在路易斯安娜的分公司开始了一场寻找高收益节能项目的大赛。第一年，有 27 个项目获奖，需要资金支出 170 万，带来 173% 的平均年回报率。在接下来的 6 年，也是燃料价格下降的 6 年，好想法仍不断涌现，到 1998 年，这些想法带来的生产力增长超过了环境效益。大赛进行了 10 年，有超过 700 个项目获奖，这时人们可能会认为最好的想法都已被挖掘出来，但 1991—1993 年的比赛，每年产生的想法超过 100 个，平均投资回报率为 300%。[15] 那些年，仅这些项目每年就为陶氏节约 7,500 万美元的资金。多年来，员工识别和解决效率低下的能力日益提高。

还有一些能源方面的资金资助计划：在美国，到环保署和您所在州的能源部门确认一下，几乎可以肯定，其他地方也有这类资金资助计划。其他资金来源可能包括发展中的碳信用和碳补偿市场。即使《京都议定书》没有得到批准，这些市场在澳大利亚、欧盟和加利福尼亚州都在发展。如果您有一个可以通过审计显示温室气体明显减少的项目（通过减少能源使用或碳封存），您也许可以出售碳信用。通常您可以把碳信用出售给气候信托等中间人/经纪人，或通过其中一个新兴的区域或国家交易所出售,然后,其他组织可以购买您的碳补偿,作为对冲未来碳排放限额和交易条例的一种方式,或仅仅是对其造成的影响承担责任。

一些大的碳补偿购买者包括强生(是美国碳信用的第二大购买者)和汇丰银行(第七大购买者)。甚至政府机构也可以参与其中,美国总务管理局在碳补偿的购买者中位列第五。[16]

资源

1.Aston,A. and B. Helm（12 December 2005）The Race Against Climate Change, *Business Week*, 59–66. 还可以参阅案例研究 http://www.businessweek.com/go/carbon.

2.Bayon,Ricardo,Amanda Hawn and Katherine Hamilton（2007）*Voluntary Carbon Markets: An International Business Guide to What They Are and How They Work*. London: Earthscan.

3.Flannery,Tim（2005）*The Weather Makers: How Man Is Changing the Climate and What It Means for Life on Earth*. New York: Atlantic Monthly Press.

4.Greenhouse Gas Protocol: http://www.ghgprotocol.org.

5.Intergovernmental Panel on Climate Change(United Nations): http://www.ipcc.ch.

6.Monbiot,George(2007)*Heat: How to Stop the Planet From Burning*. Cambridge,MA: South End Press. 该书阐述在维持现有生活水平的情况下,我们如何把温室气体减少 90%。

7.Verified Carbon Standard: http://www.v-c-s.org/.

8.The Voluntary Gold Standard 为高端碳信用额确定标准。

9.WRI/WBCSD 的温室气体议定书(GHG Protocol),为温室气体报告制定标准: http://www.ghgprotocol.org/.

2.与供应链协作

管理供应链成为越来越重要的商业战略，因为对供应链进行管理不仅可以减少环境影响，也可以控制成本和不确定性。科普查克（Kopczak）和约翰逊在《供应链管理效应》一书中确定了供应链管理中五种不同的思维转变，所有这些都意味着需要跨越组织边界进行协作：

（1）从功能一体化向跨企业一体化的转变（即在自己的组织之外）。

（2）从物质效能向市场调节转变（例如，将市场需求与供应相匹配）。

（3）从供应重点向需求重点转变。

（4）从单一公司的产品设计向协作并行设计转变。

（5）从降低成本向商业模式突破转变（例如戴尔、宜家），从大众化市场向量身定制转变。[17]

因为现在人们要求制造商们告知其产品中都包括什么材质，并为此承担责任，很多组织都在努力使自己的供应链更加环保。制造商们有时候向供应商发出问卷，有时候转向更加环保的供应商。有些组织要求一级供应商拥有环境管理体系，或通过 ISO 14000 认证。这些行动有助于企业了解，他们购买产品组件的时候会有哪些风险。另外，在适时制造和独家供给来源的时代，这些行动也可以让制造商们坚信，为防止供应链中断使公司形象受损的环境灾难发生，供应商们拥有强大的管理体系。

人们常常忽略一个最有效、最赚钱的做法：与供应商面对面坐下来，探索改善整个供应链流程和解决质量、环保或其他问题的机会。企业社会责任组织研究表明，跨组织的浪费和效率低下问题可能很惊人：跨供应链效率低下可能造成高达 25% 的运营成本浪费，只要整个供应链减少 5% 的浪费，企业的利润率就可能翻倍。[18] 例如通用汽车公司发现，要求点火装置供应商为不同车型生产不同种类的点火装置，会大大增加企业本身和供应商的成本。

不一定非得是大公司才可以开始供应链的变革，或从中获益。设在印第安纳州格林伍德(Greenwood)的那智科技公司(NACHI)为汽车行业生产球轴承,尽管公司不大,只有115名员工,但是他们与通用公司接触探讨建立绿色供应链的可能性,并最终决定重点改变产品包装。几经说服工作和测试,那智科技公司终于获得通用公司的首肯,使用更小标准的托盘尺寸(这样那智可以使用自己的供应商提供的托盘)和可再利用的运输集装箱。这样的改变每年为那智节约55,000美元。

3.生产认证

为了让购买者放心购买产品,根据自然资源性质,为产品开发出很多的认证体系。这些体系可能包括产品本身、产品的制造方式或产品获取方式,也可能包括运营对周边社区带来的社会影响。就农业来说,美国农业部对"有机"进行了定义,但是也有其他食品标签标识体系,例如食品联盟(Food Alliance)的食品标签标识体系,该体系允许使用某些杀虫剂,但是对其中的社会和其他因素进行了重点说明。绿色印章(Green Seal)认证范围广泛,认证产品主要为家用产品——清洁剂、淋浴头和纸巾,也认证替代燃料汽车。他们还有针对政府和服务业的认证体系。木制品可以认证,提供认证的主要是森林管理委员会和可持续森林倡议(Sustainable Forest Initiative)。渔业和其他自然资源业也有类似的认证体系。建筑行业有LEED认证和生态建筑挑战认证,针对的是楼宇建设与性能。现在针对各类产品有几百个认证体系。

通常,第三方认证的成本可能很高。如果不是纵向一体化的企业(不是自己种树、加工木料),维持监管链会很复杂,但是没有认证,产品可能不允许进入某些市场,特别是欧盟和有些亚洲国家的市场(例如日本)。

非政府组织一直把目标对准某些产品的大零售商。例如雨林联盟(Rainforest Alliance)锁定的目标是家得宝(Home Depot),美国销售的所有木料很大一部分是由该企业销售的。环保问题带给家得宝惨痛教训后,家得宝承诺优先选用认证木制品。当时他们找不到足够的货源,但是却没有在顾客面前空举绿色环保大旗或只给他们提供绿色木制品的选项，而是悄悄地把企业使用的所有木材的来源都搞清楚（从 2 × 4 寸方材到锤柄），下架了所有使用非法、生态敏感或过度采伐来源的木材制作的产品。这样的行动迫使因贪婪的森林实践以及对土著居民的破坏性影响而声名狼藉的印度尼西亚木材巨头 SLJ(Sumalindo Lestari Jaya)公司，因为担心会失去整个美国和欧洲市场，选择与大自然保护协会合作。[19]

假如您的企业并不是自然资源密集型企业，您仍然可以购买使用认证产品，这类产品花费高，但是这样做可以扩大认证产品的市场，同时也可以给您创造开发新的利润率更高的产品系列的机会。

资源

1.Consumer Reports Ecolabel：http://www.eco-labels.org.

2.Global Environmental Management Initiative （GEMI），Forging New Links：Enhancing Supply Chain Value through Environmental Excellence，http://www.gemi.org/supplychain/index.htm.

3.Going Green，Upstream：The Promise of Supply Chain Environmental Management （2001），Washington，DC：National Environmental Education and Training Foundation(NEETF).

4.The National Environmental Education Foundation：http://www.mee-fusa.org.

5.The Seattle Foundations' Pacific Northwest Pollution Prevention Resource Center：http://www.seattlefoundation.org/npos/Pages/PacificNorth-westPollutionPreventionResourceCenter.aspx.

6.US Environmental Protection Agency，The Clean and Green Supply Chain，http//www.epa.gov/wastewise.

4.零废物

大自然的工作原理是一种有机体产生的废物变成另一种有机体的食

物,工业革命则是基于一种不同的线性模式,也就是保罗·霍肯和其他人所说的"攫取—制造—废弃"的经济模式。生产商们不用考虑其产品使用寿命结束时如何处理的问题,这是一种外溢效应,是城市和城市居民必须承担的,但是今天这一切都在改变。

零废物要消除各种各样的废物,就像质量运动的"零缺陷"政策一样,零废物这一大胆的目标可以促进突破性创新和效率的大幅度提高。零废物并不是说不产生副产品,而是把废物看作资源,为副产品寻找市场。有些人使用"垃圾零填埋"以示区别,但是这一术语表示的是固体垃圾,不包括其他形式的垃圾(例如气体排放、能源)。任何的制造过程都可能产生制造过程不需要的副产品,零废物只是说这些副产品不被当作垃圾处理掉。

废弃任何东西,都是在浪费金钱。这对大自然无益,对行为底线也无益,记住废物是您花钱购买的不能卖掉的东西。美国制造业进行的"原料生产能力"研究表明,在累积资源投入中,只有6%的资源化作最终的产品,在提取、制造和运输过程中产生的剩下的94%可以被看作废物。[20]另外,废物甚至让您花钱更多,因为您常常不得不花钱把废物处理掉,或花钱购买排放许可证。正如草根回收网(GrassRoots Recycling Network)打趣道:"如果您不支持零废物,那您支持产生多少废物?"

您如何实现真正意义上的零废物?实现零废物可能吗?在一定程度上,这取决于您如何定义"零废物"。草根回收网列出了那些已经把废物减少了90%以上的组织。

资源

1.Biocycle：http://www.biocycle.net/.

2.Connett,Paul and Bill Sheehan (2001)A Citizen's Guide to Zero Waste—A United States/Canadian Perspective:A Strategy that Avoids Incinerators and Eventually Eliminates Landfills,http://archive.grrn.org/zerowaste/community/activist/citizens_agenda_4_print.pdf.

3.GrassRoots Recycling Network：http://www.grrn.org.

4.The California Waste Management Board：http://www.calrecycle.ca.gov/.

5.Zero Emissions Research and Initiatives focuses on air，land and water：http://www.zeri.org/.

5.延伸生产商责任，产品管理和产品回收

产品管理基本与 EPR 一样（EPR 在欧盟是指延伸生产商责任，在美国是指延伸产品责任）。产品管理包括生产商在产品整个生命周期，为自己的产品负责。在产品使用寿命结束时，对产品的妥善管理和处理进行规划是其中一个方面，这部分责任通常得到的关注最多，这也是为什么我们把这个问题作为运营问题，而不是设计问题来考虑。但是我们真正谈论的是整个生命周期的问题。

产品管理核心是责任的根本性转变，这种转变也是各行业很多企业一直抗拒的。过去公司要为商品的制造和商品的性能负责。您的公司有没有造成污水流入河中？您公司危险废物的处理有没有致病？您公司的产品安全性能足以防止使用伤害吗？直到最近，没有人质问产品使用结束时，由谁负责管理产品的处理问题。

德国是第一批找到制造商要求他们为使用寿命结束的产品之处理承担费用的国家之一，不出所料，制造商们拒绝了政府的要求。德国的城市于是拒绝接受某些种类的废物，迫使制造商们出台无害处理废物的制度。目前 EPR 的管理规定各个国家都不一样，"欧洲废弃电气电子设备令"（WEEE）基本包括电线里外所有的东西。2008 年 6 月，欧洲议会对管理规定进行了更新，明确了回收目标，提出了废物处理五步走：预防、重复使用、回收利用、收回、处理。欧盟国家有两年的时间把这些管理规定制定成法律。[21] 甚至连包装都必须收回。加拿大不列颠哥伦比亚省通过了把涂料、杀虫剂、医药品和其他家用产品都包括在内的立法。

形势发生了决定性的变化,其他城市也加入进来,将来制造商们可能永远无法再把废物处理的责任转嫁给纳税人。在这方面,欧洲早已走在美国的前面,现在美国也开始着手解决地毯类废物和电子废物的问题。镍镉电池生产商设立了一个自愿性项目,虽然宣传力度不够,但是因为零废物联盟(Zero Waste Alliance)一些成员的辛勤工作,电子产品进入公众视线,成为关注的焦点。电子产品环境评估工具(EPEAT)推荐性标准以产品管理理念为基础,虽然该标准为推荐性,但美国总务管理局提前宣布,将来他们购买的大多数计算机和监视器必须符合这一标准,其他国家也在采用 EPEAT 标准,结果是整个电子行业发生了转变。绿色电子委员会(Green Electronics Council)目前正在研究解决其他电子产品的问题。很多企业把这种形式看成潘多拉的盒子,认为大祸即将临头,所以想知道接下来受影响的会是哪些类别的产品。

日本计算机生产商 NEC 公司成立了一个新的企业,翻新旧电脑。他们从顾客手里购买旧电脑(2000 年以后的型号),先进行修理,然后装上新软件,最后作为"NEC 翻新电脑"再次出售,保质期 6 个月。翻新电脑销售组的组长小泽一郎说,他们本来想的是亏钱,至少是开始阶段,但是从第一年就开始盈利:"人们经常说,环保不赚钱,但是我们实际上不但成功地减少了对环境的影响,还没有突破我们的行为底线。"人们认为这个业务会影响新电脑的销售,然而却发现情况正好相反。新电脑购买者和旧电脑购买者属于不同的人群,所以他们的用户群实际扩大了。估计每翻新一台电脑可以少排放 100 千克的温室气体。另外,每购买一台旧电脑,NEC也可以为澳大利亚袋鼠岛的植树造林计划多支付一棵树的种植费用。[22]

资源

1.California Household Hazardous Information Exchange:http://www.calrecycle.ca.gov/electronics/stewardship/pssp/links.htm.

2.Center for Green Chemistry & Green Engineering at Yale:http://

www.greenchemistry.yale.edu/.

3.Electronic Product Environmental Assessment Tool（EPEAT）：http：//www.epa.gov/epeat/.

4.Waste Electrical and Electronic Equipment （WEEE）：http://www.weee-forum.org/.

5.要了解不列颠哥伦比亚省的 EPR 项目,请参阅：

Driedger,R. J.(Spring 2001)"From Cradle to Grave：Extended Producer Responsibility for Household Hazardous Wastes in British Columbia",Journal of Industrial Ecology,5(2),89-102.

三、结论

从本章的例子可以看出,制造商采用可持续商业实践的利润很高。一方面,可持续性是个风险管理问题,在出现法律责任、新监管条例、股东倡议以及非政府组织宣传作秀时,可以给企业提供保护。另一方面,这也是一个战略问题,磨练企业竞争力,帮助企业进入高利润市场,开发创新新产品。

只要可能,请在设计过程中消除对社会和环境的负面影响。因为设计往往是阶段性的,所以也要对经营实践和废物管理展开调查。针对以下几个问题进行检查，了解是否能够为提高企业在这三个方面的行为底线做些什么。

四、应用问题

(1)通常来说,哪类决策影响更大——是影响组织的决策还是影响外部环境的决策？这两类影响的区别在哪里？相同点在哪里？

(2)有什么简单的方法让你们的经营更加环保?言行一致为什么很重

要？确定可以立即实施的三项经营改进措施。

（3）选择你们关心的一个服务行业。该服务行业如何能够改变他们的经营创造更多的社会和环境效益？有没有残疾人可以做的工作？该行业如何能为服务不足和就业不足的人口服务？该行业对环境产生的最大影响是什么？如何减少这类影响？

表 4.1　S-CORE：制造业
（参阅引言部分的"如何使用自我评估"）

设计			
做法（分数）	试行（1分）	计划（3分）	整体（9分）
环保设计：重新设计产品，使用现有技术使可持续性的益处最大化。	至少每五年，基于可持续性重新设计一种产品。	至少每五年，重新设计大多数产品。	产品被第三方认证为可持续性产品。
包装：包装最简化，尽量减少其影响。	传播从其他有关产品中吸取的经验教训。对包装进行生命周期分析，采取相应行动。	把包装至少减少20%（重量或体积，重量和体积）。	改用100%可以重复使用、可回收或可降解包装。
供应商：让供应商参与重新设计产品与工艺的正式过程。	让至少一位一级供应商参与其中。	让所有一级供应商参与其中（原料声明、供应商研讨会、技术支持等）。	努力改变整个供应链，实现可持续性。
生命周期：从生命周期的角度，对产品、工艺、包装和经销进行思考。	至少每五年，对流行产品、成分或包装进行生命周期分析。	至少每五年，对一种或更多产品进行生命周期评估，并发布评估报告。	公布本企业产品与竞争对手产品的生命周期分析比较报告。
总分			
平均分			

运营			
做法（分数）	试行（1分）	计划（3）	整体（9分）
能源效率与再生能源：进行过程能源审核，采用现有最好技术。	把每个单位生产所用能源减少至少10%。	使用能源减少11%~25%。	使用能源减少25%甚至更多，其中至少25%的能源减少来自可再生能源。

续表

运营			
做法(分数)	试行(1分)	计划(3)	整体(9分)
气候变化:进行过程温室气体审核,采取相应行动减少温室气体排放。	把温室气体减少到1990年的水平。	超过《京都议定书》标准。	做到气候中立(通过减排、碳补偿)。
资源效率:进行(非能源)资源过程效率审核,根据结果采取行动。	把原材料投入(水和其他自然资源)减少10%。	把投入减少10%以上。	把投入减少25%,甚至更多,至少50%(按体积或重量)来自认证可持续资源。
运输与经销:减少原料和产品运输带来的影响。	采购物资时,把距离因素考虑其中。采用现有最先进的技术提高燃料效率。	改用至少50%的生物燃料。	重新设计经销系统和物流系统,尽量减少运输。
社会影响:确保公平人道的工作环境。	至少每两年,进行一次内部工作环境调查,根据结果采取行动。	对部分重要供应商进行社会责任审核。	要求所有供应商遵守社会责任标准(SA8000)或同等于SA8000的标准。
化学制品:减少接触各种有毒化学制品的风险。	列出各种有毒化学物质,并根据其毒性进行分类。把有毒、危险原料减少25%。所有的化学制品安全说明书(MSDS)都很容易找到,里面有最新的说明。	清除所有危险化学制品、持久性生物积累有毒化合物(PBTs)。适时落实化学制药制度。	清除所有客户灰名单上的所有有毒化学制品。
产品监管:实施产品监管战略。	对使用寿命结束的产品负责(反向经销系统)。对废物进行无害处理。	与行业合作消除废物。	把产品转变为服务,从摇篮到摇篮。
废物管理:消除废物的概念。	把固体废物减少20%-50%。	把固体废物减少50%-89%。	实现零垃圾填埋(固体废物减少90%-100%)。
总分			
平均分			

注释：

1.World Economic Forum(2014)Towards the Circular Economy：Accelerating the Scale-up across Global Supply Chains. http://www3.weforum.org/docs/WEF_ENV_TowardsCircularEconomy_Report_2014.pdf.

2.Stinson,L.(10 January 2014)For Super Bowl,Nike Uses 3-D Printing to Create a Faster Football Cleat. Wired. http://www.wired.com/2014/01/nike-designed-fastest-cleat-history/.

3.Weise,E.,& Szabo,L.(30 October 2007)"Everywhere Chemicals" in Plastics Alarm Parents. USA Today. http://www.usatoday.com/news/health/2007-10-30-plastics-cover_N.htm.

4.Sony (2014)History of Environmental Activities at Sony. http://www.sony.net/SonyInfo/csr_report/environment/data/history/index.html.

5.Electronics Take Back Coalition (n.d.)State Legislation. http://www.electronicstakeback.com/promote-good-laws/state-legislation/Retrieved.

6.Great Plains Program of the International Institute for Sustainable Development(1996)The Insurance Industry and Climate Change on the Prairies, Environment Canada. http://www.iisd.org/pdf/insurance_climate.pdf.

7.Casey,J.(9 January 2008)The 23rd Version of Nike's Most Famous Product Gets Its First Environmental Makeover,The Oregonian. http://blog.oregonlive.com/business/2008/01/green_colors_new_air_jordan.html.

8.Wikipedia (n.d.)Product Lifecycle Management. http://en.wikipedia.org/wiki/Product_Lifecycle_Management.

9.Jusko,J.(1 August 2008)PLM's Natural Evolution. Industry Week. http://www.industryweek.com/readarticle.aspx?articleid=16812.

10.TRI reports are available from the EPA website: http://www2.epa. gov/toxics-release-inventory-tri-program/learn-about-toxics-release-inven- tory.

11.EPA(2005)EPA Settles PFOA Case against DuPont for Largest En- vironmental Administrative Penalty in Agency History. http://yosemite.epa. gov/opa/admpress.nsf/68b5f2d54f3eefd28525701500517fbf/fdcb2f665cac66b b852570d7005d6665! OpenDocument.

12.EPA,1997 Alternative Authentic Pathways Award. http://www2.epa. gov/green-chemistry/1997-greener-synthetic-pathways-award.

13.McDonough,W.(April 1999)The Next Industrial Revolution. http:// www.consciouschoice.com/1999/cc11204/nextindustrisalrev.html;McDonough, W.,& Braungart,M.(2001)The Next Industrial Revolution (video),Steven- son,MD: Earthome Productions.

14.Moran,S.(26 March 2008)A Turn to Alternative Chemicals. *The New York Times*. http://www.nytimes.com/2008/03/26/business/businessspe- cial2/26chemical.html?_r=1&oref=slogin.

15.Romm,J.J.(1999)*Cool Companies: How the Best Businesses Boost Profits and Productivity by Cutting Greenhouse Gas Emissions*. Washington, DC: Island Press,p. 164.

16.Bayon,R.,Hawn,A.& Hamilton,K.(2007)*Voluntary Carbon Mar- kets: An International Business Guide to What They Are and How They Work*. London,UK: Earthscan,p. 54.

17.Kopczak,L. R.& Johnson,M. E.(Spring 2003)The Supply -Chain Management Effect. *MIT Sloan Management Review*,44(3),27-34.

18.Suppliers' Perspectives on Greening the Supply Chain (June 2001) Business for Social Responsibility. http://www.greenbiz.com/sites/default/

files/document/O16F15429.pdf.

19.Clifforde,M.,Tashiro,H.& Natarajan,A.(24 November 2003)The Race to Save a Rainforest. *Business Week*,125–126.

20.Ayres,R.U.(1989)Industrial Metabolism:Technology and Environ‐ment,in Ausubel,J.& Sladovich,H.(eds),*Technology and Environment*. Wash‐ington,DC：National Academy Press.

21.ENDS Europe Daily(17 June 2008)Overhaul of EU Waste Manage‐ment Rules Approve,World Business Council on Sustainable Development. http://www.endseurope.com/15208/overhaul‐of‐eu‐waste‐management‐rules‐approved?referrer=search.

22.NEC press release（31 March 2005)NEC Enhances Environmental Measures for its "Refreshed PC" Business,http://www.nec.co.jp/press/en/0503/3101.html.

第五章

政府机构可持续性 *

就可持续性而言,政府可以发挥很大的作用。行政管理机构使用大量资源,雇佣很多的职员,特别是这些机构也有责任保护"公共资源":空气、流域、渔业和大片的公有土地。奥巴马指出:"联邦政府在美国经济中消耗的能源最多,能够也应该在探索创新方法以减少温室气体排放、提高能源效率、节约水资源、减少废物、使用环保产品和技术方面,起到模范带头作用。"[1] 通过基础设施和激励政策,政府搭建社会其他部门开展行动的平台。他们的决策很大程度上决定了社会的宜居程度和我们的生活方式对环境的影响。政府必须把社会看作一个整体,做出的决定不仅应该增进社会的健康,也应该增进经济和环境的健康。

通常,必要的愿景和勇气并非显而易见,即使有愿景,政府可能也难以做出巨大的变革。面对众多利益冲突,公务人员经常回归安全、久经考验但非可持续性的做法。在美国,很多公众不再尊重或重视政府的作用,但是他们还想要好路、好学校和更好的保障,而这些正是政府才能提供

---

* 第三版的第五章在埃琳·休姆和凯莱布·迪安的帮助下更新。

的。美国陷入两难的困境：人们需要政府发挥更大的领导作用，但政府在等待其选民施加压力，其中许多人是现状的既得利益者。本章，我们祝贺那些冒过险，并时常做出"不得人心"决定的人，是他们推动我们走向一个更加可持续的世界。

正如美国许多政府机构所认识到的那样，伙伴关系是关键。例如，美国住房和城市发展部（HUB）、美国交通部（DOT）和美国环保署为建设可持续社区建立起机构间合作伙伴关系，协调"联邦住房、交通、水和其他基础设施投资，使社区更加繁荣，让人们的工作离家更近，节省家庭时间和金钱，减少污染"。[2] 机构间合作伙伴关系有其局限性，能做的也就仅此而已。最成功的做法是把政府、非营利组织和企业联合起来。多年来，在合作倡议等组织的帮助下，有很多成功的跨部门合作伙伴关系的例子[3]，可口可乐公司与美国农业部合作帮助恢复和保护受损流域就是证明。[4] 尽管合作双方都有很多的不满，但是这类的合作伙伴关系证明，单方面不能应对气候变化的问题。

一、您应该了解的可持续性

政府，特别是地方政府很容易做事目光短浅，因为要提供消防、警务、水处理、建筑许可证和图书馆服务已经让他们捉襟见肘，再让城市管理者和工作人员从更大的格局、更长远的角度考虑问题很难，然而，他们必须这样做。其他人没有资格采取必要行动，为我们的社会提供长期保护。这并不是说其他部门的作用不重要，其他部门的作用也很重要，但是公共政策设置比赛场地。根据"墨尔本原则"（Melbourne Principles）（详情请参阅下面的信息），我们把政府战略整理为六大类。

城市与社区可持续性原则

联合国环境署国际环境技术中心制定的墨尔本原则,对政府应该做的事情提出更加具体的指导,概括起来为以下十条原则:

第一条原则:根据各城市的可持续性发展状况,代际、社会、经济和政治公平程度,以及各自特点,为城市制定长远计划。

第二条原则:实现长期的经济和社会保障。

第三条原则:承认生物多样性、自然生态系统的内在价值,并对二者加以保护和恢复。

第四条原则:促使社区尽量减少他们的生态足迹。

第五条原则:根据生态系统的特点,发展和建设健康、可持续城市。

第六条原则:确定城市特色,包括人文价值、历史和自然系统,并对这些特色加以利用。

第七条原则:提高公众能力,促进参与。

第八条原则:扩大协调网络,并为建设共同、可持续的未来而努力。

第九条原则:通过合理使用环保技术和有效管理需求,促进可持续产品和消费。

第十条原则:在问责、透明和良好的治理基础上不断地改善。

(一)明智地使用税收,最大限度地造福社会

我们希望政府高效地提供服务,然而政府要在错综复杂的立法规定和授权内运作。从立法角度听起来很好的想法,在实践中常常带来问题。随着城市基础设施的老化,人们可能发现因为需要更换供水主管道、下水道等,城市的街道一次次被挖开。纽约市减少了这样的问题,一旦一条街道重新铺了路面,就成为"受保护街道",除非发生紧急状况,否则五年之内不得挖开,这样确保了不同部门和公用事业单位要协作。

在自己狭隘的职权范围内行动的政府机构,经常把成本和问题转嫁给其他机构,导致结果欠佳。以雨水问题为例:通常,楼宇都建有排水沟,

把大量的雨水排入排水系统。同时,道路把雨水也排入这些管道,随着不透水的表面越来越多,污水处理中心超载运转。因为我们很少利用雨水,需要巨大的排水系统和水库对这些雨水进行处理,所以费用很高。而要解决问题不是非要更换更粗的管道、建更多的水坝和更大的污水处理中心,我们需要重新思考如何建设楼宇、社区和道路。在俄勒冈的波特兰市,法律允许住户在家里利用雨水,包括用雨水制作饮用水。波特兰地区雨水多,住户很容易存储足够的雨水供自己使用。这样做减少了进入排水系统的雨水,同时也减少了对饮用水的需要。生态沟渠(bioswale)可以收集街道雨水。现在有技术可以解决雨水这个问题,这是个设计问题。前面说过,政府机构逐渐认识到,他们需要协作,需要明白他们之间的相互依赖,以带来系统有效的改变。

(二)提供基础设施和安全保障

哥伦比亚波哥大市的前市长恩里克·佩纳洛萨 (Enrique Penalosa)说过,建设更多的道路解决交通拥堵,就像让人们使用更长的腰带解决肥胖问题一样。但这正是很多交通部门使用的战略。政府的选择决定社区质量、公共交通可行性、空气质量和公民健康状况。道路建设带来郊区的无计划扩张,增加政府提供基础设施的支出。

人们想到安全保障问题时,首先考虑的是军队和急救先遣队。当然,这些是安全保障系统关键的组成部分,然而特别要指出的是,军队是很多污染和人类苦难的根源。安全保障问题涉及的面越来越广。美国中央情报局警告说,某些环境问题可能破坏世界的稳定,适应气候变化现在是他们的第一关切。饮水和粮食安全问题,外加更加频发的自然灾害,可能在很多地区引发更多的不满,增加政府的不稳定性和助长恐怖主义。可持续性为五角大楼和急救先遣队提供预测未来会出现什么问题的框架。

(三)保护公共资源

政府是所有公共资源的守护者,这些资源对于生活至关重要,但是可能没有被赋予市场价值，或没有指明所有人。缺少足够的监管、保护和执法，可能会发生"公共资源悲剧"，出现公共资源过度开发的倾向。有时候，政府会把情况变得更糟糕，而不是更好。以渔业为例，当加拿大海岸几百年来丰富的鳕鱼资源开始下降时，政府的行为实际上加速了经济的崩溃。为支持以鳕鱼为主导的经济，政府通过保持低价但高收益的手段补贴渔民。1992 年，鳕鱼种群数量下降到自然水平的 1%，加拿大政府终于做出反应，暂停鳕鱼捕捞，至于鳕鱼数量是否能够恢复到以前的水平，没有明确答案。然而政府注意到了这一悲剧，在 1997 的时候成立海洋管理委员会，为可持续捕捞制定了全球标准。

(四)创造公平竞争环境

政府为商业活动搭建舞台，但是经常是向舞台而不是向观众倾斜。政府充斥着不正当的激励措施。《自然资本主义》一书的作者保罗·霍肯解释说："我们必须修改税收制度，不再补贴我们不想要的行为(消耗资源、污染)，不再对我们想要的行为(收入和工作)征税。我们需要循序渐进地，但是坚定不移地改变指导商业活动的大棒胡萝卜政策。"[5] 这种方法可以实现什么目的呢？彭博(Bloomberg)《商业周刊》刊登的一篇文章这样说道：

> 国际能源机构认为，如果取消化石燃料补贴，到 2035 年，碳排放量每年会减少 2.6 千兆吨。2010 年，全球对石油、天然气和煤的补贴高达 4,090 亿美元，同年对可再生能源的补贴为 600 亿美元。减少这些补贴将有助于经济效益的提高，减少整个能源消费，为可再生能源提供更公平的竞争环境。[6]

(五)保护并帮助需要帮助的人

在这方面，问题又被从一个机构转嫁到另一个机构。在美国，精神病院为保护里面病人的权利，大门紧闭，结果造成很多人无家可归，露宿街头,靠乞讨吃饭。忙得不可开交的社会服务机构忘记与那些处境危难的儿童保持联系,致使他们被送到寄养家庭、劳教所或被警察列为失踪人员。除了基本需要,政府也承认在制定决策时,人民的整体幸福感是很重要的考虑因素。杰弗里·萨克斯(Jeffrey D. Sachs)是哥伦比亚大学地球研究所的所长、可持续性解决方案网络(SDSN)负责人、联合国秘书长的特别顾问。他说:"全球范围内,要求政策与那些对人民来说十分重要的事情更加密切相关的呼声越来越高,因为人民本身就是幸福的象征。"现在,衡量幸福的标准是国内幸福总值(GNH,而不是 GDP),世界幸福报告对世界各国进行了详细分析,包括健康寿命、可以依靠的人、做出人生选择的自由、廉洁度和宽容度,分析给决策者们工具,让他们在制定决策时把公民的幸福考虑进去。[7]

(六)指引我们走向更美好的未来

　　政府是唯一有着明确、长期的任务要做的机构。社区发展计划的制定以二十年为一个阶段。能源政策确定五十年的发展方向,学校为学生的一生实施教育,多数情况下,既得利益维持着现状。然而很多的社区,就像以下资源中提到的那些社区,制定了影响子孙后代生活质量的有远见的目标。

资源

　　这个资源清单肯定不完整,但是包括一些案例和重要的信息来源。我们把资源分为两大类:一类是对各国和各州最有用的,另一类是对城市和城市地区最有用的。

　　1.对各国和各州最有用的资源

　　(1)联邦政府(美国)有关网址：http://www.whitehouse.gov/administration/eop/ceq/sustainability/plans；http://www.gsa.gov/environmentalservices；http://www.epa.gov/sustainability.

　　(2)Gross National Happiness: http://www.grossnationalhappiness.com.

（3）International Institute for Sustainable Development（Canada）.

（4）Jacobs, Jane （2000）*The Nature of Economies*. New York：The Modern Library.

（5）Millennium Ecosystem Assessment：http://www.millenniumassessment.org（也可参阅 Millennium Development Goals（MDGs）：http://www.un.org/millenniumgoals）. 千年生态系统评估由联合国委托实施，来自全球的几千名科学家参与。他们的报告（包括通俗易懂的总结）明确了我们星球所面临的最大环境问题。

（6）Sustainable Development Solutions Network（A Global Initiative of the United Nations）, http://www.unsdsn.org.

（7）United Nations Environmental Programme Global Environment Outlook, http://www.unep.org/geo/；世界可持续性发展工商理事会（World Business Council on Sustainable Development）对全球政策问题提出建议：http://www.wbcsd.org.

2.对城市和城市地区最有用的资源

（1）Curitiba, Brazil：http://www.solstice.crest.org/sustainable/curitiba.

（2）Global Ecovillage. Amarillo, Texas 有个示范村：http://www.globalecovillage.com.

（3）ICLEI：Local Governments for Sustainability：http://www.iclei.org.

（4）Intergovernmental Committee on Urban and Regional Research（Canada）International City/County Management Association—Center for Sustainable Communities：http://www.icma.org/en/results/sustainable_communities/home.

（5）National League of Cities—Sustainable Cities Institute：http://www.sustainablecitiesinstitute.org/；Partnership for Sustainable Communities：http://www.sustainablecommunities.gov.

（6）Roseland, Mark（1998）*Toward Sustainable Communities*. Gabriola Island, BC: New Society Publishers.

（7）Sustainable Communities Network(Washington, DC).

（8）SymbioCity 是瑞典发明的旨在把城市地区设计为共生关系的一种方法。http://www.symbiocity.org/.

（9）伙伴关系倡议（The Partnering Initiative）与个人、组织、合作伙伴和系统合作，鼓励、促进和支持建立跨部门的合作伙伴关系；http://thepartneringinitiative.org.

二、可用战略

在这一部分，我们将举出政府促进建设更可持续未来的正面例子，希望这些例子可以激发政府行政机构采取行动。如果您属于私营部门，这些故事可能会启发您向代表们提出改变政策的建议，甚至可以帮您发现可以在自己的组织内使用的战略。

（一）明智地使用税收，最大限度地造福社会

纳税人希望自己的钱给自己带来最大的利益，而不是效率低下和官僚作风。聪明的机构已经找到了使用同一笔税收，给纳税人提供多个好处的方法。这些机构不仅试图提高成本效益，而且随着投资在社区中的循环，还跟踪其对经济的整体影响。

1.节能

政府机构能够采取的降低成本、减少温室气体排放的第一步行动是实现办公建筑内的节能。美国环保署建议使用五步走的方法升级设施：

（1）重新调试；

（2）安装节能照明；

（3）减少补充负荷（通过购买标有能源之星的设备）；

(4)安装风扇系统升级；

(5)安装供暖和制冷系统升级。[8]

政府大楼(特别是在美国)要做到这五点还有很长的路要走,但是已经取得了显著的成效。政府节约成本取得成功的一个例子是丹麦。丹麦政府意识到,他们 40% 的电力用于供暖,其中大部分热量被散发掉,如果他们能够收集和利用工业过程和能源生产中的废热,就可以减少大约 40% 的能源需求,于是丹麦改用热电联产系统。例如,哥本哈根市周围环绕着地下保温管道,这些管道将热水输送到城市各个地方。建筑大楼在需要的时候提取出热量,冷却水可用于冷却数据中心。任何不能再利用的废物在城市边缘的清洁废物发电站进行焚烧,产生的热量超过了电力。风能发电厂的多余电力产生热量,储存在这个系统中。通过把社区看作一个完整的系统,丹麦解决了能源和废物两个问题。因此丹麦有望在 2050 年实现可再生能源提供 100% 电力的目标。

资源

1.Energy Star program for energy-efficient equipment and appliances: http://www.energystar.gov.

Local Government Climate and Energy Strategy Series:

2.http://www.epa.gov/statelocalclimate/resources/strategy-guides.html.

3.US Department of Energy: http://www.energy.gov/energysaver/energy-saver.

4.US Environmental Protection Agency: http://www.epa.gov.

2.利用浪费的资源

各国政府都认为废物是个问题,并且制定了实现零废物的计划。2013 年,至少有一百个国家和地方政府通过了零废物的目标。通过零废物目标的政府名单越来越长, 从加利福尼亚州圣路易斯-奥比斯波县(Obispo County)到新斯科舍省(Nova Scotia)哈利法克斯市(Halifax)的社区,零废物国际联盟会持续对此进行跟踪。有的是整个国家,比如新西兰,把零废物作为目标。为了减少废物并实现零废物,各政府把资源使用看作一个完整的系统,对没有充分利用但有价值的资源进行利用。

以创新方式消除废物,利用宝贵资源的例子是俄勒冈州惩教署(Oregon Department of Corrections)的做法。有一天,惩教署意识到,因为该监狱位于俄勒冈州人口稀少的东部地区,用来将囚犯从城市运送到俄勒冈州彭德尔顿(Pendleton)监狱的巴士,返回城市地区的时候车上通常空无一人。与此同时,彭德尔顿周围的农民因农产品过剩,把剩余农产品翻压在地里。就此,惩教署建立了一个系统,从农民那里接收可以抵税的剩余农产品捐赠,然后让囚犯们将其分类、打包,再用空巴士运送到波特兰食品银行(Food Bank),分发到太平洋西北部地区。其结果是,监狱的形象得到提升,囚犯们有引以为豪的事情可做,农民们得到减税,饥饿的人得到食物。

资源

1.Euro–Mediterranean Regional Program for Local Water Management: http://www.zero-m.org/.

2.Zero Waste Europe: http://www.zerowasteeurope.eu/.

3.Zero Waste International Alliance: http://www.zwia.org.

4.Zero Waste Network: http://www.zerowastenetwork.org/.

(二)消除官僚作风并简化过程

官僚作风意味着成本的增加和滞后时间的延长。计划要得到一个又一个机构的审批,任何一个机构都可能让审批过程停下来,承包商们很痛恨这一点。俄勒冈州交通局准备把很多几近倒塌的桥梁进行重建,所以把所有有关的管理机构,包括州政府和联邦政府的管理机构都聚集起来,为重建工程确定标准和规格。他们发布了提议要求,可持续性标准纳入其中。除非希望提出不同的桥梁建筑方法,否则承包商提交的提议可以马上得到审批通过。仅一个项目,他们就少用了 100 天,节约了 100 多万美元。

简化过程通常涉及对工作过程进行分析,找到多余的、不必要的步骤。这些工具当中的很多工具是在整个质量运动中形成的,最有用的工具可能是过程流程图。

资源

1.Brassard,Michael (1989)*The Memory Jogger Plus.* Methuen,MA:Goal/QPC.

2.Red Tape Reduction Action Plan Report:http://www.actionplan.gc.ca/en/initiative/reducing-red-tape. 该报告 2012 年由加拿大政府发布。

1.采用绿色建筑实践

按照美国绿色建筑委员会的说法,绿色建筑比普通商业建筑少用 25%的能源和 11%的水,维护成本低 19%,承租者满意度高 27%,温室气体排放减少 34%。[9]堪萨斯州的格林斯堡(Greensburg)是城镇完全绿色重建的例子。2007 年 5 月 4 日,巨大的龙卷风摧毁了格林斯堡 95%的建筑,该市决定用节能、可持续建筑进行重建。格林斯堡的 13 座建筑每年节约能源支出共计 20 万美元。[10]

加利福尼亚州财政局,在资本 E 集团(Capital E Group)和劳伦斯伯克利实验室(Lawrence Berkeley Laboratory)的帮助下,对 100 座绿色建筑的国家数据进行了研究,他们认为,LEED 级绿色建筑的财务效益为每平方英尺 50~70 美元,是建筑成本的十倍多。成本的减少不仅来自节能、节水,还来自生产力和与健康相关的人类福利。[11]更多有关信息,参阅第七章。

资源

1.Morton,Steven(November 2002)"Business Case for Green Design",Building Operating Management,FacilitiesNet,http://www.facilitiesnet.com.

2.Roadmap to Green Government Buildings:http://www.usgbc.org/resources/roadmap-green-government-buildings. An EPA tool for government professionals implementing green building programs and initiatives.

　　3.The Green Building Council's LEED rating system：http://www.worldgbc.org；http://www.usgbc.org.

　　2.找到新的资金来源

　　有时候，政府机构可以推动新商业模式的出现。由俄勒冈州流域增强委员会(Oregon Watershed Enhancement Board)提供资金支持的一个灌溉区发明了一种新型拦鱼网，防止鱼进入灌溉渠。这些拦鱼网通常会发生堵塞，需要清理，有时候一天就需要清理好几次，新设计的拦鱼网很少发生堵塞，也没有活动件。农民灌溉区已经为新型拦鱼网申请了专利，农民保护联盟(Farmer's Conservation Alliance)正在推广这种拦鱼网。他们将把所有的利润都用来进一步探索尝试新方法，确保鱼类资源和农场繁荣、农民致富。

　　人们成功利用循环贷款基金为污水处理厂高昂的设备升级提供资金支持。与前期投入的政府拨款不同，循环贷款基金持续不断地为改革提供资金，并且可能随着时间增加。有时候，难题是前置成本。一个例子就是可再生能源，可再生燃料可能不用花钱，但是大部分费用都在前期资本成本中。公众特别反对在制定决策时，把生命周期成本考虑进去。尽管从长远看，节能灯更省钱，但是很多人还是愿意花更少的钱购买白炽灯泡。针对这个问题，加州的伯克利市在美国第一个为居民家中安装了太阳能板，而居民不需要为系统的前期成本掏钱。伯克利市将成本分摊到 20 年，以此消除了居民的疑虑。[12] 很多当地政府和其他国家借鉴伯克利的模式，使用类似的方法解决了问题。

　　有时候，创新与资金来源无关，而是与谁有权力决定购买什么有关。巴西的巴托阿雷格市(Porto Alegre)，在巴西军事统治结束之后，在 20 世纪 80 年代率先实行了"参与式预算"(PB)。工人党上台，参与式预算是他们的一项改革。他们组织社区大会,把人们的提议集中起来,确定投资项目和工作重点,决定每个项目的资金投入。从那以后,英国多次使用这种预算方式,分配社区投资资金。社区根据想法组队,准备演示,然后对项目进行投票,直到把资金都分配下去。经常是没有得到资金支持的项目也得以实施,因为这个过程把对项目感兴趣的人们聚在一起。这也是促使年轻人参与社区活动非常好的方式。

资源

Participatory Budgeting Project:http://www.participatorybudgeting.org/.

3.把城市看作一个整体

在这方面,可以做的显然就是探索土地使用方式,促进可持续行为。在名为《清凉增长:城市发展与气候变化的证据》的报告中,作者们对几十项学术研究进行了分析。他们认为,紧凑综合开发土地的方法与很多州政府和国家政府官员们推行的气候变化政策一样,可以大大减少温室气体的排放。这种方法胜过提高汽车效率标准、绿色建筑规范和国际条约等战略,完美地体现了"全球化思维,本地化执行"的准则。地方政府可以在国家政府采取行动之前行动,产生巨大的影响。

组织孤岛问题常常成为行动的心理障碍。但是当您把城市看成一个整体的时候,新的机遇就显而易见。考虑如何完成循环,利用所在区域内一切可以利用的东西,充分发挥其效用,实现更大的效益。例如,俄勒冈州的波特兰市利用饮用水系统发电,他们在从水库引出的水管中安装了微型水电系统。很多水利部门永远都不会考虑发电问题,因为能源不是他们负责。但是一旦有了创新性思维,可以发现很多提高跨组织效率的机会。

工业生态学促使我们跨行业思考问题。生态工业园在欧洲很受欢迎,可能最著名的例子就是丹麦的凯隆堡(Kalundborg)。在那里,蒸汽、水、飞灰、工业淤渣、燃料及硫磺在不同实体之间进行交易,一个实体的废物成为另一实体的原料。瑞典把这个想法提高到一个新的层次，并称之为生态共生城。该概念将水、能源、信息技术、废物、交通和建筑融为一体，充分利用共生关系。想象一下，水经过多次使用进入像花园一样的"污水处理厂"，在那里他们生产沼气运行交通系统。

将社区视为一个整体系统，部分的意义在于改变我们衡量社区健康的方式。德国的海德堡市使用倡导地区可持续性发展国际理事会（ICLEI）开发的生态预算流程。正如政府定期根据预算审查其财务绩效一样，生态预算遵循与自然资源相关的类似流程。生态预算不设定货币价值，但是说明的是社区内的自然资源预算在一段时期内如何被"花掉"。海德堡的生态预算说明的是二氧化碳、水消耗和废物产生，以及其他资源的情况。对任何管理过账本的人来说，直觉告诉他们这样做有道理。您知道，如果从"账户"中扣除的金额接连超过存款的金额，您就有麻烦了。

资源

1.Eco-Budget Webcentre developed by ICLEI：http://www.ecobudget.org/.

2.SymbioCity：http://www.symbiocity.org.

（三）提供基础设施和安全保障

基础设施是支撑社会的框架，其规划、设计和建设都由政府负责。基础设施有多种形式，城市规划、道路、公共交通和公用事业相互依存，但是属于不同机构的职责范围。政府提供基础设施和安全保障的关键在于通过设计优化它们的集体效用。

1.确保安全

过去美国国防部是美国排放污染物最多的部门之一。然而，军队中的很多人在证明，安全可以与可持续性共进。华盛顿路易斯堡（Fort Lewis）美军基地的希尔（Hill）少将认识到，为了继续做社区中的好邻居，他们需要净化自己的行为。他设定的目标是在25年内实现零废物和有害气体排放量减少85%。他们减少了54公吨（2001—2004年）的危险材料使用量，并将有害气体排放量从2000年的333吨减少到2004年的75吨。他们的可持续性发展计划预计每年将减少100多万美元的运营成本，包括直接成本节约和成本规避。在设计后勤演习时，阿拉斯加国民卫队决定同时解决一个现实世界的问题，他们把废弃的汽车和无用的电器收集起来回收利用，这次演习锻炼了侦察和后勤方面的技能，也为垫苏河谷（Mat-Su Valley）提供了宝贵的服务。

资源

Federal Agency Strategic Sustainability Performance Plans：http://www.whitehouse.gov/administration/eop/cep/sustainability/plans.

2.为气候变化制定计划

除了军事安全外，政府还通过适应气候变化、保护公民的粮食和水资源安全，以及保护他们免受自然灾害的影响等方式，发挥确保本国公民安全的作用。大多数国家都承认他们必须应对和适应气候变化，大国政府和大的多边组织（包括欧盟和环境保护署）也制定了相应的计划。在地方一级，城市通过实施新的建筑规范来适应气候变化。例如，加利福尼亚州的丘拉维斯塔市（City of Chula Vista），由于预计未来40年海平面将上升12—18英寸，因此要求新的海滨建筑有更高的地基。[13]其他城市正在努力确保粮食和水资源的安全。加州伯克利是美国首批对粮食系统安全性和可持续性进行评估的城市之一。2001年，市议会通过了伯克利粮食和营养政策，该政策在促进当地经济的同时，为他们发展可持续区域农业提供了一个框架。

由于生物武器和全球变暖以及国际旅行带来的疾病传播之双重威胁，疾控中心（CDC）的参与可能同样重要。由于生态问题会导致人口大量迁移，破坏周边国家的稳定，外交政策和对外援助也起到一定作用。安全不只是抓住坏人，也包括防止人们对生活绝望而变成坏人。为此，城市、州和国家气候战略是安全的一部分,国际计划生育援助是安全的一部分,可再生能源标准是安全的一部分。安全不只是情报、边防和特种部队,卫生部门、社会服务部门、能源部门及环境部门都可以发挥作用。分配资金时,请考虑到这一点。

资源

世界各国和城市都在解决适应气候变化问题:

1.EPA:http://www.epa.gov/climatechange/impacts–adaptation/.

2.EU Policies for Adaptation:http://www.ec.europa.eu/clima/policies/adaptation/index_en.htm.

3.Global Warning,a project of the National Security Journalism Initiative:http://global–warning.org.

4.Resilient Cities:http://www.resilientcity.org.

5.UN Framework Convention on Climate Change:http://www.unfccc.int/adaptation/items/4159.php.

6.World Economic Forum Council on Water Security:http://www.weforum.org/videos/network–global–agenda–councils–water–security.

3.设计高效有活力的城市空间

1971 年,巴西库里提巴(Curitiba)推选专门搞规划的建筑师雅伊梅·勒纳(Jaime Lerner)担任市长,并且连任三届。库里提巴一直遭到希望过上更好生活的人们的"入侵",但是勒纳不想让库里提巴变得与圣保罗和其他大城市那样,到处都是车辆、污染、犯罪及棚户区。

他的一个见解是,城市就像一个膨胀的气球,通常从中心向四面八方扩张,然后变得越来越密集和拥堵。为了避免这种情况的发生,他和同僚们提出假设:规定出高密度发展走廊,使公共交通和其他城市服务部门能够为之提供高效服务,这样更有利于城市发展。这样的布局看似怪异,因为摩天大楼像触角一样向四周伸展,但是却有诸多好处。除了提供下面一节将提到的高效运输之外,这样的布局还确保居住在高密度区的人们可以很容易地看到并到达低密度的地区,包括库里提巴的很多公共公园。

大部分的公园都是为了解决问题而建。库里提巴的东部边界是伊瓜库河(Iguacu),该河经常因古巴的热带降雨而泛滥。勒纳没有用联邦资金修筑堤坝,而是把沿岸的土地买了下来,在上面建起城市最大的一座公园。除了娱乐功能,公园还具有天然和经济有效的防洪功能。这样做也防止有人来开发这个经常河水泛滥给人们造成痛苦和财产损失的地区。"每条河都有权泛滥",公园主管尼克劳·克卢佩尔(Nicolau Klupel)如是说到。有时候,灾难为纠正过去的错误创造机会。威斯康辛州的士兵树林(Soldiers Grove)多次河水泛滥,美国陆军工程兵团研究技术解决方法——建筑堤坝,但是却发现仅维护费用就是每年税收的两倍,所以他们放弃与大自然争斗,进行了城镇搬迁,1983 年全部完工。城镇搬迁花费 100 万美元,但是每年节约下的费用为 127,000 美元,很合理的回报率。另外,他们还利用这个机会大大提升了能源效率,他们通过了新条例,指定严格的热性能标准,并且要求太阳能必须提供至少 50%的供热。他们通过了一项太阳能接入法令,新的建筑物不能挡住现有建筑物的光线。同库里提巴一样,士兵树林的漫滩变成了受欢迎的公园。这些例子应该引人深思,为重建近期被自然灾害摧毁的城市之工作提供借鉴。与其花巨资挑战自然,不如与自然合作更明智。

资源

1.European Sustainable Cities and Towns Campaign:http://www.sustainablecities.eu/cities/european-sustainable-cities-and-towns-campaign/.

2.James,Sarah and Torbjorn Lahti (2004)*The Natural Step for Communities: How Cities and Towns Can Change to Sustainable Practices*,Gabriola Island,BC: New Society Publishers.

3.The City Fix：http://www.thecityfix.com，由世界资源研究所非盈利项目 EMBARQ 制作的用于了解可持续城市流动和规划最新发展状况的在线资源。

4.This Big City，ideas for cities to incorporate sustainability：http://www.thisbigcity.net/.

5.UN-Habitat：http://www.unhabitat.org/，旨在建设更加美好的城市未来的联合国项目，其使命是促进社会和环境可持续的人类居住区发展，实现人人有其屋。

6.UN Department of Energy：http://www.energy.gov/eere/spo/sustainability-performance-office.

4.设计有效的公共交通

走廊式的城市设计有助于建立高效的公共交通系统。虽然库里提巴人的汽车保有率很高，但大多数出行都是乘坐公共交通工具，因此政府不必补贴公交系统（在美国，通过税收补贴获得的资金通常要比乘车成本的一半还要多）。

因为没有修建昂贵的铁路或地下交通系统的资金，库里提巴对已有公交系统进行改造，使其以地下铁路系统成本的 1%和比轻轨便宜 10~20倍的价格运送同等数量的乘客。红色快车沿着专用街道行驶，穿过高密度走廊。在高峰时期，每 56 秒就有一辆车。这些特殊的 3 层网状巴士，有 5个超大的门，车站是大型的亚克力建筑结构（当地称为地铁站），购买好车票，坐轮椅的乘客被抬到地面。巴士停靠时间为 15 秒，供乘客从不同的车门上下车。

绿色公共汽车环城运行，因此你不必进入市中心就可以到达不同的街垒（地区），其他颜色编码的公交车执行其他功能，一种是快速穿行市区、很少停的车，另一种是为旅游目的地服务的车，还有一种是为残疾人服务的车。低密度区域由厢式车提供服务，至少每 15 分钟就有一辆，他们认为这个标准是保持乘客数量的关键。除了少数例外，所有线路的票价都一样。政府只负责管理这个系统，车辆则由几家不同的公司拥有，并负责运营。库里提巴根据行驶的公里数向他们支付费用，支持他们提出增加车次的要求。

随着时间的推移，该系统利用现有的街道，利用出现的机会发展起来。他们没有建造昂贵的、把社区隔离开来的高速公路，也不必浪费宝贵的市中心土地建停车场。经常开车的人很少遇到交通堵塞，由于空气污染少，每个人呼吸都很顺畅。

当您为人而不是汽车重新设计您的城市时，不要忘记行人友好型和自行车友好型的基础设施。1992年，一个拥有17万人口的荷兰城市格罗宁根（Groningen）挖掉市中心的高速公路，并使自行车成为主要的交通工具。商业活动增加，租金上涨，城市人口的流动也发生逆转。当地商业机构曾经反对这样做，现在却要求把这样的做法普及到更多的地方。[14]

（四）保护公共资源

大自然提供我们赖以生存的大量服务。斯坦福环境科学与政策中心的格雷琴·戴利（Gretchen Daily）列出以下服务：[15]

（1）空气和水的净化；

（2）干旱和洪水的减轻；

（3）土壤的生成和保持及肥力的恢复；

（4）废物的解毒和分解；

（5）农作物和自然植被的授粉；

（6）种子的传播；

（7）营养物质的循环和迁移；

（8）绝大多数潜在农业害虫的控制；

（9）生物多样性的维持；

（10）保护海岸免受波浪侵蚀；

(11)防止太阳有害紫外线；

(12)稳定气候；

(13)缓和极端天气及其影响；

(14)提供审美感受，激发智力，提升人类精神。

在格雷琴·戴利列出的服务基础上，我们会增加食物、纤维和鱼的生产——即使有了基因工程，没有大自然的帮助，我们也无法生产出西红柿、树或罗非鱼。虽然自然免费提供这些服务，但显然不是一文不值。事实上，根据罗伯特·科斯坦萨（Robert Costanza）在《自然》杂志上发表的一篇文章中的估计，尽管人们对这些估计有争议，如果我们通过人类工程（在我们可以的领域）提供这些相同的服务，成本将超过全世界国民生产总值。

在过去的 10 年中，我们对生态系统服务的理解和解释取得了很大的进展。联合国环境署将生态系统服务定义为"人们从生态系统中获得的好处"，其中包括提供食物和水的服务，调节洪水和控制疾病的服务，精神、娱乐和文化效益等文化服务，营养循环这类维持地球生命条件的辅助服务。[16] 美国政府机构，包括美国林业部，目前正在探索开发市场的机会，了解为生态系统服务付费会对景观生态和经济产生的影响。[17]

当大自然提供这些服务的能力受到损害时，纳税人就要付出高昂的代价。纽约过去的水质非常好，人们把水装瓶出售。后来因为开发和农业用水造成流域退化，该市面临不得不投入 80 亿美元建设水处理设施的问题。幸运的是，有人很智慧地首先提出这样一个问题：恢复流域，让大自然来做这项工作需要多少钱？答案是需要 10 亿~20 亿美元。于是在环境保护署的监督下，纽约开展了一项实验，希望不仅能节省资本成本的 3/4，还能节省每年 300 万美元的水处理设施的运行费用。[18]

环境问题会对人类和经济产生直接影响。多伦多的卫生官员进行的一项研究表明，把车辆的废气排放减少 30% 可以挽救近 200 人的生命，节约 10 亿美元的健康成本，罹病成本每年再减少 22 亿美元。[19]

以空气污染而闻名的曼谷，实际上已经取得了很大的进步。根据《纽约时报》题为《曼谷空气质量好转标准》的一篇文章，泰国官员向石油公司施压，要求他们提供更清洁的燃料，向汽车公司施压，要求他们提高尾气排放标准，逐步淘汰二冲摩托车，让出租车改用液化石油气，并说服火葬场使用电焚烧炉。在过去的 10 年，机动车数量增加了 40%，多数危险微粒物质的水平还在美国所使用的清洁空气标准范围内。[20]

其他国家所做的事情也可能影响您。例如，非洲的尘暴正在影响加勒比海地区的珊瑚。空气污染无国界，污染冲击波越过太平洋，影响太平洋西北部地区。2014 年世界卫生组织的一份报告称，空气污染是每年 700 万人死亡的罪魁祸首。[21]

在西方国家，保护某种东西最常使用的方法就是私有制。但是总的来说，没有人拥有这些服务，对有效的服务分配和使用进行管理也没有市场。这些服务是公共产品、公共资源，常常不被纳入成本–效应核算之中，所以最后形成的是"外溢效应"，即肇事公司不用负责的影响和鼓励继续采用不可持续做法的不正当激励措施。

部分的问题是了解您造成的影响是什么。生态足迹是一种方法，简单地说，与承载能力相反，生态足迹是对给我们提供使用的资源和生态系统服务的人均土地数量的一种量化。为理解这个概念，想象一下，有人在您的城市上面放置了一个玻璃罩，不允许任何东西进出这个玻璃罩，您很快就会耗尽某些资源（水、木材、食物等），并且废物（有机废物、二氧化碳等）会开始积聚，所以一个城市的生态足迹实际上要比其物理边界大得多。生态足迹利用人均英亩数作为标准，量化那些流动值。加利福尼亚州的圣塔莫妮卡利用这个模式以及自然步框架，来量化他们的行为改进。1990—2000 年间，他们把生态足迹减少了 5.7%，每人所需的土地比美国平均水平少了四英亩。遗憾的是，如果每个活着的人都享有同等的生活水平，这仍然是地球远不能承载的一种生活方式。

在这场戏剧表演中,政府是中心舞台。激进的机构正在使用各种监管措施和市场化的解决方案保护公共资源。一个例子就是不列颠哥伦比亚省的阿伯兹福德市(Abotsford)。作为土地使用规划的一个部分,他们通过了《第42号农业土地储备法案》,保护农田不被开发。他们的做法保留了绿地,还为居民提高了粮食安全保障。

资源

1.C40:http://www.c40cities.org/.与克林顿气候倡议合作的最大的四十个城市。

2.Local Government for Sustainability USA:http://www.icleiusa.org/.

3.Nature,Planetary Boundaries:http://www.nature.com/news/specials/planetaryboundaries/index.html.

4.Redefining Progress(Ecological Footprint)://www.rprogress.org.

5.The Center for Sustainable Economy:http://sustainable-economy.org/.该中心为确定环境市场化工具的影响提供经济模式。

6.US Conference of Mayors Climate Protection Agreement:http://www.usmayors.org/climateprotection/.

1.设计市场化的激励措施

1995年环保署的一项研究发现,在环境监管方面多使用经济激励措施,每年可以节约500亿美元(也就是每年花在环境管理上的2,000亿美元的1/4)。[22]当酸雨明显威胁到森林、湖泊和建筑物的时候,想必政府针对大量排放氮氧化物(NO_x)和氧化硫(SO_x)的企业,已经出台严格的规定性监管条例,但是美国政府建立了总量控制与交易制度,这样污染企业既可以清洁自己的行为,也可以购买其他企业的改进权。该方法使投资流向最好的机会,做的最多的企业会得到嘉奖。结果是有害物质排放的减少远超过预期,而产生的成本只是最初预计的零头。

由于该项目的成功,很多其他的制度,包括减少温室气体排放的制度，也正在以此为模型建立起来。美国鱼类和野生动物署正在利用这一制度保护濒危物种，他们已经为红冠啄木鸟繁殖配对设立了可交易的许可证。"国际纸业（International Paper）目前认为，存量繁殖期红冠啄木鸟，每对售价可以达到 10 万美元。如果每一英亩土地上，能有几对红冠啄木鸟筑巢，就说明用来繁殖啄木鸟的土地价值远远大于作为木材来源的土地价值。"[23]

绿色税收是另外一种正确实施激励措施的方法。在加拿大的不列颠哥伦比亚，每排放相当于一吨二氧化碳的有害气体，政府就征收 30 美元的费用，比 2011 年 7 月之前的每吨 25 美元，增加了 5 美元。MK Jaccard and Associates 咨询公司初步估计，到 2020 年，不列颠哥伦比亚每年减少相当于 300 万吨二氧化碳的有害气体排放。[24]

法国和英国正在研究制定通过在整个欧洲实行减少税收的方法，对环保产品进行补贴的计划。该提议旨在减少节能产品的增值税，在一定程度上，是受到欧盟成员国之间展开的"绿色更胜一筹"活动的推动。

有时候需要对民众进行教育。美国很多的城市意识到，森林覆盖率的降低正在让他们付出高昂的代价。在佐治亚州的亚特兰大地区进行的一项研究表明，城市据说需要花费 20 亿美元安装新的雨水处理设施，处理因为近 25 年来森林减少而产生的雨水径流。在俄亥俄州的辛辛那提，政府成功地扭转了这样的趋势。政府告诉业主们，他们种两棵树，每年就可以节约 55 美元的空调费。

公共政策也是很重要的杠杆。2013 年，美国立法局批准了 28.8 亿美元资金，用于加快对东俄勒冈国有林区和景观的管理。该项目的实施，关键得益于俄勒冈社区化森林合作网络。通过增加国有林地上得到管理的森林面积，政策制定者在确保在俄勒冈州一些林区的森林恢复率翻一番。在保护干净水和鱼类以及野生动物栖息地的同时，也有助于减少野火的发生，在林业产品领域，创造并保护 2,300 个就业。[25]

> **资源**
>
> 　1.The Center for Sustainable Economy：http://sustainable-economy.org/.该中心为确定环境市场化工具的影响提供经济模式。
>
> 　2.The United States' Experience with Economic Incentives to Protect the Environment.《美国利用经济激励措施保护环境之经验》的文件编号为 EPA-240-R-01-001,上网就可以搜索到。

2.回收利用公共产品并收取全部成本

经济学家们通常是最赞成私有化的,然而《经济学人》认为,对于某些公共产品,私有化并非最好的解决方法。水就是一个例子。没有水,就没有生命,水资源的私有化,可能导致只有有钱人买得起水的结果,这样的政策不堪一击。

另外,没有私人水务公司总是比公有水务公司效率高的证据。《经济学人》支持提高水费以体现水的全部成本,其中包括环境影响。加利福尼亚州大幅度提高了灌溉用水的费用,并把环境需要纳入成本之中,他们还建起了一个加利福尼亚水银行。智利向每个人收取水的全部成本,给穷人发放水票抵水费。《经济学人》也支持改变水权分配方式,允许水权买卖,使水权可以为最有价值的目的服务。例如南非废除了河岸权,水分配成为暂时,并且可以买卖水分配。澳大利亚把水权与物权分割开来,使水成为一种公共产品,然后建立了交易制度,现在这种做法传到其他国家。[26]

为什么公共产品——水、无线电频率、微波波段、捕鱼权等——在政府可以租赁这些产品,为社会提供持续的收入来源情况下,应该出售一次,然后在私营部门进行交易呢?

3.设立保护区

通常,维护生态系统服务最好的办法就是保护大片的栖息地。丹尼尔·保利(Daniel Pauly)博士是世界著名的渔业科学家,他认为设立海洋保护区是恢复渔业资源的关键。为了在演讲中说明这一点,他展示了一张大致是从赤道到北极圈以外的北大西洋地区的幻灯片，幻灯片的题目告诉观众,所有的绿色区域都是不得捕鱼的受保护区,按照他的地图比例,一切都是红色的，没有任何绿色的东西。他坚持认为我们不需要国际协定,因为多数的渔场都在海岸线 200 英里的范围内,各国都已经拥有了保护自己海洋栖息地以便恢复渔业资源的能力。

行业、社区团体和政府之间的正式协作使美国在过去的 10 年,在美国的西海岸成功地设立了海洋保护区。1999 年,加利福尼亚州通过了标志性的《海洋生物保护法案》,根据该法案,一个覆盖整个加州的、以科学为基础的海洋保护体系建立起来。后来在 2012 年,一群渔民、自然保护主义者、土著部落及当地企业共同成功地建立了一个帮助指导加州海洋保护区的网络。科学家们已经看到,受保护生态系统的生物多样性和整体的健康有所提高,这也对当地的渔业和旅游产生了积极的影响。[27]

4.奉行预防性原则

预防性原则在一定程度上减轻了举证责任。在多数情况下,政府要禁止某种产品,必须要证明其存在不安全因素。但是预防性原则要求制造商们证明他们的产品不存在不安全因素。联合国教科文组织文件对预防性原则给出可行的定义:当人类活动可能造成在科学上合理、但不确定的道德上不可接受的伤害时,应该采取措施避免或减少这种伤害。

道德上不可接受的伤害指对人类或环境造成的以下伤害:

(1)对人的生命或健康构成威胁;

(2)严重且真正不可逆;

(3)对目前这一代人或后代不公平;

(4)没有充分考虑受影响人群的人权。

对合理性的判断应该建立在科学分析的基础之上。为了便于所选行动接受审查,分析应该不间断地进行,不确定性分析可以用于,但是不限于分析可能造成的伤害之原因或伤害的范围。

行动是在伤害发生前,为避免伤害或减轻伤害采取的干预措施。行动应该与潜在伤害的严重程度相符,并对行动产生的积极与消极影响加以考虑,对采取行动和不采取行动产生的道德影响进行评估。选择采取怎样的行动应该是参与性过程的产物。[28]

要证明一种产品在所有情况下,对地球上的每一种有机体都没有危害是不可能的,但是当有证据开始显示产品会带来消极影响的时候,援引预防性原则是可能的。至少在美国,通常的做法是公司继续销售他们的产品,而他们公司的律师花数年的时间与政府官员就产品的安全性据理力争。在公共政策方面遵循预防性原则的意思是,在制造商可以证明可疑产品是安全的之前,可以停止使用或淘汰该产品。

《蒙特利尔议定书》中使用了预防性原则,该议定书是一项逐步淘汰消耗臭氧层物质的国际协定。因为有观点认为,臭氧洞会造成引发癌症的严重危害,所以预防性原则成为决策规则。如果可能造成如此灾难性的影响,为什么还要等更多的资料证明?《蒙特利尔议定书》很快得到通过有以下原因。第一,臭氧洞的发现吸引了媒体眼球,制造了一种紧迫感;第二,臭氧洞被定为一个人类健康问题,这样臭氧洞成为一个更私人的问题,而不是对环境的一种不确定的威胁。另外,杜邦公司曾宣布,如果市场能得到保障,他们可以生产氟利昂的替代品,这也没有什么危害。

城市和国家——包括加州的旧金山市,匈牙利和巴西两个国家——都将预防性原则作为公共政策。雅克·希拉克(Jacques Chirac)最近在法国宪法中增加了一个环境章程,其中的十条条款包括预防性原则。

资源

1.Appell, David(January 2001)The New Uncertainty Principle, Scientific American. http://www.scientificamerican.com/article/the-new-uncertainty-princ/.

2.Goldstein, Bernard D. (September 2001) The Precautionary Principle Applies to Public Health Actions, *American Journal of Public Health* 91 (9), 1358–1361. http://www.ncbi.nlm.nih.gov/pmc/articles/PMC1446778/.

3.Precautionary Principle: http://www.precautionaryprinciple.eu/.

4.The Precautionary Principle put out by UNESCO: http://unesdoc.unesco.org/images/0013/001395/139578e.pdf.

5.Tickner, Joel, Carolyn Raffensperger and Nancy Myers, The Precautionary Principle in Action: A Handbook, Written for the Science and Environmental Health Network: http://www.mindfully.org/Precaution/Precaution-In-Action-Handbook.pdf.

5.执行监管条例

世界各地已经成功地利用监管条例改变人类行为模式。长期以来，欧洲一直是监管可持续性工作的领头羊（例如，通过延长生产商责任指令，使生产商在产品整个生命周期内，甚至在产品生命周期结束之时，对其产品负责）。美国也制定了相应的监管条例。2007 年，《第 13423 号行政命令》为联邦机构制定了根据法律开展环境、运输和能源相关活动的政策和具体目标，以便各联邦机构以有益于环境、经济和财政状况的，综合的、持续改进的、高效并可持续的方式，支持彼此完成各自的使命。其他的监管条例也得到加强（例如《清洁空气法案》把二氧化碳包括了进去）。

（五）创造公平竞争环境

环境经常向不可持续的市场主体倾斜。为什么原生纤维纸应该比再生纸便宜？只要有铝罐可以回收，原生铝的开采怎样才能切实可行？在多数情况下，答案是价格因素没有把给社会带来的全部成本考虑其中。有些成本（砍伐树木、制浆造纸等费用），是企业定价考虑的因素，而有些成本（动物栖息地减少，河道刷深、滑坡，渔业遭到破坏等），企业则忽略不计。政府在进行采购和制定政策时，应该开始对产品的全部成本加以说明。

1.把监管条例与目标结合起来

合适的监管条例可以推动可持续性发展运动，但是监管条例也经常成为阻碍可持续性发展的绊脚石。监管条例往往滞后于科技发展，阻碍变革。但是如果您增加创新的难度，大多数人会走阻力最小的道路，并维持现状。您需要采取积极主动的方式。华盛顿州的温哥华市与美国绿色建筑协会–卡斯卡迪亚地区（Cascadia Region）合作，共同决定对 6 个符合生态建筑挑战（The Living Building Challenge）的假设性建筑应用进行规范审查，以确定他们的建筑规范和土地使用规范在哪些方面可能阻碍这类建筑的出现。规范审查让他们了解，在努力提高建筑规范的过程中，应该把重点放在哪些方面。他们的期望是，在存在障碍的地方改变规范，并制定激励措施，使这类项目审查得到简化。

2.在合理的范围内对资源进行私有化

支持私有化的人经常指出，人们从来不冲洗租来的车辆，或给车换油——为什么费那个心思？范围合理的话，私有制可以对某种资源起到更好的保护作用。但是私有制要发挥作用，资源所有者必须在可能的情况下内化外溢效应。

例如，有一个木材公司，他们的土地不仅生产树木，为动植物提供栖息地，还可以保护溪流和溪流下游的渔业，保持表土。然而，传统上，木材公司一直都是靠砍伐和销售树木获取收入，所以有很强的经济诱因让他们在法律允许的范围内，尽量多地进行清场伐木。政府采取的传统方式是，能监管就监管，包括禁止在河岸带缓冲区内砍伐树木。但是，木材所有者既有大公司，也有小林地所有者，他们往往对这些限制感到很恼火，很多叫嚣要政府为这些"损失"进行赔偿。在《自然与市场》一书中，杰弗里·希尔（Geoffrey Heal）提出了一个不同的方式。为林地提供的各种服务开发市场或许不可能，但是可以重新界定林地所有者的职责范围。为什么不把木材公司和水务公司合并起来？让这个混合型组织不仅可以靠树木获得收入，还可以靠水质获得收入，这样就有很好的经济诱因让这些公司保护其土地上的生态服务。[29]

在美国的俄勒冈州和其他地方都有成熟的生态服务市场。生态服务市场，通过把握设定范围和标准来保护自然资源的监管条例、恢复和保护生态系统，并与销售信用的土地所有者和资源管理者以及没有达到监管条例要求的买家（包括工业、开发商和企业）联合起来，展开运作。俄勒冈州图拉丁河流域（Tualatin River）的一家水资源机构决定恢复 35 英里的150 英尺宽的水流缓冲带，为此他们出高价购买使用农民的土地，而不用投资 6,000 多万美元进行技术提升。[30]

资源

Heal，Geoffrey（2000）*Nature and the Marketplace: Capturing the Value of Ecosystem Services*. Washington，DC: Island Press.

3.做到数据真实可靠

政府（社会）承担因企业造成的影响而产生的成本，这些外溢效应没有体现在产品或服务的价格中。没有合适的价格，市场会做出错误的决定。有人建议征收"绿色税"来纠正市场信号，将给社会带来的成本内化到产品价格中。在有些情况下，这样的做法很有效。例如，爱尔兰对塑料袋征收一种胶袋税（Plas Tax），在很短的时间内把对塑料袋的需求减少了90%，为其他环保项目赚取了 350 万欧元的资金。然而，前世界银行经济学家赫尔曼·戴利（Herman Daly）却不支持绿色税，因为他担心我们会把所有的时间都花在只是让数据看起来不错的事情上。他主张征收资源税，而不是收入税，他认为政府靠自然资源获取大多数收入，投入的精力少，但是产生的效果一样。

政府也使用广泛的社会措施监测社会的健康状况。戴利又指出这些方法存在的主要问题。国内生产总值（GDP）是普遍使用的基准，但是 GDP只是衡量资金流动，不区分什么是多数人认为的好事（教育、食物、住房等），什么是与坏事（监狱、环境清理、家暴抗抑郁药物）相关的成本，这些坏事在某种程度上都是我们社会无意中产生的负面影响。这就像是一个只有加号的计算器。戴利说："没有实证证据证明，大概从1970年开始，美国国民生产总值的增长增加了经济福利。"[31]

大多数经济增长的衡量标准，如GDP（现在已经取代国民生产总值作为衡量选择的指标）和传统经济学无视自然投入，砍伐树木的费用、运输费和加工费都可能被计入成本，但是树木本身（投入）不被赋予任何价值。而没有该自然资本，其他的步骤则毫无意义。同样，产出和废物对气候变化、水质、水土流失等问题的影响都不被考虑在内。

戴利承认，市场（确实是GDP可以衡量的）确实让资源得到高效配置，然而却根本无法处理好公正（财富的重新分配）或规模问题（可持续性）。他说，我们必须开始把经济视为环境的一部分，而不是把经济与环境分割开来，这样，这个问题就变成经济的最佳规模问题（至少就其投入或产出使用的自然资源而言）。经济不可能永远增长，特别是从物质方面讲。服务经济/信息经济不是救世主，因为这样的经济依赖的也是自然资源。正如弗雷德里克·索迪（Frederick Soddy）所说："没有磷，就没有思维。"[32]我们需要自然资源构建细胞和蛋白质，这样我们才能思考。

戴利还强调说，我们必须停止把自然资本当作收入。目前，当一家木材公司砍伐树木时，就会产生收入，使其财务报表看起来更健康，但是事实上是公司把资产消耗殆尽。耗尽自然、不可再生的资源应该被看作资产贬值，戴利建议，把一部分来自不可再生资源的收入用于可再生替代品的开发。[33]

要做到数据真实可靠，其中要做的一件事情就是衡量应该衡量的东西，奥斯汀能源公司（Austin Energy）是一家一直致力于开发测量碳投资回报工具的公用事业公司，如果您在做有关未来能源生产的决策，了解哪些决策能让您以最低的成本、最大限度地减少温室气体排放很有益。

资源

1.Daly, Herman E. (1996) *Beyond Growth：The Economics of Sustainable Development*. Boston, MA：Beacon Press.

2.Dietz, Rob and Dan O'Neill （2013）*Enough Is Enough：Building a Sustainable Economy in a World of Finite Resources*. San Francisco, CA：Berrett-Koehler.

3.Natural Capital Project：http://www.naturalcapitalproject.org/.

4.取消不正当的补贴

用诺曼·迈尔斯(Norman Myers)和珍妮弗·肯特(Jennifer Kent)的话来说："补贴是政府给予某个经济领域的一种支持，通常这种支持的目的是,促进政府认为有利于整体经济和整个社会的一种活动。"这些补贴可以是直接的(联邦或州减税、使用节能电器加分),也可以是间接的(免费停车和使用道路补贴汽车工业)。在《不正当补贴》中,迈尔斯和肯特将不正当补贴定义为不仅损害环境,而且还会损害经济的补贴。如前文所述,这类补贴的数量惊人。

这些不正当的补贴导致我们进行的投资适得其反。电子废物是今天一个有趣的战场。此前,公司对管理其产品处理的相关成本不承担责任。然而电子产品中含有大量重金属,在典型的垃圾填埋场,重金属会渗入地下水。欧洲国家是第一批拒绝为管理这些废物承担责任的国家,他们禁止电视、电脑和其他电子产品进入垃圾填埋场。起初,制造商们退缩了,因为之前制造商们不用为此负责, 所以他们缺乏改善其产品对环境影响的动力。绿色电子委员会的联合创始人韦恩·里弗尔(Wayne Rifer)指出,传统上,"在产品的整个生命周期,制造商对产品的责任只延续到销售。而在产品使用后,价值变为负值时,它就成为政府的责任"。让制造商对产品负责到生命结束,可以防止他们把处理产品的成本外化到政府和公民身上。相反,产品管理立法鼓励重新设计产品,最大限度地提高材料的再利用和回收价值。

解决方案是什么?产品管理有可能解决里弗尔提到的特别问题(更多内容,参阅第四章)。除此之外,迈尔斯和肯特主张使补贴透明化。由于补贴通常不得人心,补贴透明化有助于维持补贴的既得利益者们建立一种平衡,也有助于建立跨选区的协作。例如,环境人士、赤字鹰派和新保守主义者可能都认为,我们不应该借用孩子们的未来。西拉俱乐部(Sierra Club)、地球之友和荒野保护协会、税收公正公民协会(Citizens for Tax Justice)、共同事业纳税人协会(Taxpayers for the Common Cause)和美国公共利益研究小组联合起来,曝光不正当补贴。迈尔斯和肯特还建议,在合适的情况下使用监管条例、用户收费、可交易许可证和绿色税收等手段。日落条款应包括在新的补贴中,以确保定期对这些补贴进行审查,一旦不再需要补贴或补贴变得不正当就取消。

由于公用事业通常比其他企业受到更严格的监管,而且由于它们是温室气体的主要来源,政府需要确保激励措施在公用事业单位也能正常发挥作用。如果一家电力公司只有在出售更多电力的情况下才能发展壮大,并且如果要求他们只能投资发电成本最低的项目,他们很可能会做出破坏可持续性发展目标的决定。电费和生产脱钩是关键。在加州,投资节能项目的公用事业单位得到嘉奖,并且如果这些单位实现了某些目标,州政府就允许他们收取更高的费用。[34]

资源

1.Good Jobs First. 查看补贴跟踪工具：http://www.goodjobsfirst.org/corporate–subsidy–watch.

2.Myers, Norman and Jennifer Kent(2001)*Perverse Subsidies: How Tax Dollars Can Undercut the Environment and the Economy*. Washington, DC: Island Press.

3.The Product Stewardship Institute：http://www.productstewardship. us.这是一个非营利的政府实体组织,为美国的产品监管方案确定工作重点。

(六)保护并帮助需要帮助的人

20世纪早期,照顾有需要的人大多是教会和社区的工作。但是现在,很多的公民期待政府负责解决无家可归、饥饿、文盲、吸毒、虐待儿童、帮派及家庭暴力问题。

在加利福尼亚州奥克兰市,埃拉贝克中心(Ella Baker Center)的范·琼斯(Van Jones)正在率先发起一项绿色就业服务队计划,以便把几个问题一并解决。他计划培训贫困社区的弱势群体从事"绿色工作",包括安装太阳能电池板、修理自行车和实施有机种植。他已经获得资金,在该地区创造这些绿色就业机会,希望将许多少数民族纳入新经济。他之所以这样做,是为了雇佣可能加入帮派的年轻人进行能源审计,雇佣最近被关押的罪犯在棕地上建造绿色家园,这样就把社会、经济和环境目标巧妙地结合起来。虽然这一做法面临巨大的挑战,但是如果这种做法可行,可以成为其他陷入困境的城市学习的榜样。[35]

资源

1.Happy Planet Index：http://www.happyplanetindex.org/. 该指数衡量一个国家在保护环境的同时,能够提供高质量生活的程度,它不是衡量幸福的标准,而是一个国家将自然资源转化为幸福和长寿的效率。

2.Institute for Innovation in Social Policy：http://iisp.vassar.edu/ish. html. 在美国,瓦萨社会政策创新研究所(Vassar's Institute for Innovation in Social Policy)发布社会健康指数,他们以五年为增量显示数据,公布的最新数据为2011年的数据。他们还编制了一份报告,《2008年各州社会健康指数》,对各州的社会健康指数进行比较,他们的指标为衡量社会健康状况提供了很好的考核项目。

　　3.The Index of Sustainable Economic Welfare：http://community.foe. co.uk/tools/isew/. 该指数与真实发展指数（GPI）类似，到目前为止，对 9 个国家的该指数进行了计算，与 GDP 进行比较，这里提供的网站上，有 这 9 个国家的 GPI 计算结果（其中包括智利、澳大利亚、几个欧洲国家和 美国）。

　　1.重在预防

　　在可持续性领域，"一分预防胜似十分治疗"这句古老的格言无疑是 正确的。我们的社会似乎都急于为事后的不幸付出代价，却拒绝把投资用 在预防上。我们应该把钱投在那些证明能够减少健康和心理问题的项目 上，投在提高育儿能力、早期教育和培养好习惯上面。

　　以安大略省的"健康婴儿，健康儿童"计划（Healthy Baby, Healthy Children）为例，该计划对所有孕妇和所有刚升级为母亲的女性进行筛选 和评估，提供家访和转介。这项计划提高了婴儿发育的得分（一个代表他 们将来成年以后收入能力的指标），减少了家庭暴力（在美国，虐待儿童每 年产生的费用高达 920 亿美元）。[36]

　　尽早处理也是关键。密苏里州没有把少年犯关在像监狱一样的大院子 里，而是把问题少年放在由训练有素的工作人员负责的小团体里。结果只 有 8%的孩子成年以后因犯罪被关进监狱，而在加州，一半的孩子在两年内 犯罪被关进了监狱。密苏里州的计划成本也比加州的低。密苏里州每年每 个孩子的花费为 43,000 美元，而加州每个孩子的花费大约是 8 万美元。[37]

　　2.分门别类

　　在访问巴西库里提巴时，其中一位研究人员没有看到无家可归的人， 这与她在俄勒冈州波特兰的家乡形成鲜明对比。当然，有些人的生活条件 是很多来自发达国家的人认为无法接受的，但没有人在大街上闲逛、推着偷来的手推车或在小巷里小便。这种相对良好的局面是如何实现的？在库里提巴，如果你看到街上有人似乎需要帮助——也许你看到一个无家可归的人或离家出走的少年，你可以给一个中心号码打电话，然后一名社会工作者会过来提供援助。这是库里提巴公私合作伙伴关系网络的一个入口，建立公私合作伙伴关系目的是解决社会需求问题，从食物、住房，到工作培训和药物滥用，等等。当局在企业孵化器中提供免费租赁，还提供市场营销和其他业务技能培训。他们建起市场供人们销售他们的商品。库里提巴人正在努力从政府负责照顾穷人的关爱哲学，转向一种他们称之为共同责任的关爱哲学，即个人和社区共同承担责任，使事情变得更好。

3.战胜饥饿

库里提巴的计划强调营养。除了提供食品券，该市还提供了许多方法将新鲜的水果和蔬菜送到穷人手中。在贫民窟，废物换食物成为清理棚户区和减少疾病的一种方式。人们把废物和可回收物品带到贫民窟的边缘（街道太窄、垃圾收集车无法进出的地区），用它们交换剩余的农产品。此外，市民街上还有低成本的杂货店，这些杂货店坐落于主要交通路线上，以分散的方式，为人们提供可能需要的城市服务：工作培训、法律援助、营业执照、社会服务等。当人们来拿他们的主食包时，按照要求他们要花一个小时的时间进行培训，学习阅读、拓展工作技能、发现如何用厨房下脚料做饭菜、磨炼育儿技能。

资源

Smith, Stephen C. (2005) *Ending Global Poverty: A Guide to What Works.* New York: Palgrave Macmillan.

4.提供住房

和所有城市一样，提供经济适用房是一项挑战。库里提巴用来为新项目提供资金的一个机制是转让建筑权。本章前面提到库里提巴使用建筑权来保护珍贵的栖息地，与此计划类似，在某些情况下，他们允许建筑商建造的大楼超过分区允许的高度。开发商为多建的面积支付一定的费用，这些费用进入低收入住房基金。

作为在国王县（King County）结束无家可归十年计划的一部分，西雅图市采取了"住房优先"战略来彻底解决无家可归问题。无家可归者不仅得到一个安全的居所，而且社会服务组织也发现，监控无家可归者的健康状况，了解他们是否遵医嘱进行必要的药物治疗变得更容易操作。国家住房研究所的数据表明，为无家可归者提供一套公寓的成本要低于通过执法和监狱系统来管理他们中的一些人的成本。[38]

资源

1.Bullard, Robert（2005）*The Quest for Environmental Justice: Human Rights and the Politics of Pollution.* San Francisco, CA: Sierra Club Books.

2.Sachs, Jeffrey D（2005）*The End of Poverty: Economic Possibilities for Our Time.* New York: Penguin Press.

（七）指引我们走向更加美好的未来

我们都希望我们的政府有远见，启动引领我们走向更加美好未来的政策。2012年，澳大利亚的昆士兰政府认识到，他们对自己的未来负有责任，所以要求昆士兰人提出一个30年的愿景，"不考虑政治，不考虑未来的十次选举，该愿景将是我们对未来集体愿望的真实反映"。[39]除了以上提到的所有战略，政府还可以使用很多其他大大小小的手段施加影响。以下手段可供考虑。

1.创建并鼓励新的行为模式

习惯很难改变，有时候政府需要创建新的行为模式。例如日本想改变能源使用习惯，以实现《京都议定书》温室气体目标。时任日本首相小泉纯一郎开启了一场鼓励工人在夏天穿休闲装的运动。在日本，不穿西服打领带会被认为不专业，小泉纯一郎的做法代表了重大的文化转变。他告诉内阁大臣们穿衬衫工作，着便装与乔治·布什总统合影留念。他下令把空调温度设定在 28 摄氏度（82 华氏度），甚至还赞助了一场酷炫商务系列时装秀，希望能促进经济发展，结果拉动了大约 9,200 万美元的时装消费。

教育社区居民也很关键。不列颠哥伦比亚的惠斯勒（Whistler）度假社区把社区领袖和企业召集在一起，共同促进社区发展——项目名称为"我们的大自然"。参与该项目的有惠斯勒市、惠斯勒–布莱克科姆（Whistler–Blackcomb）滑雪度假村、费尔蒙惠斯勒城堡（Fairmont Chateau Whistler）、惠斯勒旅游局和惠斯勒地区居民环境协会（Association of Whistler Area Residents for the Environment）。他们开发出四个工具包：家庭工具包、小企业工具包、学校工具包和社区可持续性发展工具包，这些工具包部分由基金会资助，并分发给社区以培养居民的环境意识。

政府采购长期推动着市场的发展。几十年前，军方启动了高科技产业，他们的长期需求加速了生产，降低了成本，激励了研发。同样，美国政府对再生纸和 LEED 级绿色建筑的采购指南，也为这些产品和服务创造了成本效益很高的市场。

不要低估将"可持续性"一词写入请求提案中的影响力。将可持续性作为众多的标准之一，是向潜在的受访者发出强烈的信号，会对他们有所触动，激起他们了解可持续性的兴趣。在安迅士绩效顾问公司，研究人员曾经被要求加入一个为废物处理工作提建议的团队，那个时候我们在这个领域没有任何经验，但是工程公司需要一个有可持续性知识的人，因为他们的征求意见书中提到可持续性。到撰写提案时，我们公司已经为他们提供了可持续性这一概念的基础知识。把与可持续性相关的条款也写入合同中，可以作为附加选项。有关使用采购作为杠杆的更多信息，请参阅第六章。

2.开发社会资本

在很大程度上，社区成员之间的联系决定社区的社会结构——社会研究人员称之为"社会资本"。政府可以通过提供促进居民互动和参与社区活动的基础设施，发挥其在开发社会资本方面的重要作用。哈佛著名教授，《单独打保龄，但最好一起打》一书的作者罗伯特·帕特曼（Robert Putman）记录下在美国发生的一个有趣现象。他的研究显示，从 20 世纪 70 年代开始，公民参与社区活动以及之间的社会联系呈稳步下降的趋势，其体现是公民组织和俱乐部会员人数减少，出席公共会议、参与学校团体和选民登记的人数减少，甚至野餐和牌友会等社交聚会的数量都出现减少。他认为，这些指标和其他趋势，包括犯罪率上升之间存在重要的关联。有意思的是，除了一个城市，在美国的所有其他城市都出现了这样的趋势。

俄勒冈州的波特兰市成功地使其居民参与到社区活动中去，提高了公民参与度，但是美国的所有其他城市都没有成功地做到这一点。史蒂文·约翰逊（Steven Johnson）是波特兰州立大学城市与公共事务系的教授，他在帕特曼的研究基础上，对俄勒冈州的情况进行了考察。虽然反补贴趋势的原因很复杂，但约翰逊列举了该州提供给居民参与正式活动的机会，如社区协会（对社区治理具有惊人的权威）、流域委员会（该委员会跨区域工作，对保护和恢复俄勒冈州水道具有机构管辖权）以及大量的公众听证会，让公民在重大决策中有发言权，包括办学、城市发展边界和公民项目。约翰逊还认为，除了这些正式的机会外，社区还需要组织非正式的聚会，让人们在社交环境中聚在一起，以发展整体关系。有社交关系的人彼此之间更容易理解，在制定社区政策的正式工作中，不太可能互相争斗。[40] 虽然这样参与社区发展往往显得繁琐和耗时，但好处是实际的政府参与减少，因为社区对其治理承担更直接的责任，需要的监管和干预减少。

丹麦也有强有力的公民参与体系。丹麦公民参与有关政策决策影响的对话，为他们在重要公共政策问题基础上建设他们的社区提供发言权。

当一项新技术提交丹麦政府审批时，技术委员会邀请一些来自不同背景的普通人担任陪审团成员。例如，在 1992 年，这样一个陪审团解决了动物育种中的基因工程问题。陪审员们参加了两次背景情况介绍会，然后听取和盘问证人的支持和反对意见:这些证人包括科学家、技术的社会效应专家和利益集团的代表。经过相应的审议，他们把裁决提交给全国新闻发布会。他们的裁决涉及很多方面，其中包括他们反对用基因操纵来制造新型宠物，但支持用基因操纵来帮助找到治疗人类癌症的方法。尽管他们的决定并不具有约束力，但在道义上有足够的分量来影响议会对此事的投票。[41]

这样的过程可以确保政策决策得到彻底的权衡，也可以提供一种教育公众的方法。

资源

1.ICLEI:www.iclei.org/.ICLEI正在为找到提高社区生命力的方法而努力。

2.Putman, Robert D.(2000)*Bowling Along: The Collapse and Revival of American Community.* New York: Simon and Schuster.

3.为必要的研究提供奖励和资助

美国政府曾经是研究经费的主要来源。然而在过去的几十年里，这项任务越来越多地移交给私营部门。在有些领域，企业非常适合做这项任务,但政府退居幕后有许多缺点。首先,公司研究集中在那些他们期望能获得巨大利润的领域，而往往忽略可能不会给他们带来丰厚利润的一些重要问题,例如疟疾等穷人的疾病防治,而这些疾病反过来又会导致发展中国家人民的痛苦。其次,企业更喜欢可申请专利的解决方案,而不是自然解决方案,从而创造出更多令人不安的合成或转基因的产品。最后,也许是更大的问题,企业将重点放在可以让他们更快获得回报的问题上,而解决一些与可持续性发展相关的挑战则需要长期的研究和开发。例如除了远离输电线的边远地区,在很多的市场,太阳能光伏发电的成本依然很高(只要不把外溢效应考虑进去)。我们需要提高这些太阳能电池的效率,扩大生产把成本降下来。在解决社会问题的时候,也遇到同样的情况。各国政府目前必须为疫苗和抗病毒药物的开发提供资金,以应对流行病的威胁,解决抗生素耐药性的问题。

"金胡萝卜"(The Golden Carrot)是1993年在美国启动的对更高效电器进行研究的一个项目,虽然该项目由公用事业公司发起,但仍然是一个成功的模式。他们没有采取抵消研发成本的做法,而是向一家制造商提供了3,070万美元的奖励,因为该制造商可以设计、制造和销售比同类型号产品节能25%~50%的冰箱。今天,冰箱的效率比该项目开始之前的冰箱效率提高了30%。

4.制定大胆的目标和政策

一个清晰而有说服力的愿景会让人们兴奋不已,同时也会让企业对未来有一定的把握。冰岛已确定了成为第一个氢经济体的目标;阿诺德·施瓦辛格州长承诺加州要减少温室气体排放。

2005年,加利福尼亚州州长施瓦辛格的行政命令S-3-05承诺,到2010年将加州温室气体排放量减少到2000年的水平,到2020年减少到1990年的水平,到2050年减少到比1990年的水平低80%。科学研究表明,只有把温室气体排放减少到这样的水平,才能稳定目前的气候。一年后,州长签署了《2006全球气候变暖解决方案法》(议会第32号或简称AB 32号法案),规定该州到2020年将温室气体排放量降低到1990年的水平。[42]

瑞士正致力于建设一个 2000 瓦的社会，这个想法始于一次学术活动，但后来得到联邦政府的支持。这些目标通常会令人兴奋，并将不同的团队联合起来，这样他们才能协作。

政府还能够明确工作重点，为高质量的生活创造环境。不丹国之所以出名，是因为其围绕国民幸福总值，而不是国内生产总值，制定了大胆的目标。不丹研究中心(CBS)解释说："主要的传统指标，通常与国内生产总值有关，反映一个社会的物质产出量，然而国内生产总值不考虑这种产出是否必要，是否可取，过多地强调生产和消费的增加，忽视了其他更全面的衡量标准。"[43] 不丹追求全民幸福的目标清楚地说明了政府工作的重点在哪里。

资源

1.Gross National Happiness Index：http://www.grossnationalhappiness.com/.

2.Healthy Cities Network(World Health Organization)：http://healthycities.org.uk/.

3.ICLEI：Local Governments for Sustainability：http://www.iclei.org.

4.Low Carbon City Program：http://www.iclei.org/our-activities/our-agendas/low-carbon-city.html.

5.Pollar,Odette （1999）*Take Back Your Life*. Berkeley,CA：Conari Press.

6.Sustainable Communities：http://www.sustainable.org/.

5.赞助奖励计划

奖励计划常常有助于锚定新的概念。在美国，"马尔科姆·鲍德里奇国家质量奖"(Malcolm Baldrige National Quality Award) 激发了对全面质量管理实践极大的兴趣，提供了一个有用的自我评估工具。环境保护署的绿色化学奖项目也在满足这一需求，在引发很多鼓舞人心的故事。美国各州和地方政府也制定了自己的奖励计划。例如,新墨西哥州创建了"绿色齐亚"(Green Zia)计划,这是一个以马尔科姆·鲍德里奇国家质量奖为模型的环境绩效奖。我们所看到的一个更具创造性的活动是在加利福尼亚州的奥克兰。2008年,KTVU第二频道和阿拉米达县合作,利用真人秀热教育公众,四个家庭为在减少废物流的比赛中取胜,竞争了四个星期。[44]

资源

1.Eco-Cycle 提供简短的案例分析和视频：http://www.ecocycle.org/zero-waste-general.

2.Green Zia：http://www.nmenv.state.nm.us/Green_Zia_website.

3.Sustainable Cities Award, 欧洲可持续城镇运动（The European Campaign of Sustainable Cities and Towns）为可持续城市奖提供赞助：www.global-vision.org.

6.增加透明度

有的时候,政府需要做的就是让某些数据很容易检索到。有毒物质排放目录迫使美国公司报告其有毒物质的排放量,尽管报告方法受到诟病,被认为在某些方面具有误导性,但没有一家公司愿意排在榜首:仅仅是信息公开的威胁就带来了行为的改变。

政府经常汇总重要信息鼓励良好行为。更常见的情况是,政府收集重要信息来鼓励而不是阻止某种行为,帮助公众做出更好的决定。例如,在美国和英国,一些团体在公布汽车的绿色评级。

标识要求也会产生影响。能源之星对电器的评级是这种战略的早期形式。在美国食品药品监督管理局(FDA)提议将与冠心病相关的反式脂肪酸列入食品标签之后,很多的快餐店已不再使用反式脂肪酸。出于同样的原因,农业利益集团为了不明确说明哪些为转基因生物,进行了艰苦的斗争。但是信息是力量的源泉。

俄勒冈州波特兰市和周围的穆特诺马县(Multnomah)一直在跟踪温

室气体排放报告。这些措施连同它们的能源政策（最早的能源政策是1979 年制定的）和行动计划，帮助该地区实现了《京都议定书》的目标。该地区在人口大幅度增加的情况下，把气候影响差不多降到 1990 年的水平（而在全国范围，气候影响增加 13%）。按人均计算，该地区已经减少了12.5% 的温室气体。媒体对此进行了大量报道。政策、措施、行动计划和教育可以结合起来使用，以便取得应有的效果。

资源

1.ICLEI：Local Governments for Sustainability：http://www.iclei.org.

2.Low Carbon Cities Program：http://www. iclei.org/our-activities/our-agendas/low-carbon-city.html.

7.将可持续性融入教育

可持续性需要系统思考，需要能够预见事物是如何相互联系的，这也需要一些科学的理解。因此，从幼年开始将可持续性融入课程，将是成功的关键。

麻省理工学院为中小学教师创建了向儿童传授系统思维技能的活动。许多大学正在开拓与可持续性相关的商机：俄勒冈大学的绿色化学、波特兰州立大学的城市设计和爱荷华州立大学的可持续农业等。一些大学还建立了合作伙伴关系。例如，麻省理工学院、东京大学、查尔默斯大学和瑞士联邦理工学院组成了全球可持续性发展联盟，因为他们"相信一些世界著名大学加强合作，将加快可持续性发展的进程"。[45]

华盛顿州西雅图平肖大学(Pinchot University)旗下的班布里奇研究生院(Bainbridge Graduate Institute)是首批将可持续性融入整个工商管理硕士课程的学院，目的是要"永远改变商业模式"，大多数 MBA 课程此前以注重股东价值最大化而闻名，现在他们在一定程度已经把可持续性融入课程中，而且有人说很快就会强制执行。[46]政府应该支持，并为那些旨在培养下一代可持续性发展专家的教育项目提供资金。

```
┌─────────────────────────────────────────────────────────────┐
│                           资源                                │
│                                                               │
│    1.Academy for Systemic Change：http://www.academyforchange.org/.│
│    2.Association for the Advancement of Sustainability in Higher Educa-│
│  tion：http://www.aashe.org/.                                  │
│    3.Center for Ecoliteracy：http://www.ecoliteracy.org.       │
│    4.National Wildlife Federations "Campus Ecology" programme：http://│
│  www.nwf.org/Campus-Ecology.aspx.                             │
│    5.Talloires Declaration：http://www.ulsf.org/programs_talloires.html.│
│    6.University Leaders for a Sustainable Future：http://www.ulsf.org.│
└─────────────────────────────────────────────────────────────┘
```

8.机会均等

政府本应惠及所有人，但竞选资金却让那些经常固守现状的大富豪们得到过多的重视，然而有时人们的利益并非相互排斥。当巴西库里蒂巴市前市长雅伊梅·勒纳决定优先考虑公共交通，而不是那些买得起汽车的人时，他不仅让穷人的生活变得更好，还让这个城市更适合每个人居住。他把钱投到可以惠及所有人的公共交通基础设施上，而不仅仅是个人车辆基础设施上。政府改善大多数公民生活的一个方法是，推行扩大所有权的政策。在《所有权解决方案》一书中，杰夫·盖茨(Jeff Gates)试图回答这样一个问题：为什么资本主义造就资本家如此之少？为什么这么小的一部分人受益匪浅，而其他人却生活困难，没有安全感？

> 在道德、经济和社会三个方面，今天最大的考验之一是，能否诱使全球资本主义创造更多的富人，减少穷人。这反过来很可能决定民主的命运，因为除非民主建立在经济公正的基础上，所有人都是经济发展的全面参与者，而不仅仅是工薪阶层和偶尔参加投票的选民，否则民主的潜在作用永远得不到充分发挥。[47]

没有足够的公司股份购买计划和退休计划。根据哈佛大学的一项研究，有71%的美国家庭持有的股份（包括所有形式的股份）不足2,000股。盖茨写道：

> 期望广大的工薪阶层以花钱购买的方式获得大量所有权（即用他们已经捉襟见肘的薪水），被我称之为"玛丽·安托瓦内特"（Marie Antoinette）资本主义——我们不再敦促"让他们吃蛋糕"，现在的说法是"让他们买股票"。今天的封闭金融体系与18世纪的圈地运动产生的经济效果几乎相同——创造了一批又一批因没有任何现实的获胜机会，不得不为得到一份日益在减少的高薪工作与其他人进行竞争的人。[48]

盖茨为提高普通人的所有权水平提出了许多不同的选择。例如，在牙买加，他们制定了相关企业股权计划，允许员工收购他们所在的小企业（众所周知，小企业极其不稳定）的股份，也可以收购其供应商和分销商的股份（这可能使他们获得大企业的股份）。在这样的项目下，即使是进城务工人员也可以建立一个投资组合，这样他们的财富就不仅仅取决于他们能做多长时间的繁重工作。客户持股计划让客户在当地公用事业公司这样的组织中获得股份。阿拉斯加的石油基金每年交钱给所有居民，这是另一个自然资源的利益由社区分享的例子。当地开发的基于易货的货币往往也对当地的小企业有利。或许这方面最著名的例子是纽约的伊萨卡（Ithaca）。在那里，市民创造了他们自己的当地货币，叫做伊萨卡小时（Ithaca Hours），这些货币可以支付从杂货店到专业服务的一切费用，但只能在当地企业兑换。

盖茨质疑我们盲目关注把就业增长作为经济战略，因为真正的财富和经济安全更有可能通过所有权和资本获得。他在书中问了个好问题。我们对公共投资进行环境影响评估,为什么不进行所有权影响评估?为什么大部分的增长效益都流向了机构投资者而不是员工?为什么不流向雇员所有的企业,包括例如在哥斯达黎加广泛使用的合作社,提供优惠税收待遇,以此作为经济发展战略?[49]

资源

Gates, Jeff（1998）*The Ownership Solution: Towards a Shared Capitalism for the 21st Century.* Reading, MA: Addison-Wesley.

9.利用公共养老基金向企业发出信号

社会责任投资是华尔街增长最快的行业。政府养老基金在抗议南非种族隔离等方面起到了重要作用。加州公务员退休基金(CalPERS)甚至起到了驱逐公司董事的作用。正如他们的 "全球代理投票原则"(Global Proxy Voting Principles,2001 年 3 月 19 日)所表明的,他们是有目的地利用自己的影响力:

> 然而 CalPERS 作为股东采取的行动,对鼓励得到政府养老基金投资的公司作为公司公民采取负责任的行动可能很有益。此外,透过其有经济针对性的投资政策,董事会还认识到,除了使基金的投资回报最大化之外,还可以考虑为国家、地区和州经济带来的附带利益,从而为 CalPERS 受益人的利益服务。[50]

三、结论

政府在推动我们迈向可持续未来方面可以发挥非常重要的作用。无论您是在小的地方部门工作,还是在地区或国家政府工作,您都可以利用采购和承包活动,促进新市场的出现,并利用可持续性来发现少用资源多办事情的方法。注重通过积极的激励措施, 鼓励在合规的情况下提高业绩。在您所在机构的核心工作中，要牢记长远的、可持续性发展的目标，并寻求为民众带来更大利益的方法。努力与企业和社区团体建立合作伙伴关系，提高影响力。勇敢地去冒险，即使您的工作单位不鼓励您这样做，因为没有您的领导，我们无法实现可持续发展。

四、应用问题

（1）政府支持社会走向可持续性发展的最有力杠杆是什么？（例如是采购、交通政策、公共教育、土地使用分区或建筑法规？）

（2）列出一些属于公共领域的要素（空气、水、公共道路、自行车道、公共安全、光照等），其中有哪些要素贵国政府为所有人的利益保护得很好？哪些要素没有得到保护？在这方面政府能够或应该做什么？

（3）信任是社会资本的关键因素。邻居们彼此认识吗？他们之间有信任吗？企业经营透明吗？居民觉得他们在事关其利益的问题上有发言权吗？政府怎样做可以增加社会各个阶层的相互信任？

表 5.1 S-CORE　政府
（参阅引言部分的"如何使用自我评估"）

做法（分数）	试点（1分）	计划（3分）	引领（9分）
能源：提高能源效率，支持可再生能源。	进行了能源审核，并在此基础上采取了行动；购买的能源至少有15%为绿色能源。	有激励制度鼓励组织与个人节约能源、改用可再生能源。	制定了到2050年可再生能源至少占到30%的可再生能源标准。
土地使用：推广可持续使用土地的方法。	在新开发和在开发项目中使用智能增长原则。	制定长远的土地使用规划，保护重要的自然服务（干净水、碳封存等）和自然资源（农业、森林、渔业）。	先对人口增长和承载能力进行估计，然后制定长远的土地使用规划，这样在需要的时候，可以提供80%的关键需求（食物、水、纤维等）。

续表

做法（分数）	试点（1分）	计划（3分）	引领（9分）
交通：积极促进减少交通造成的气候、空气质量和拥堵问题。	所有公共交通车辆都使用清洁燃料。	通过投资、激励政策和规章制度优先选择并支持公共交通和其他交通方式。	要求大的雇主通过各种激励措施，减少一人一车的通勤方式。
合约服务：利用购买力影响市场。	把可持续性作为选择标准，写入需求建议书中。	把可持续性标准与要求写入和所有承包商签订的合同中。	开发系统，帮助他人识别具有有效可持续做法的供应商。
建筑：推广绿色建筑实践。	为所有新的政府建筑制定优于规范的标准（LEED白银标准或与此等同的标准）。	通过教育、激励措施、技术支持等方式，在社区积极推广绿色建筑实践。	把建筑规范标准要求提高到LEED银级或与此等同的等级。
废物管理：朝着"无废物"社会推进。	为组织和个人提供方便的可回收／可降解材料的回收服务。	通过经济发展激励措施、技术支持和采购活动为可回收材料开辟市场；为所有有毒产品，包括电子产品、电池、药品、涂料、杀虫剂等建立便利的有害废物收集系统。	对所有危险废物实施产品管理／生产者责任延伸法，要求以某种形式收回产品，激励制造商制造更多可持续的替代产品。
经济发展：鼓励可持续性发展。	对现有企业进行可持续性教育，提供服务，发展有效的商业集群。	把可持续性作为选择目标行业的标准。	建立立法、监管和其他机制，消除社区里不可持续的做法。
人类健康：促进人类健康以及全体公民的福祉。	为全体公民提供基本的医疗，为穷人提供基本的服务（住房、食物、戒毒、戒酒、精神健康服务）。	通过教育、组织活动、标签标识和激励措施，积极推广健康的生活方式（饮食、锻炼、压力排解等）。	把预防原则作为政策。
和平与繁荣：提倡可避免战争、缓和紧张局势和防止因饥荒、自然灾害以及政治冲突造成大规模移民的做法。	提供教育人们宽容和如何解决冲突的课程。提供调解和仲裁服务。	对采购和投资进行筛选，不支持给世界带来问题的政府或组织。优先考虑积极努力防止出现世界性问题的组织。	通过教育、交流项目、技术援助、救助和贸易的方式，积极推动世界各地经济的可持续发展。

续表

做法(分数)	试点(1分)	计划(3分)	引领(9分)
应急准备：制定有效的计划,在发生自然或人为灾害时保护公民、财产和环境。	建立覆盖整个社区的由训练有素的救灾人员组成的网络和强大的通信系统。对可预见的灾难有经得住检验的计划。	定期对社区居民进行教育,让他们了解潜在的威胁以及如何保护自己。有计划地帮助他们制定应急方案和工具包。	拥有在没有电力或其他基础设施情况下处理污水和防止有害物质泛滥的系统,确保有害物质不被排放到环境中。
总分			
平均分			

注：政府机构还应该进行第三章中的"服务"评估,以了解其内部影响。本评估的重点是政府对社区产生的比较重大的影响。

注释：

1.Stuff.co.nz(10 June 2009)Obama Orders Emissions Cuts. http://www.suff.co.nz/environment/2936666/Obama-orders-emissions-cuts.

2.Partnership for Sustainable Communities (n.d.)About Us. http://www.sustainablecommunities.gov/mission/about-us.

3.The Partnering Initiative：Developing Cross-sector Parterships(n.d.) http://www.thepartneringinitiative.org.

4.Ward,J. I.(5 February 2014)Coco-Cola's New Formula for Water Stewardship: Government Partnership. *Guardian Sustainable Business.* http://www.theguardian.com/sustainable-business/coca-cola-usda-water-partnership-watersheds.

5.Hawken,P.(March/April 1997)Natural Capitalism,Mother Jones. http://www.motherjones.com/politics/1997/03/natural-capitalism.

6.Kenny,C.(21 October 2012)When It Comes to Government Subsidies, Dirty Energy Still Cleans Up, Bloomberg/*Businessweek*.http://www.businessweek.com/articles/2012 -10 -21/when -it -comes -to -government -sub sidies-dirty-energy-still-cleans-up.

7.Sustainable Development Solutions Network(2013)World Happiness Report 2013. http://www.unsdsn.org/resources/publications/world -happiness -report-2013.

8.US Environmental Protection Agency (2011)Energy Efficiency in Local Government Operations: A Guide to Developing and Implementing Greenhouse Gas Reduction Programs. Local Government Climate and Energy Strategy Series. http://www.epa.gov/statelocalclimate/documents/pdf/ee_municipal_operations.pdf.

9.USGBC(17 October 2014)Green Building Facts. http://usgbc.org/articles/green-building-facts.

10.US Department of Energy (April 2012)Rebuilding It Better: Greensburg, Kansas: High Performance Buildings Meeting Energy Savings Goals. http://www.nrel.gov/buildings/pdfs/53539.pdf.

11.GreenBiz(16 October 2003)Study Shows Green Building Investments Yield High Returns. GreenBiz.com. http://www.greenbiz.com/news/2003/10/16/study-shows-green-guilding-investments-yield-high-returns.

12.Jones, C.(26 October 2007)Berkeley Going Solar – City Pays Up Front, Recoups over 20 Years. San Francisco Chronicle. http://www.sfgate.com/cgi-bin/article.cgi?file=/c/a/2007/10/26/MNAIT0DQO.DTL.

13.City of Chula Vista(May 2011), Climate Adaptation Strategies Implementation Plans. http://www.chulavistaca.gov/clean/conservation/climate/documents/ClimateAdaptationStrategiesPlans_FINAL_000.pdf.

14.Roseland, M.(1998)*Toward Sustainable Communities*. Gabriola Island,BC: New Society Publishers,p. 117.

15.Daily,G. (ed.) (1997)*Nature's Services: Societal Dependence on Natural Ecosystems*. Washington,D.C.: Island Press.

16.UNEP (n.d.)Ecosystems and Human Well-being: A Framework for Assessment. http://www.unep.org/maweb/documents/document.300.aspx.pdf.

17.USDA Forest Service(n.d.)Ecosystem Services. http://www.fs.fed.us/ecosystemservices/.

18.Daily,G.& Ellison,K.(2002)*The New Economy of Nature: The Quest to Make Conservation Profitable*. Washington,D.C.: Island Press,p. 1.

19.Blackett,M.(5 November 2007)Toronto Needs to Cut Vehicle Emissions by 30%.Spacing Toronto.http://spacing.ca/toronto/2007/11/05/toronto-needs-to-cut-vehicle-emissions-by-30-report/.

20.Fuller,T.(23 February 2007)Bangkok's Template for an Air-Quality Turn Around.*New York Times*. http://www.nytimes.com/2007/02/23/world/aisa/23iht-bangkok.html.

21.World Health Organization (25 March 2014)7 Million Premature Deaths Annually Linked to Air Pollution. http://www.who.int/mediacentre/news/releases/2014/air-pollution.en/.

22.National Center for Environmental Economics (n.d.)Executive Summary. http://yosemite.epa.gov/ee/epa/eed.nsf/dcee735e22c76aef85257662005f4116/3ce4bdee8ebeac028525777d000cbd11.

23.Heal,G.(2000),*Nature and the Marketplace: Capturing the Value of Ecosystem Services*. Washington,D.C.: Island Press,pp.156-157.

24.Province of British Columbia(n.d.)How the Carbon Tax Works. http://www.fin.gov.bc.ca/tbs/tp/climate/A4.htm

25.Dalke,P.,Stern,M.,& Shannon,P.(12 January 2014)How Collaboration is Helping Fire-Prone Forests: Guest Opinion. *The Oregonian.* http://www. oregonlive.com/opinion/index.ssf/2014/01/how_collaboration_is_helping_f.html.

26.Awash in Waste(8 April 2009)*The Economist.* http://www.economist. com/node/13446737.

27.Ocean Conservancy(n.d.)Ocean Conservancyy: Marine Protected Areas. http://www.oceanconservancy.org/our-work/marine-protected-areas/.

28.UNESCO(March 2005)The Precautionary Principle. COMEST http://unesdoc.unesco.org/images/0013/001395/139578e.pdf.

29.Heal,G.(2000)*Nature and the Marketplace: Capturing the Value of Ecosystem Services.* Washington,DC: Island Press.

30.Clean Water Institute(n.d.)Ecosystem Credit Markets. http://www.cleanwaterinstitute.org/services/ecosystem-services/ecosystem-credit-markets/.

31.Daly,H. E.(1996),*Beyond Growth: The Economics of Sustainable Development.* Boston,MA: Beacon Press.

32.Daly,H. E.(12 July 2009)The Economic Thought of Frederickk Soddy. Bill Totten's Weblog. http://billtotten.blogspot.com/2009/07/economic-thought-of-frederick-soddy.html.

33.Daly,H. E.(1996)*Beyond Growth: The Economics of Sustainable Development.* Boston,MA: Beacon Press.

34.Eaton,S.(23 October 2007)Getting More Power Out of Using Less. Marketplace. http://marketplace.publicradio.org/display/web/2007/10/23/power_consevation/.

35.Jones,V.& Wyskida,B.(22 November 2007)Green-Collar Jobs for Urban America. *Yes Magazine.* http://www.yesmagazine.org/article.asp?ID = 1551.

36.Eisler,R.(2007)*The Real Wealth of Nations: Creating Caring Eco-*

nomics. San Francisco: Berrett-Koehler, p. 57.

37.Eisler, R.(2007)*The Real Wealth of Nations: Creating Caring Economics*. San Francisco: Berrett-Koehler, pp.65-66.

38.Brown, K.(July/August 1999)Outlawing Homelessness. NHI Shelterforce. Online issue 106. http://www.nhi.org/online/issues/106/brown.html.

39.Cole, J.(7 April 2014)Australia's Biggest Coal State Plans for Life Beyond Coal. The Conversation.

40.George, C. (interviewer) (30 September 2005)Civic Engagement - With Robert Putnam and Steven Johnson, Oregon Public Broadcasting - Oregon Territory.

41.Eisenburg, E.(1998)*The Ecology of Eden.* New York, NY: Alfred A. Knopf, p. 356.

42.Energy and Environmental Economics (November 2009)Summary: Meeting California's Long-Term Greenhouse Gas Reduction Goals. http://ethree.com/documents/2050revisedsummary.pdf.

43.Oxford Poverty and Human Development Initiative Oxford Department of International Development Queen Elizabeth House, University of Oxford (n.d.)OPHI Measures Used in Creating the Bhutan Gross National Happiness Index. http://www.ophi.org.uk/ophi-measure-used-in-creating-the-bhutan-gross-national-happiness-index/.

44.Eco-cycle.org (n.d.)About Zero Waste. http://www.ecocycle.org/zero-waste-general.

45.Alliance for Global Sustainability. http://www.global-sustainability.org/.

46.Di Meglio, F.(17 April 2012)Going Green: MBA Sustainability Programs. *Business week.* http://www.businessweek.com/articles/2012-04-17/going-green-mba-sustainability-programs.

47.Gates, J. (1998) *The Ownership Solution: Toward a Shared Capitalism for the 21st Century.* Reading, MA: Addison-Wesley, p. 21.

48.Gates, The Ownership Solution, p. 23.

49.Gates, The Ownership Solution.

50.CalPERS (n.d.) CalPERS Global Governance. http://www.calpers-governance.org/.

第三部分
按照组织功能划分的
可持续性

第六章

高层管理：如何把可持续性/公司责任融入组织

自从这本书的第二版问世以来，发生了很多变化。可持续性不再是早期采用者的权限。全球 500 强（全球最大的企业）中的大多数都在追求可持续性发展，并发布相关的报告。世界各地的社区都将可持续性发展作为经济和社区发展的核心原则。可持续性一词已经从生僻词变成了一个家喻户晓的术语，越来越多的公众期待组织具有可持续性。如果您的组织还没有将可持续性作为管理风险和开发新机会的核心战略，那么您已经落伍了。

一、您应该了解的可持续性

第一章确定了可持续性的定义和商业案例，但高管们往往更相信同行的行为。自第二版问世以来，引领公司走向可持续性发展之路的首席执行官人数猛增。根据普华永道（Pricewaterhouse Coopers）2014 年对 68 个国家 1,344 名首席执行官的调查，绝大多数者认为，可持续性问题，从资源短缺到吸引人才就业，将对未来五年的业务产生重大影响。无论他们近期的目标是提升品牌、吸引员工还是提高股东价值，可持续做法很快会进入讨论范围。[1]

但是，可持续性或企业社会责任不应被视为又一件需要管理的事情，最好把其作为思考和规划未来战略的镜子。可持续性与其说是您在组织中的所作所为，不如说是您为实现现有的成功目标而设定的方向和战略。可持续性源于长期的世界发展趋势，具有科学依据，使战略规划更加具体、更有针对性。想想可持续性如何影响这些典型的战略问题。

（1）运营效率。可持续性为数百个组织提供了从减少能源和废物到改进工艺的成本节约战略。在 2005—2011 年间，沃尔玛将其私人车队的效率提高了 69%，节省了 7,500 万美元。[2]加拿大多伦多的一家大酒店在一项修复水龙头和蒸汽通风口漏水的环保计划上只投资了 2.5 万美元，此后每年节省 20 万美元（带来如此之高回报的方案很少）。[3]

（2）降低风险和脆弱性。很多关注可持续性发展趋势的公司可以看到，灾难，包括能源价格波动、物质短缺和政治不安全正在逼近。这种观点让其中的一些公司主动采取行动避开麻烦。例如，谷歌公司认识到对价格低廉并可靠的电力的过分依赖，他们没有等到电价上涨、利润率下降的时侯，就开始对替代能源发电进行投资。该公司最近刚刚宣布了迄今为止最大的可再生能源采购计划，该计划将为其位于中西部的数据中心设施提供高达 407 兆瓦价格稳定的风电。[4]

（3）提升公众形象。锥面通信公司（Cone Communications）在 2013 年对全球超过 10,000 名消费者进行的一项调查中发现，96%的消费者认为从事企业社会责任的公司具有更积极的形象，而 94%的消费者表示对这些公司更信任，93%的人表示对这些公司的品牌忠诚度更高。[5]许多公司都在很好地利用这一现象。例如，耐克公司成功地消除了其早期滥用第三世界劳动力的形象，并成功地树立了可持续创新的形象。

（4）重振企业价值观和员工忠诚敬业度。界面公司是文化转变的代表。该公司一直都是个不错的公司,但是首席执行官雷·安德森的个人墓志铭是,在他呼吁促进可持续性发展时,为公司及其使命带来了新的生机。今天,他们的愿景和使命宣言甚至都不提地毯,但他们确实表达了一种很难不被采纳的灵感。一个经常被人提起的故事能说明界面公司这方面的工作做得多么成功:一个界面公司访客拦住一个升降机操作工,问他在工厂做什么,操作工的回答是:"女士,每天我来工作是为了拯救地球。"[6]

　　界面有限公司

　　愿景

　　到2020年成为第一家以自己的行动从各个维度,包括员工、工艺、产品、经营场所和利润,向整个工业化世界展示什么是可持续性的公司,通过影响力实现发展的可持续性。

　　使命

　　界面公司通过致力于实现在员工、工艺、产品、经营场所和利润层面的可持续性,成为全球商业和机构内饰行业首屈一指的公司。我们将努力把公司建设成为一个所有人都得到无条件的尊重和尊严的组织,使每个人都能不断学习和发展。我们将通过不断强调工艺质量和管理集中做好产品(包括服务),我们也将一如既往地认真关注客户需求,为客户提供卓越的价值,最大限度地提高客户的满意度。我们将努力成为工业生态领域首屈一指的公司,一家珍视自然、恢复环境的公司,让我们经营场所所在地的居民以我们为荣。界面公司将以身作则,以成绩(包括利润)验证,让世界变得比以往更加美好,通过我们在世界上的影响力实现发展的可持续性。

　　参考文献:

　　1.Interface Inc.(n.d.)Interface's Values Are Our Guiding Principle. http://www.interfaceglobal.com/Company/Mission-Vision.aspex.

（5）打入新市场。拿到并保持市场份额是多数企业的首要目标，然而今天的市场风云变幻，保持竞争优势即使可能，也并非易事。聚焦可持续性有助于企业对客户喜好和新兴需求乃至市场走向做出预测。底特律输给了丰田，因为丰田很早就进入了混合动力汽车市场。此后，雪佛兰开始迎接挑战，推出了第一款价格实惠的美国产全电动汽车。雪佛兰从来都不是节能汽车领域的领头羊，却正利用可持续性发展的趋势来赢得长期由外国汽车制造商主导的市场。

（6）获得资本。寻找资金来源的组织越来越多地被投资者问及其可持续性方面的工作做得怎么样。聪明的投资者对于数据很敏感，因为数据显示有可持续性意识的组织正在超越那些没有可持续性意识的组织。限制资本注入的选择很多情况下并非是好的战略举措，许多主要的投资公司正在根据投资者的兴趣设立特别基金。例如，摩根士丹利——一个绝非真正意义上的自由主义政治堡垒，为自己设定了一个目标，即在未来 5 年内，把 100 亿美元客户资产投资于他们的"社会效应投资平台"（Investing with Impact Platform）项目。[7]

资源

1.Elkington,John（2001）Buried Treasure: Uncover the Business Case for Corporate Sustainability.http://www.sustainability.com/library/buried-treasure#.VIxcppUo7IU.

2.Esty,Daniel and Andrew Winston(2006)*Green to Gold: How Smart Companies Use Environmental Strategy to Innovate, Create Value and Build Competitive Advantage.* New Haven,CT: Yale University Press.

3.Hollender,Jeffrey(2004)*What Matters Most: How a Small Group of Pioneers Is Teaching Social Responsibility to Big Business, and Why Big Business Is Listening.* New York: Basic Books.

4.The UN Global Compact—Accenture CEO Study on Sustainability

2013.http://www.accenture.com/us‑en/Pages/insight‑un‑global‑compact‑ceo‑study‑sustainability‑2013.aspx.

5.Willard,Bob(2012)*The New Sustainability Advantage: Seven Business Case Benefits of a Triple Bottom Line.* Gabriola Island,BC: New Society Publishers.

（一）确定战略

领导层的工作是为组织制定总体的战略。一位领导一旦决定要追求可持续性，就必须为了组织的利益确定如何定位和实施可持续性发展。组织的定义决定了每个组织都在自然的范围内运作，所以最终每个组织都要持续运作。然而可持续性几乎不可能一蹴而就，需要根据您的组织可持续性进行到哪一步，来确定最合适的启动战略。

我们把可持续性进程分为三个阶段，对刚启动可持续性的组织，从第一阶段——生态效率阶段开始最合适。在此阶段，最基本的战略是集中搞好内部经营、业务的清理和精简工作，在节约成本的同时，减少对社会与环境的影响。这一阶段利用很多20世纪的精益制造和再造战略，但同时可持续性原则也包括其中。把可持续性科学应用于制造业甚至服务流程，说明有新废物产生和薄弱环节。

第一阶段很重要，也有必要，但是其本身存在不足。正如比尔·麦克多诺(Bill McDonough)经常说的，比以前做得好不能帮我们实现可持续性发展："靠生态效率来拯救环境实际上达到的效果正好相反；因为这让企业悄无声息地、持续不断地、完完全全地把环境摧毁。"[8]最终，我们需要每一个组织进入第二阶段——创新和市场定位。这一阶段要求根据产品使用中和产品寿命结束时对环境的影响，审核组织的核心产品和服务。这一阶段的工作重点从生态效率转移到创新和市场参与变革。同样，许多企业正通过引进新产品、获得新市场和客户群，从这一工作中获得巨大利益。这一阶段更加注重外部，工作更加公开。

第二阶段开始使组织的经营与可持续性原则一致起来,但事实上,可持续性意味着维持现状。鉴于迄今为止给环境所造成的损害,我们有必要采取更多措施来避免工业化经济给环境带来更坏的影响。最后,组织需要做的不仅是实现"可持续性发展",还需要进入第三阶段,实现"再生"。根据锥面通信公司 2013 年的一项研究, 全世界只有 6% 的消费者认为企业的任务是赚钱,90% 的人希望企业不仅遵守法律,还要做得更多,还有 1/3的人认为企业有责任从根本上改变其经营方式,以满足社会和环境需求。[9]

我们需要企业介入,并做迄今为止政策未能做到的事情:为找到解决现有社会和环境问题的方案做出贡献。对于组织来说,这就意味着在制定战略时,需要回答这样一个问题:"我们如何能够更多地回馈社会,而不是向社会索取,并且我们还有盈利?"要回答这样的问题,经常需要全新的商业模式,与新老利益相关者建立截然不同的关系。对于有勇气和远见采用此战略的组织,回报会非常的丰厚。

无论您的组织准备启动三个阶段的哪一个阶段,把每个阶段的工作坚持到底,您必须完成三项主要的任务:确定核心战略;传达并实施您的计划;统一业务系统支持并管理每个阶段的工作。以下是如何在每一个阶段实施应用这些步骤。

二、可用战略

不同的阶段应用的战略和其战略地位都不同(参阅表 6.1)。

表 6.1 可持续性发展阶段

确定战略	第一阶段:内部生态效率	第二阶段:创新和市场定位	第三阶段:再生企业
实施与传达。	雇员参与。跟踪学习与项目的有效性。	第一梯队利益相关者(供货商、顾客、研发人员、非政府机构、股东/所有权人)参与。	第二和第三梯队利益相关者的参与。

续表

确定战略	第一阶段： 内部生态效率	第二阶段： 创新和市场定位	第三阶段： 再生企业
统一业务系统。	建立安全管理系统。 修订采购、承包与预算政策。	为研发和市场调研提供资金。 准备对外报告，对雇员进行培训。 统一绩效管理政策。	探索新的商业模式。 跟踪外溢效应。

（一）第一阶段：生态效率

组织承诺程度、利益相关者的支持以及迄今为止您在可持续性方面的经验影响确定可持续性发展工作的战略地位。如果在这些方面您没有很好的表现，逻辑上您可能需要从第一阶段（运营中）开始寻找效率。您可以选择大张旗鼓地实施这项战略，并参与其中，也可以选择不这样做。比如，通过简单地改造现有的系统和结构，不用任何人参与，您就可以做很多事情。换灯泡、设备和机械系统可以让您在能源生产上大省一笔，而不需要改变员工的行为。如果您已经有了管理质量、安全或精益生产的流程或结构，那么您可以很容易地将可持续性融入这些工作中，以获得更多的好处。

如果您想释放员工解决问题的能力，将需要对他们中的一些人或所有人进行可持续性方面的培训，以便他们知道要寻找什么。此外，建立跟踪系统，以便准确地获知花费了多少、节省了多少以及产生的影响，这样您才可以对自己的工作进行有效的管理，建立案例，并可能筹集到资金进行后续项目。不幸的是，一些组织未能做到这一点，他们因为未能跟踪工作进展情况，而丧失了所有宣传自己所取得成就的权利，尤其令人难过的是，早期的"低挂果"项目通常会带来最好的结果。

最终，这些指标会成为全面可持续管理系统的一部分，该系统创建了跟踪、记录、审查和访问工作进度及其成果的规程。通常，因重组而受到影响并受益的现有体系包括采购惯例、合同条款、报销政策和预算协议。例如，您可以按块租用地毯，而不是按房间购买地毯，以便成本节约，减少废物。然而，这只是把费用从资本预算类别转移到运营和维护类别。在预算过程中进行少量这样的费用转移，从长远看，能够让您节约开支。

(二)第二阶段：创新与市场定位

提高组织效率是很好的第一步，但是却不足以实现可持续性发展，并且对于很多的组织来说，特别是政府或服务机构，他们的运营产生的影响远远比不上他们的服务所产生的影响。例如建筑师们减少使用的能源和纸张带来的益处很小，他们带来的真正影响是他们设计的要使用几十年的大楼。他们设计的大楼影响人们使用多少能源、上下班走多远的路，甚至影响人们在工作单位的生产效率。第一阶段的活动影响虽小，但是仍然很重要，因为清洁组织的工艺流程和实践活动不仅让员工了解可持续性(有时候会影响员工们工作以外的行为方式)，而且向顾客传递一种信息。例如一位建筑师竭尽全力地让您相信绿色建筑拥有很多的好处，却使用泡沫塑料杯子为提您供咖啡，那您认为这位建筑师可信吗？

使用创新和市场定位的战略要做好开发新产品和新市场的准备，经济发展越来越高端，只是在现有的产品上贴上新的标签不起作用。要让此战略产生最佳的效果，您必须诚实地审视可持续性发展所显示的趋势，寻找您可能错过的机会。2008年，高乐氏(Clorox)公司(不是一个历史上与可持续性相关的名字)推出了20年以来的第一个新产品系列，这个天然清洁产品系列被称为"绿品"。首席执行官唐·克瑙斯(Don Knauss)这样说道："您总是想知道正在发生的大趋势是什么。"天然家居产品的可持续性与增长是他锁定的方向，他认为如果高乐氏能占据5%的市场份额，那就意味着它的业务量将增加1.5亿美元。[10]

实施这一阶段的可持续性将需要更公开的立场，并与外部利益相关者合作。除了让研发部门参与新产品的设计，使其符合环保署的环境标签设计标准外，高乐氏还与西拉俱乐部合作，帮助打造公信力，获得客户信任。其他的组织与供应商们建立牢固的工作关系，帮助他们拿到需要的原料。最知名的例子可能是沃尔玛。为了实现产品转型的目标，该公司创建了供应商评分卡，并鼓励所有供应商达到相当高的标准。您可能还需要业主/股东的参与。联合利华首席执行官保罗·波尔曼采取了一项非常大胆的举措，他取消了季度报告的做法，以便采取更加长远的措施实施其可持续生活计划中的某些方案。[11] 对于很多组织来说，这样的行动需要得到关键股东的支持与承诺。

尽管这一战略可以说风险更大，但可能带来的回报比提高能源或资源效率也更多。实施第二阶段的战略，需要对不同的部门进行不同的资源配置，加大对研发、市场调研和利益相关者外联工作方面的投入。通常，组织发现有必要修改其整个绩效管理体系，以影响招聘、晋升和奖励工作。由于人们对可持续性的期望融入到工作中，工作描述往往会发生变化。由于受第二阶段战略影响的外部利益相关者越来越需要了解情况，报告在这一阶段成为一项关键职能。

(三)第三阶段:再生企业

在第二阶段，有许多成功确保了自己位置的组织，光辉的典范包括：丰田、赫尔曼米勒(Herman Miller)、界面公司和明尼苏达矿业制造公司(3M)等。这些公司是在取得经济效益的同时，还能够取得其他成就的榜样。然而，考虑到世界的现状，我们需要企业加快步伐，做更多的事情，而不仅仅是不再像以前那样做。

第三阶段是最具转变性的阶段，这一阶段促使组织重新全面考虑自身的商业模式。设想"不可思议的事情"做起来很难，但是不能成为不做的理由。您的竞争对手可能不会这么害怕。亲眼目睹一些初创企业的出现，使竞争趋于白热化，并非同样的事情，这些公司比别的公司做得更好，而是他们彻底改变了游戏规则。注意到二十几岁的年轻人不买车的趋势，戴姆勒股份公司(Daimler AG)以完全不同的方式进行投资，满足人们对交通的需要。进入即行(Enter Car-to-Go)是一家加盟服务公司,该公司在城市区域繁忙的街区成批投放汽车,人们可以租用这些汽车,然后开车到城里游逛。利用智能手机技术,顾客们出门走几步就可以预订一辆汽车,打开车门,启动租用计价器,到了目的地之后,按一下按钮结束租车,根据用车的时间长短,租车费用自动计入信用卡或借记卡。这样既不影响汽车销售,也不影响汽车租赁服务,而是占领了全新的市场,减少了城市的交通拥堵。汽车生产商减少汽车保有量,这是大胆而且超前的举动。

进入第三阶段的另一种方式是提出这样一个问题:"我们如何能多回馈,少索取?"答案与慈善无关,也并非花钱买商誉、减轻负面影响的过程,而是要对企业进行重新定位,在社会或环境资本方面进行投资。例如,联合利华在印度小村庄招募弱势女性创业者,利用小额贷款制度和培训把她们组织起来,并与她们订立合同销售联合利华的产品。被称为"萨克蒂"的工程(Shakti)为妇女提供了技能和新的收入来源,通过销售卫生产品减少了公共疾病的传播,并使联合利华进入了一个传统上无法进入的市场。[12]这个项目现在占印度总收入的5%。

或许您在自己所在的街区看到过谷歌汽车为其制作地图和地球全貌拍摄图像。它们同时也在提供公共服务。谷歌在汽车上都装有空气监测器,在汽车扫描城市街道时读取数据,寻找燃气泄漏。有些燃气泄漏足以引起爆炸,2010年在旧金山郊外发生的爆炸就是一个例子,在那次爆炸中有9人丧生,因为轻微的泄漏叠加起来会使大气中的甲烷增加。在有些城市,谷歌每勘测几个街区就会发现有燃气泄漏。这项服务并没有给谷歌公司增加成本,但却帮助解决了好几个问题。[13]

实施这样的项目需要非传统或二、三级利益相关者的参与。在联合利华的案例中,他们从目标市场区域招募了社区成员,而谷歌则与当地公用事业公司建立了联系。除了第二阶段所需的各种系统变更外,再生组织还跟踪和报告非常指标。以彪马为例,该公司采取了前所未有的举措,对它们用来生产鞋子的生态系统服务进行计算,并以货币形式体现出来,然后形成报告。显然,除了报告和决算要求外,他们还表达了自己对从环境中免费得到的一切的关切,向所有组织表明,我们通常不懂得珍惜哪些资源,以及如果我们认真地管理这些宝贵资源,这些资源可能带来的收益。这些数据向他们揭示了,在哪些方面、怎么做,他们可以有意义地更多地回报环境,而不是向环境索取。

三、结论

战略规划从来都不是一件简单的事情。对未来趋势进行预测充其量只是水晶球占卜术。然而,对可持续性原则的熟悉,使领导者能够预见某些可能的事件和情况,从而采取主动行动。虽然我们相信每个组织最终都需要彻底改变其运营方式,但缓慢进入这个新世界的机会之窗依然存在。您可能没有足够的勇气走在这场运动的前列,但是迟迟不动会让您出局。

四、应用问题

(1)您处在可持续性发展的哪个阶段?

(2)如果您还没有进入可持续性发展 3.0,您能想象您的组织或行业将来会是什么样子吗?

(3)对您的企业来说,长期存在的主要社会、经济和环境威胁是什么?

(4)即将出现的社会、经济和环境趋势会带来什么样的机遇?

表 6.2　S-CORE：高层管理
（参阅引言部分的"如何使用自我评估"）

做法(分数)	孵化器(1分)	计划(3分)	全面(9分)
可持续管理体系:拥有一个程序,定期确定可持续性需要改进的优先工作,监测结果并将最佳做法制度化。	有正式(但或许是临时的)部门和程序找出并落实可持续性方面的改进(比如指导委员会)。	建立了包括 ISO 14001 规定之要素的环境管理体系。	有一个符合 ISO 的环境管理体系,体系中包括了可持续性发展政策、标准和目标。
愿景:有明确的愿景,知道如何把可持续性与组织的使命联系起来。	为可持续性确定愿景和框架,明确界定实现可持续性的商业案例。	执行类似于反推的过程,以制定明确长期的可持续性发展愿景和中期目标。	对本身在全面可持续社会的作用拥有长期的愿景。对您的使命或商业模式的基本假设提出质疑,并进行长期的努力,对组织和行业进行改革。
战略:把可持续性纳入战略和使命。	制定战略在整个组织内部宣传可持续性思维。	把可持续性纳入组织的战略和商业规划过程中。	有彻底改变行业或供应链的计划。
沟通与教育:把愿景和战略的重要性,明确地传达给所有有关的员工。	说明追求可持续性的必要性,并采取象征性的行动予以支持。	对所有员工进行可持续性培训,让他们了解您所选择的框架。经常更新并提供方法加强可持续性思维。	定期向其他企业讲述您所做的工作,鼓励他们进行可持续实践,学习您们的经验。
承诺:通过问责和资源投入展现对可持续性的承诺。	成立指导委员会或设立可持续性发展协调员一职。	要求各部门制定可持续性发展计划和目标。	将可持续性纳入预算、审查、选择标准和薪酬。对外展示您的承诺。
实施:将可持续性融入组织。	实施试点工作,取得一些可衡量的成绩。	把可持续性融入企业流程(规划、预算、评估、奖励程序等),使之成为每个部门和每个人的职责范围。	努力使您的供应商、顾客和其他利益相关者把可持续性纳入他们的运营。

续表

做法（分数）	孵化器（1分）	计划（3分）	全面（9分）
透明度和利益相关者的参与：以透明和参与的形式进行运营。	为投资者、监管部门和公众提供完整、准确的业绩数据。	建立向所有主要利益相关者团体征求意见的机制。	对利益相关者的期望和满意度定期进行正式的评估。
可持续性发展报告：每年都制作并审查体现您的目标与进度的可持续性发展报告。	制作内部文档供经理们和员工们使用，让他们了解企业的目标、项目和可持续性指标。	制作向公众提供的报告。	制作符合全球报告倡议或温室气体协议标准的、由第三方审计过的报告。
总分			
平均分			

注释：

1.PricewaterhouseCoopers （2014）Fit For the Future：Capitalizing on Global Trends. http://www.pwc.com/gx/en.ceo-survey/2014/download.jhtml.

2.Walmart Private Fleet （n.d.）Statistics. http://walmartprivatefleet.com/CompetitiveAdvantage/Stats.aspx；Green Hotels and Responsible Tourism Initiative （2008），Why Go Green? The Business Case for Sustainability. http://green.hotelscombined.com/Gyh-The-Business-Case-For-Sustainability.php.

3.Kahn，J.（23 April 2014）Google's New Rooftop Solar Initiative Looks to Bring Low Cost Power to Residential Homes. Techspot. http://www.techspot.com/news/56506-googles-new-rooftop-solar-initiative-looks-to-bring-low-cost-power-to-residential-homes.html.

4.Cone Communications(2013)Global CRS Study. http://www.conecomm.com/stuff/contentmgr/files/0/fdf8ac4a95f78de426c2cb117656b846/files/2013_cone_communicationsecho_global_csr_study.pdf.

5.Krupp，F.，& M. Horn(2008)*Earth：The Sequel：The Race to Reinvent*

Energy and Stop Global Warming. New York, NY: W. W. Norton, p. 210.

6.Morgan Stanley（1 November 2013）Morgan Stanley Establishes Institute for Sustainable Investing. http://www.morganstanley.com/about/press/articles/a2ea84d4-931a-4ae3-8dbd-c42f3a50cce0.html.

7.McDonough, W., & Braungarg, M.（2002）*Cradle to Cradle*. New York, NY: North Point Press, p. 62.

8.Cone Communications(2013)Global CSR Study. http://www.conecomm.com/stuff/contentmgr/files/0/df8ac4a95f78def426c2cb117656b846/files/2013_cone_communicationsecho_global_csr_study.pdf.

9.Kamenetz, A.(1 September 2008)Clorox Goes Green. FastCompany. http://www.fastcompany.com/958579/clorox-goes-green.

10.Confino, J.(24 April 2012)Unilever's Paul Polman: Challenging the Corporate Status Quo. *Guardian Sustainable Business*. http://www.theguardian.com/sustainable-business/paul-polman-unilever-sustainable-living-plan.

11.Portor, M., & Kramer, M.(January 2011)Creating Shared Value. *Harvard Business Review*, pp.4-17.McAllister, E.(16 July 2014)Google's Street View Takes on America's Gas Leaks. *Reuters*.

第七章

设施部 *：如何节约能源和水资源、提高生产力、消除废物

对于任何组织来说，建筑物（建筑物的建造和运行）都是一项巨大的成本。它们既取代了栖息地，又影响了交通和土地使用格局。它们也消耗了我们很大一部分的能源，并产生了大量的废物。仅在美国，环保署就报告说，建筑物占能源使用总量的 36%，用电总量的 65%，饮用水总消耗量的 12%，二氧化碳排放量的 30%。[1]

绿色建筑旨在提高效率，以减少这些影响，并提供更多的自然光、更好的空气质量和更大的舒适度，有助于改善居住者的健康和舒适，提高生产力。对这些成本和效益更全面的核算表明，绿色建筑在当今普遍具有成本效益，其平均财务效益超过额外成本的 1/10。[2]

设施管理者有一个巨大的机会，使他们的组织更可持续，同时也节省资金。因为建筑可持续几十年甚至几百年，所以设施设计和运行的选择对业主、住户和整个社区都有长期的影响。

---

* 第三版的第七章在劳伦·弗鲁热和艾泽戈比·恩那穆迪的帮助下更新。

一、您应该了解的可持续性

设施管理者负责建筑物的运行、维护和翻新，有时还负责施工。他们往往是第一批参与可持续发展的人，部分原因是绿色建筑运动是将可持续性应用于组织的领导者，另一个原因是从能源、水和废物的减少中节省下来的钱往往可以直接进入底层。然而，很少有高管意识到，设施功能不仅仅是清空废物，让大楼保持舒适。设施功能还可以提高建筑物内人员的生产力。为了给组织提供最大的利益，设施管理者必须让高级管理层了解以下常见的错误。

（1）省小钱吃大亏。有时，当建造或翻新设施时，业主会选择原始成本最便宜的方案，但最终可能会在建筑物的整个使用寿命内花费更多。对于主要建筑构件和美观饰面来说，应该选择的是建筑物的原始成本合适甚至更低、舒适度更高、能源消耗更少和建筑物的运行成本更低的方案。

（2）浪费能源和其他资源。持续跟踪公用工程账单、系统维护、重新调试和注意楼控对减少能源浪费有重大影响。此外，尽可能对废料加以利用，把剩下的材料留给将来的项目使用或捐赠给再利用中心，允许组织最大限度地利用为特定项目获得的资源。使建筑运营商的积极关注成为一个焦点，是确保建筑以最佳效率运行的关键。专门从事建筑材料的公司已经认识到了上述机会，并围绕可持续做法经营组织业务。例如，全球界面（Interface Global）承诺生产能够减少影响的产品。他们还采用了一流的绿色建筑和运行标准，以减少其碳足迹。

（3）令人生病。室内空气质量通常比室外空气质量糟糕 6~7 倍，有时会导致"病态建筑"综合征。地毯、乙烯基地板、胶合板橱柜和台面可能会向空气中排放化学物质。有毒和芳香清洁产品也会带来过敏和疾病。由于通风不足造成的有毒霉菌，使许多建筑物被迫关闭。

（4）支付二次费用。废物可以定义为花钱买到的、又花钱处理掉的东西。俄勒冈州波特兰州立大学在一次废物审计中发现，他们每天要处理1,400个纸杯。有时产生的废物并非一眼就能看出来：冰箱放在烤箱旁边，回风口靠近暖气口。一栋办公楼的主管们不能容忍温度的波动，他们把恒温器调到一个很窄的范围，其结果是空调和供暖系统整天交替开停。

二、可用战略

为了帮助您确定消除建筑中废物的机会，我们按照设施管理者通常执行的功能编排本节内容。

（1）建造/改建高性能建筑；

（2）运行建筑；

（3）管理废物；

（4）提供绿色清洁和园林绿化服务；

（5）管理交通运输问题。

（一）建造／改建高性能建筑

令许多人感到惊讶的是，所谓的绿色建筑实践并不一定会增加建筑成本。此外，这样建造的建筑物通常可以节省30%或更多的能源和相关的运行费用。对于业主自住的建筑来说，绿色建筑的实践现在实施起来已经不费吹灰之力。

绿色建筑主要是由美国绿色建筑委员会的LEED评级系统的成功推动的。该系统现已应用于30多个国家的项目，其应用范围已扩展到包括10个独特的项目类型特定评分系统。与我们每章末尾的清单类似，LEED提供了一个设施测量标准清单，每项测量标准都有指定的分数。根据建筑物赢得的分数，一个建筑或改造项目可以得到4个级别（认证、白银、黄金或白金）的认证。美国绿色建筑委员会和其他评级体系的目的是，随着新方法和新技术的出现，不断推动建筑实践走向可持续性。

2006 年进行了一项"可持续建筑设计实践调查"，根据北美、欧洲和亚洲建筑的生命周期，对建筑的可持续设计方案进行比较和对照。这项调查让利益相关者们注意到三个地区在绿色建筑方面的不同和相似之处。反过来，这项调查也让决策者们能够不分地区地利用与其当前在建项目有关的各种认证方案和工具。但是必须指出，政策可能因区域而异，可能影响一些可持续实践的实施。请与当地政府联系，确保符合分区法和建筑规范。

资源

1.Bunz，Kimberly，Gregor Henze and Dale Tille（2006）The Survey of Sustainable Business Design Practice in North America，Europe and Asia. *Journal of Architectural Engineering*，12（1），pp.33 –62. http://dx.doi.org/10.1061/(ASCE)1076–043(2006)12：1(33).

2.Living Building Challenge，是对建筑行业实现全面可持续性发展的真正尝试，这样的尝试贯穿于国际未来生活研究所(International Living Future Institute) 的工作中。http://living –future.org/lbc.Passivhaus/Passive House：http://passiv.de/en/or http://www.passivhaus.org.uk/. 一个在欧洲以全新的能源效率而闻名的概念，使用被动式太阳能、热质量和其他方法将住宅和商业建筑的能源需求减少到几乎为零。

3.Sustainable Sites Initiative：http://www.sustainablesites.org/.

4.World Green Building Council：http://www.worldgbc.org.

5.Yudelson，Jerry（2009）*Green Building Trends：Europe.*Washington，DC：Island Press.

华盛顿州西雅图市的布里特中心的建筑正在将"绿色"提升到一个新的水平。生态建筑挑战是最严格的性能标准。它的认证要求"所有规模的建筑项目，都要像自然建筑那样干净、美观、高效地进行运行"。项目必须满足一系列的高性能要求，布里特中心已经满足了水和能源使用上净零

耗能要求，以及无现场停车、无有害建筑材料和建筑寿命 100 年的要求。2013 年，英国杂货零售商塞恩斯伯里（Sainsbury）开设了新的"三零"（triple zero）商店，旨在确保零垃圾填埋、碳中和和水中和。像这样的例子是下一代建筑的前沿。

绿色建筑实践内容多得足够写一本书，所以在这里我们提供给您可以在设施使用中运用的、影响巨大的战略概述。

1.拆毁与建筑废物

建筑废物占城市填埋垃圾的很大一部分。现在有服务公司帮助拆毁建筑，并强调回收和再利用很多材料。据报道，俄勒冈州波特兰市自然资本中心（Natural Capital Center）的承包商们在一个大的翻新项目中，将97%的材料进行回收和再利用。近期由环保署资助的一项研究显示，Re-Store[一个与人类栖息地（Habitat for Humanity）相关的、在华盛顿州的西雅图和美国许多其他地方销售二手建筑用品的非营利机构]，在四个房屋拆除项目中，对 70%~97%的材料实现了回收或再利用。[3] 地毯、水泥、板墙筋、钢筋、石膏板及其他建筑材料经常能够再利用或回收。建立自然资本中心需要把一个旧库房改造成办公区域，他们能够做到把建筑废物的97%进行再利用或回收。

资源

1.BEES：环境和经济可持续性建筑（Building for Environmental and Economic Sustainability）是一种选择环保建筑材料的软件工具。

2.BREEAM：BRE Environmental Assessment Method：http://www.breeam.org.

3.INTERFACE Global：http://www.interfaceglobal.com.

4.LEED：World Green Building Council：http://www.worldgbc.org, http://www.usgbc.org.

5.Living Building Challenge：http://www.living-future.org/lbc.

2.自然采光

原则上，采光就是让自然光进入建筑里面，而实际上事情复杂得多，因为人们想要的是能见度，而不是眩光，在大多数商业建筑里，人们想要的是光而不是热。采光最明显的好处是节约能源——人们不用开灯。但是这通常是最不值得一提的好处。

对于组织来说，与一座建筑相关的最高成本并非建筑物本身，而是建筑里面的人。记住这一点。为把某些绿色特征融入建筑中而小幅度增加资本成本，有时会为投资带来很好的回报。设在密歇根州伊普西兰蒂的采光艺术（Illuminart）设计院的院长斯蒂芬·格拉夫（Stefan Graf）这样说道："采光最大的好处是给建筑里面的人带来的影响。如果不是为了人，我们会对内部环境进行设计。你们最高的费用是每天走进办公室的人。生产力的降低会大幅度增加公司的成本。"

> 假设雇佣一个工人的成本大约是一年75,000美元，如果工人在需要15,000美元建造的大约150平方英尺的地方工作，这位年薪75,000美元的工人的生产力提高20%，就可以把第一年用来建造工作场所的全部费用（15,000美元）收回来。洛夫兰（Loveland）强调说："这些生产力的益处巨大，并且我们知道都与采光有着直接的关系。"[4]

生产力提高20%并非夸大。从卡内基·梅隆大学（Carnegie Mellon University）和其他大学进行的最有效的研究看，采光似乎可以提高生产力，减少旷工，从而使生产力得到20%的提高。其他场所的采光也有好处。采光有助于学生的学习，增加零售额，改善养老院老人们的睡眠，延长他们的寿命。在医院，自然采光能让病人恢复得更快。

当然，建筑仍然需要一些照明系统，但是您可以选择能效最高的灯具，并利用自然采光、运动感应器和智能遥控器限制照明系统的使用。照明改造往往可以在短短几年内收回成本。而随着技术的进步,高效率照明的选择价格也在大幅度下降。公用事业公司经常有激励措施,鼓励对灯具进行升级。例如,保证建筑物各部分的灯都可以单独开关,当看门人在一个区域时,不用把整个建筑物的灯都打开。

3.地点选择

把建筑物建在哪里、朝哪个方向建也很重要。在多数情况下,您可能选择使用各种交通工具——公共交通、自行车、私家车——都可以方便到达的地方。这让替代交通工具成为一种不错的选择。波特兰州立大学有意把停车场建在离公交停靠站很远的地方,这样乘坐轻轨或公交车的人只需要走私家车司机 1/3 的路程就可以到达目的地。

产业生态学是把利用彼此废物的房屋建筑建在同一个地方。引用最广泛的例子是丹麦的凯隆堡,人们在协同行动中交换废热、生物质、水以及其他资源。在规划新的地点时,这种关系更容易实现,至少您要考虑您的邻居是谁,并调查他们可能会丢弃的东西是否正是您需要的。不要只考虑固体废物,您也可以交换废热或废冷。

建筑物的朝向可以影响能源和照明。把阳面与工程悬挑结合起来,您就能够充分利用阳光和热量。外墙玻璃有助于您有效地管理光和热。另外,屋顶至少有一部分朝阳是很聪明的做法,这样在光伏技术可行时,您能够利用该技术(例如添加太阳能光热系统来预热锅炉或热水器的水)。

4.材料选择

很显然,建筑物使用了大量的世界资源,因此为了自然世界和建筑物的使用者,把建筑或改造的影响降到最低很关键。人们经常能够买到比传统产品价格更低的挥发性有机化合物含量很低或不含这种化合物的涂料、再生或可以回收利用的地毯和认证的可持续木材。还可以通过创造性的内部设计,把屋檐椽或管道暴露在外,或把抛光的混凝土地板涂上颜色,而不是铺上地毯等方式,进一步减少不必要材料的使用。波特兰地铁

（Portland Metro）使用再生涂料就是城市在努力减少建筑影响的例子，这样做减少了项目建设产生的碳足迹，同时也减少了对垃圾填埋空间的需要，保护了水资源。

此外，说到建筑物外部框架，应优先选择内含能量（制造这些材料所需的能量）较低的材料，并尽可能在当地采购。例如，木材（您可能希望从经过认证或管理良好的森林中获取）的内含能量相对比较低，为 639 千瓦/吨。砖的内含能量是木材的 4 倍，混凝土是 5 倍，玻璃是 14 倍，钢材是 24 倍。[5]

也请考虑如何使用这些材料最好。例如，位于俄勒冈州中部的一家微型酿酒厂德舒特啤酒厂（Deschutes Brewery），在混凝土建筑外面安装了隔热层，这就把热质放在了大楼里。晚上空气凉爽，大量的热质被吸收到混凝土墙中，并在白天缓慢释放出来。由于气候原因，每年只有 2 个月的时间需要把啤酒进行冷藏。

资源

1.Archituecture 2030 对建筑师们提出 2030 年建筑实现气候中和的挑战。Cannon Design（embodied material），"Material Life", http://media.cannondesign.com/uploads/files/MaterialLife-9-6.pdf.

2.Creating a High Performance Workspace G/Rated Tenant Improvement Guide, by the City of Portland Office of Sustainable Development（参阅饰面和家具部分）。

3.LEED Green Building Rating System for New Construction and Major Renovations, Architecture.

4.Yudelson, Jerry（2008）The Green Building Revolution. Washington D.C.: Island Press.

5.机械系统

有了好的设计，您也许可以从根本上减少或消除 HAVC 系统。津巴布韦哈拉雷的气温介于 35~104 华氏度,但是伊斯盖特(Eastgate)办公大院不需要空调,也几乎不需要供暖。设计师们从白蚁身上获得灵感,令建筑物内保持舒适的温度。非洲的白蚁筑墙,为保存食物,它们筑的墙结构复杂,温度浮动范围必须很窄。它们利用地下通道,吸入泥土中的冷空气,打开和关闭"窗户"创造气流并控制温度。同样,伊斯盖特办公大院有两座建筑,过桥把两座建筑连接在一个背阴的、玻璃屋顶的露天中庭的两边。风扇将新鲜空气从中庭引入,并通过地板下的中空空间将其吹到楼上,然后通过光板(踢脚板)通风口进入每个办公室。当空气温度上升并变暖时,通过天花板通风口将其抽出,最后通过 48 个圆形砖烟囱排出。

　　为了节约能源,仔细规划任何需要管道的系统,当管道直径缩小时,通过管道移动物体所需的能量会以几何方式增加。管道弯处也会增加能源需求。管道尺寸能用大的就用大的,将水管、压缩空气管等布置成一条直线,然后根据需要,考虑使用可以调整风扇或泵送速度的变速驱动器。柯林斯公司设在俄勒冈州克拉马斯福尔斯市的一家工厂安装了一台背压汽轮发电机,对压缩空气系统中的水能加以利用,为工厂提供差不多 50% 的用电。他们估计每年可以节约大概 25 万美元。

资源

　　1.Allenby, B. R.(1998)*Industrial Ecology - Policy Framework and Implementation.* Upper Saddle River, NJ: Prentice Hall.

　　2.Healthy Buiding Network(资料来源中心):http://www.healthybuilding.net/index.html.

　　3.耶鲁大学的《产业生态学》(*Journal of Industrial Ecology*)是国际产业生态学会官方杂志。

　　6.高效地运行建筑

　　建筑的设计清楚地规定了您可以期待的性能范围,但是每天的决定也会带来巨大影响。职责要求设施管理者们不仅需要做出某些决定,也需要他们成为行为矫正专家。

7.调试

有一种常见的事情,大家并不觉得可笑:多数的建筑物并没有按预期运行。建筑物的某些部分可能很热,而另一些部分可能很冷。电子控制装置可能设置不正确。建筑调试通常是与第三方一起检查建筑物是否按照设计运行的流程。俄勒冈州尤金市的阿斯特尔出版社(Aster)通过纠正省煤器操作不当和禁用 HAVC 控制,每年节省 4 万多美元的电费。[6]这些服务可能并不是免费的,但服务成本往往在第一年就能收回,甚至崭新的建筑也能做到这一点。

8.能源管理

可能一个设施管理者所关注的最大的运行和维护成本是能源。某些因素在很大程度上是在你的控制范围内,例如,晚上让凉爽的空气冲灌建筑物,减少第二天的空调负荷;天色更晚的时候,让建筑物的某些部分敞开着,这样就不会造成能源需求的激增;等等。

最头疼的通常是住户:他们总是抱怨太热或太冷,不停地转动恒温器,偷偷地把空间加热器放在桌子下面,不关灯,不关电脑。您可以采取一些有效果的行动。想一些有创造性的方法对住户进行教育,让他们了解自己的决定带来的影响。TriMet 是俄勒冈州波特兰大都会地区的交通管理局,他们采用了一种优雅的战略——把电费单子贴在电梯里。没有恳求人们做什么,没有要人们感到内疚,就是简单地告知电费是多少。接下来的那个月,能源使用下降了 20%。

巢式(NEST)恒温器和 SMOTE +一氧化碳报警器公司,设计出漂亮的智能恒温器和能够设置为自动程序的烟加碳一氧化碳报警器,顺势使社会和环境责任深入到业主心中,并帮助他们降低能源费用。虽然 NEST 是推荐给业主的,下面的说明也很重要,即这些系统对符合空间和电力要求的办公场所和学校同样有用。

进行建筑改造时,装配更好的测量系统。例如,俄勒冈州波特兰市的
SERA 建筑师事务所在对办公室进行改造时,安装了独立的电力计量系
统,每个办公室自己交电费。他们很快改用绿色电力(9,000 平方英尺的
地方每年费用只有 800 美元),并且进一步把计量器分开,分别跟踪照明、
机械系统和插头负荷,这种方式让他们把目标放在改进和监测能源使用上。

> **资源**
>
> 1.Database of State Incentives for Renewables and Efficiency(DSIRE):
> http://www.dsireusa.org.
>
> 2.US Department of Energy,Federal Energy Management Programs:
> http://wwwl.eere.energy.gov/femp/pdfs/sell_eeps.pdf.

(三)管理废物

管理废物的第一步是改变思维。废物不是废物,是一种资源。这种新
的思维让很多组织实现了垃圾零填埋的目标。想想看,没有垃圾箱和废
料桶!

(1)全球界面把地毯生产废物减少 84%,从 1996 年的每年 1,250 万
磅减少到 2012 年的 200 万磅,带来 932,020 美元的净销售额。他们学会
了如何使用旧地毯和升级再造的渔网制造地毯,减少了对新料的需要,他
们还有一家用太阳能提供部分电力的工厂。

(2)弗吉尼亚州夏洛茨维尔(Charlottesville)的可持续包装核对(Sus-
tainable Packing Collation)发布了一项 2007 年的调查,75%的调查对象认
为在过去的一年,他们更加重视包装的可持续性。一个成员公司,位于康
涅狄格州格林威治的联合利华受到最广泛的关注,因为其包装"小巧而强
大"。该公司把洗衣液的配方进行了改良,消费者洗同样量的衣服,使用的
洗衣液是原来的 1/3,产品包装从原来的 100 盎司减小到 32 盎司,这样他
们对塑料的用量减少了 55%。他们以负责任的态度对待包装,对环境、社
会和经济影响进行考量。[7]

（3）宝洁公司到 2013 年 4 月在全球范围的 45 个工厂减少了填埋废物。另外，公司还保证，99%进入工厂的材料能够成为最终产品，或属于回收/再利用类别或转换成能源。这些工厂已经能够通过使用创新技术和创造性的再利用来实现这一目标。由福布斯·麦克杜格尔（Forbes Mc-Dougall）为首的宝洁公司全球资产追回购买（GARP）团队不把"废物看成废物"，而是看成"可以找到再使用价值"的东西。例如，他们在回收在拉丁美洲的 Charmin 工厂的废纸后发现，还有无法使用的纤维，于是他们找到了一种方法，将这些纤维转化为低成本的屋顶瓦。洗发水生产留下的废物被转化为工业肥料，女性护理产品的废料被转化为颗粒，用于制造低成本鞋的塑料鞋底。[8]

在体育界，废物管理也成为令人关注的事情。国家橄榄球联盟（NFL）与威瑞森（Verizon）和百老汇绿色联盟（Broadway Green Alliance）合作，在 2013 年超级杯期间收集和回收电子废物。[9]

从这些例子中可以清楚地看出，某些战略是很合适的。进行废物审计以了解扔掉的是什么。更好的做法是，进行采购审计以了解购买的是什么——对于大型采购，考虑其必要性、来源、可回收性和寿命。通过采购或流程变更，为无法避免产生的"残余资源"寻找市场。许多社区都有一个废物交换网站，帮助连接各种废物流的潜在用户。

资源

美国零废物商业委员会（US Zero Waste Business Council）提供认证程序。Zero Waste International Alliance：http://zwia.org/.

（四）提供绿色清洁和园林绿化服务

很多工厂都把清洁和园林绿化服务承包出去。无论您的企业是自己做清洁和园林绿化，还是承包出去，请寻找更环保、更温和的选择。

冒这种风险大多真的没有必要。有高效环保的清洁产品可以满足几乎各种清洁需要。不要在每个表面都使用强腐蚀性产品，而是决定何时何地真正需要使用强力清洁产品。改建的时候,从长远来考虑内部表面的效果。地毯清洁剂通常是最危险的清洁产品之一,如果您不使用地毯,您就不需要地毯清洁剂。

在很大程度上,园林绿化化学制品也是一样。如果您栽种适合当地的植物,对化学制品的需求就会大大减少。如果您有草坪,降低您的标准,让一些杂草长在草坪里,可以为单调的绿色草坪增添色彩。只有在需要时才喷药和施肥,使用最温和的产品来完成这项工作。使用耙子,而不是使用吵人的、污染环境的鼓风机。用使用生物柴油、压缩天然气、氢气或电力等清洁燃料的机器代替使用汽油或柴油的机器。

在这两种情况下,都要定期清理化学制品的库存,对使用的制品进行统计,并按危害程度对制品进行评级。尽一切努力淘汰那些对环境或人类健康构成最大威胁的化学制品。材料安全数据表可以帮助您做出这些决定。

我们为客户清理化学制品库存时发现,启用库存通常会带来其他业务收益。人们清理货架上的旧的、未使用的产品,这样就不必把它们计入存货。我们经常发现,同一个组织为同一个目的,从不同的供应商那里购买不同的产品。如果他们都从一家采购这些产品,往往不需要购买那么多。为了让清理化学制品库存简单易行,要求您的供应商提供使用说明。

资源

1.Environmental Protection Agency:http://www.epa.gov/epp/pubs/cleaning.htm.

2.GreenBlue:http://www.greenblue.org.

3.Green Seal certification system: http://www.greenseal.org.

(五)管理交通运输问题

把您用以为汽车提供服务的土地,包括停车场和进出通道的面积加起来。如果它是一个建筑工地,那么它的价值还能增加多少? 这是您错过的机会成本。现在计算出用在这些停车场和相关蓄水沟渠、园林绿化和污水管道的成本,把这些数字加起来,除以停车位的数目。这道数学题的目的是说明一点:真的没有免费停车这样的事情。

波特兰州立大学计算出,如果学生与停车位的比率保持不变,他们就无法承受学生人数的预期增长。虽然他们现在有 30% 的学生使用公共交通工具,是很多其他大学羡慕的对象,但是随着学生人数的增长,使用公共交通工具的比例必须更高。前面提到,波特兰州立大学所提供的停车场距离校园比公交停靠站更远。他们收取停车费,并在每月账单上注明每年的总费用,以使人们认识到拥有和运营一辆汽车的成本。部分停车场收入用于补贴公交卡和自行车设施;他们为没有停车位的人提供 ZipCar(一种按小时出租的车辆)。所有这些都有助于管理成本,减少气候影响。

说到交通问题,电影《梦幻之地》副歌唱到的"如果您把它建在(公交站附近),他们就会乘(公交)过来的办法,没有胡萝卜加大棒的手段,不可能奏效。至少要按停车成本收费。如果可以的话,补贴公交卡,帮助人们找到其他通勤方式;为拼车预留最好的停车位;与其让顾客停车,不如考虑给司机一张免费的公交车票"。

资源

1.Mother Earth News：The Original Guide to Living Wisely：http://www.motherearthnews.com/green-transportation.aspx#axzz2zrk64roL.

2.University of Michigan Parking and Transportation Services：http://www.pts.umich.edu/alternative_transporation/.

3.Urban Design Green Transportation:http://www.urbandesign.org/transport.html.

三、结论

鉴于成本节约的可能和影响的相对规模，许多组织开始其可持续性发展工作时,都将重点放在其设施上。虽然第一次建造或选择新设施会给您带来最大的机会,但还有很多措施,您可以用于现有的设施。如果您是承租人,设施管理方面的很多事情您控制不了(例如您没有独立的电表,或影响不了清洁工作实践),但您还对房东有影响力,或有机会与其他承租人联合起来,要求做出改变。

四、应用问题

(1)设备部如何与高层管理人员一起提高对绿色/高性能建筑价值的认识,以便做出更好的长期财务决策?

(2)如果您想建议改用比您现在使用的更贵的可持续/绿色清洁产品(至少以容量计算),您怎么能拿出值得做的商业案例?您在哪里寻找证据来证明这样其实能为公司省钱?

(3)想想您附近的其他组织。有没有共享服务(例如复印、仓库空间)、合并采购(例如办公用品)或交换"废物"流(热量或材料)的机会?

表 7.1 S-CORE 设施部
(参阅引言部分的"如何使用自我评估")

做法(分数)	孵化器(1分)	计划(3分)	全面(9分)
能源:通过节约和再生能源减少能源使用带来的影响。	至少每五年进行一次能源审计,并根据审计结果采取行动。	建立了监管并减少设备和人类行为影响的系统(关灯、关电脑)。采购的能源至少25%为可再生能源。	采购或生产的能源至少85%为可再生能源(电和其他燃料)。能源消耗总体大幅减少。
废物:朝着零废物设施方向发展。	进行废物审计,并根据结果采取行动。建立了减少废物的系统(易于操作的回收、监管和反馈系统,	有激励措施,鼓励员工和搬运工把废物流转化为资源。通过正式的害虫综合管理系统,尽量减	零废物(至少把填埋的固体垃圾减少90%),同时在可行的情况下,"好好再利用"残余产品。

做法(分数)	孵化器(1分)	计划(3分)	全面(9分)
	标识等)。园林绿化:把生态效益最大化。进行园林化学评估,淘汰华盛顿州化学制品清单中所有被列为"高度关注"的或同等产品。不使用PBTs.	少合成化学制品的使用。园林设计尽量减少水的使用,避免使用杀虫剂,生态价值最大化(无水绿化、本地植物等)。	恢复或替换您房屋建筑使用的、具有重要生态价值的自然形态(小溪照明使用自然光、在生态屋顶提供栖息地等)。
停车和交通设施:制定激励措施,鼓励使用其他交通工具。	只为拼车族提供免费停车。提供自行车停车和淋浴设施。	补贴公交卡,或有其他激励措施,鼓励选用其他交通工具。	始终如一地选择允许有不同通勤方式的地方,包括便捷的替代交通。
新建和改建:使用绿色建筑原则和实践。	获得 LEED 认证或与其同等的认证。把生命周期成本,而非原始成本作为决策的依据。	达到 LEED 白银认证或其同等认证的标准。	达到生态建筑标准或与其同等的标准。
建筑运行:使用绿色建筑标准和实践运行并维护建筑。 保洁用品:使用毒性最小的清洁产品和病虫害防治方法。	达到 LEED 现有建筑标准或与其同等的标准。 按容量,50%或以上的产品为绿色清洁产品(Green Seal、Green Cross、UGCA认证产品,或与其同等的产品)。保洁用的纸制品,采购那些消费后回收率高的产品。	达到 LEED 白银认证或其同等认证的标准。 75%的清洁产品为绿色/可持续产品,使用无害的病虫害防治方法。采用病虫害综合治理方法。	达到 LEED 白金认证或与其同等认证的标准。 100%的清洁产品为绿色/可持续产品。所有病虫害防治方法都无害。
车队:通过对车辆的选择、维护和使用尽量减少车队带来的影响。	实施车辆维护项目,尽量减少有害的废物,回收最大化,使用生物和无毒的替代品(生态认证项目等)。	对司机的需要进行评估,选择燃油效率最高、尾气排放最少的车辆满足用车需要。建立系统减少行车距离。	车队所有车辆都用替代燃料(生物柴油、乙醇、氢气)。

续表

做法（分数）	孵化器（1分）	计划（3分）	全面（9分）
水：尽量减少水的使用，减少暴雨径流。	进行水资源保护评估，根据结果采取行动。改变浪费水的做法（单程冷却塔的使用等）。制定暴雨污染防治计划。	建立正式的系统减少水的使用，有方法捕获落到房屋建筑上的雨水。	除了使用捕获的雨水，不使用其他的水资源（再利用、水处理等），正常降雨年份，现场保留至少90%的雨水径流。
总分			
平均分			

注释：

1.Greening EPA（n.d.）EPA Green Buildings. http://www.epa.gov/oaintrnt/projects/.

2.Kats, G.（May/June 2004）Are Green Buildings Cost-Effective? *Green at Work Magazine.* http://www.greenatworkmag.com/gwsubaccess/04mayjun/ss_green.html.

3.Stiffler, L.（19 August 2007）If House Has to Go, At Least It Can Go "Green"-Piece by Piece. *Seattle PI.* http://www.seattlepi.com/local/article/If-house-has-to-go-at-least-it-can-go-green-1247116.php?source=mypi.

4.Garris, L.（1April 2004）The Deliberation on Daylighting: What You Really Need to Know to Make an Informed Decision. *Buildings.* http://www.buildings.com/article-details/articleid/1827/title/the-deliberation-on-daylighting.aspx.

5.Van der Ryn, S., & Cowan, S.（1996）*Ecological Design.* Washington, D.C.: Island Press.

6.PECI(n.d.)Commissioning for Better Buildings. Oregon Office of Energy. http://www.oregon.gov/ENERGY/CONS/BUS/comm/docs/commintr.pdf.

7.Atkison,W.(July 2008)Green Packaging: Waste Not,Want Not. Inbound Logistics. http://www.inboundlogistics.com/cms/article/green –pack – aing–waste–not–want–not/.

8.Walshe,S.(2 April 2013)How Procter & Gamble Achieved Zero Waste to Landfill in 45 Factories. *Guandian Sustainable Business.* http://www.the– guardian.com/sustainable–business–proctor–gamble–zero–waste–landfill–fac– tories.

9.PRNewswire（26 Decemeber 2013）NY/NJ Super Bowl Host Committee,NFL,Verizon and Broadway Green Alliance Partner to Recycle Elec– tronic Waste. *PR Newswire.* http://www.prnewswire.com/news–release/nynj– super –bowl –host –committee –nfl –verizon –and –broadway –green –alliance – partner–to–recycle–electronic–waste–23729464.html.

第八章

人力资源部＊：如何支持变革过程
并激励员工参与

人力资源专业人士实际上对于影响该组织的可持续具有相当的优势，虽然表面看起来并非如此。我们在本书中讨论的实践和战略构成了组织变革计划，这与过去几十年来所做的并没有大的不同，特别是全面质量管理、流程改进、客户满意度及参与式管理。但是，人力资源专业人士在追求可持续性方面步伐很慢，这在很大程度上是因为他们不知道自己能做什么。

很多作者对此有同感。我们也具有组织发展的背景，当在1990年代中期的《哈佛商业评论》中遇到将可持续性作为商业问题时，我们茅塞顿开：我们在向客户展示如何提高生产力的时候，其实向他们展示了如何更好更快更低廉地耗尽这个世界的资源。这不是我们固有的想法！我们也一度信心匮乏。不能回到过去无知无畏的幸运状态，但是我们也不知道前面的道路怎么走。我们对可持续性了解多少？我们不是生物学家或化学工程师，我们又能提供什么？

＊第三版的第八章在杰西卡·阿农德松和希瑟·希金博瑟姆的帮助下更新。

我们在摸索中发现，实施可持续性与实施任何公司变革也没有什么不同。作为内部顾问，您需要快速掌握某些概念和术语，但是大多数组织所面临的最大的麻烦不是技术性问题（我们要使用哪种化学试剂？），而是与组织变革相关：可持续性如何与公司的战略和文化相融合？我们应该从哪里开始努力？谁需要参与？我们如何鼓励他们参与？哪种架构最有帮助？我们需要什么样的结构来管理工作？我们应该在什么时候在内部和外部"公开"我们的工作？

具有讽刺意味的是，虽然我们一开始小心翼翼地踏足这一领域，却由于自己的贡献而倍受重视。技术人员，包括科学家和工程师，在受邀参与团队建设活动时嗤之以鼻，但随后也转而向我们求助。正如一位工程师所说："进行这项工作，您必须召集一大群跨领域的人。他们各持己见，很快就有人生气了，我也不知道该怎么办。"许多人力资源专业人士都具有出色的冲突管理和协调能力，这正是可持续性领域里其他人所欠缺的技能。

一、您应该了解的可持续性

人力资源经理首先要认识到的一件事是，可持续性发展正在成为重要的招聘和员工维系政策：

（1）一个针对学生和入门级员工的职业网站 MonsterTRAK.com 发现，92%的人更愿意为一家对环境负责的公司工作。大约80%的年轻专业人士愿意接受一份可以直接改善环境的工作。[1]

（2）在加拿大的一项类似研究中，Monster.ca 发现，接受调查的加拿大员工中有78%愿意辞职去为更环保的雇主工作。在同一次民意测验中，有81%的受访者对其当前雇主的表现不满意。

（3）美国德科（Adecco USA）对美国员工的一项调查发现，有36%的人更愿意为一家绿色公司工作，有59%的人认为他们的公司应该更环保

（这一愿望在女性和年轻人中更加明显），68%的人认为公司的行为与环保宣传不相符。[2]

（4）飞利浦最近在北美进行的一项研究发现，有68%的在职美国人愿意为一份符合其个人利益和价值观的工作而接受减薪，其中近1/4的人会接受25%或更多的减薪。[3]

（5）贝恩公司（Bain & Company）最近对巴西、中国、印度、德国、英国和美国各个行业的750名员工进行了调查。大约2/3的受访者表示，与三年前相比，他们对可持续性的关注程度更高，特别是企业追求可持续性发展尤为重要。令人惊讶的是，36至40岁的人群对可持续性的兴趣最高。[4]

当然，改善工作场所的条件也有助于留住员工，比如提供日托、弹性工作时间、虚拟办公室，以及鼓励员工骑车或共享出行上班等，人力资源可以借助这些激励措施促进可持续性发展。

不要低估赋予人们有意义的使命所产生的力量。我们记得曾与一家木材厂的员工谈话，他曾经回避关于他在哪里工作的问题。雇主追求可持续性发展之后，他很自豪地向人们介绍他的工作。许多高管发现，可持续性发展可以极大地激发人们的工作积极性，这一点是其他机构改革项目无法做到的。全面质量管理、精益六西格玛（Lean Six Sigma）、改善和自我指导工作小组等计划致力于使组织变得更好。可持续性发展就是要让世界变得更美好，为人们提供了解决他们潜在隐忧的方法（例如气候变化、有毒物质、贫困等）。这些问题看起来太困难，似乎无法解决，许多人要么退缩、否认问题的存在，要么表现出习得性无助。这种心理上的负面影响常常不被承认，但影响重大。当您允许人们利用工作积极推动自己走向转型式的变革时，许多人会不仅视之为一份职业，更是使命召唤。

要保证让您的设施部门参与进来，因为意见证明绿色建筑的做法可以提高生产力，有益于人类健康。一项对美国联邦大楼的十二处改造的研究表明，这些改造使员工满意度提高了29%，同时还减少了水和能源的使用以及温室气体的排放。[4]

人力资源部门通常是提供有关如何启动和维持新计划的组织发展建议的部门。在为各组织提供咨询服务时，我们发现许多组织都存在不必要的执行错误，具有组织发展背景的人，都熟悉这些错误：

（1）任其自然式培训。一家木制品制造企业给员工提供了自然步（Natural Step）框架培训，然后就坐等待奇迹的发生。然而，许多员工忘记了所学的知识，因为没有计划性的方法让员工立即使用这些知识或长期跟踪培训带来的变化。员工几乎没有提出任何想法，后来这家企业采用了更加结构化的方式让员工参与并量化结果。

（2）巨大黑洞。另一家公司对所有员工进行了可持续性培训，并要求员工就有关组织可以采取的行动交换想法。然后公司把想法收集起来，但是没有评估、跟进或反馈的过程。在大约两年时间里，这些想法被遗忘在黑洞中，员工怀疑公司是否真的想了解他们的想法，所以不再给公司提出意见。

（3）同物异名。总部位于俄勒冈州名为生态乌托邦（Ecotopia）的公司郁闷地发现，他们在美国东海岸的员工对"环保主义者"这样的术语的理解与其他人的理解不同。对员工进行的环保培训并没有使他们感到激动，反而加深了他们对这个概念的抵触。

（4）无所适从。一名房地产开发商对可持续性这一新概念非常感兴趣，并雇用了一个人来负责该工作。但是，高层管理团队从未讨论过如何将可持续性纳入其公司战略。此时，他们已经雇过两个可持续性发展协调员，但两个人都沮丧地离开了。

（5）一厢情愿。一家建筑公司的老板鼓动得员工对可持续性发展过于热衷，觉得公司的变化速度不够快，然后纷纷离职。

您应该认识到这些变革管理错误。它们很常见，如果这些企业将人力资源专业人士纳入他们的计划，就可能避免这些不必要的麻烦。因此，如果您不清楚聚氯乙烯(PVC)和聚酯(PBT)之间的区别,也没关系。您的技能对于实现可持续性至关重要。您的任务是做一个多面手、一个变革顾问、一个流程设计师或会议主持人。这些都是您擅长的工作,对于可持续性主题里您尚未掌握的内容,可以通过上课、读书或找一个这方面的专家作为影子顾问来解决,很快您就能了解。

可持续性的核心在于组织变革和文化变革。《领导力与组织文化》和《企业文化生存指南》的作者埃德加·沙因(Edgar Shein)指出了影响企业文化的五个主要机制是:

(1)领导者关心、衡量和奖励的内容都是什么;

(2)领导者面对重大事件的反应是什么;

(3)领导者有意树立的典型是什么样的;

(4)奖励和地位的分配标准是什么;

(5)选拔、招聘、晋升和解雇的标准是什么。[6]

请注意,这些机制中有很多都是人力资源的职责范围,有些是人力资源明文规定的职责,有些是通过管理培训和辅导完成的。因此,人力资源是使可持续性发展"坚持下去"的关键。

二、可用战略

我们认为人力资源主管的作用可以归结为以下方面:

(1)向高管介绍可持续性的概念。如果您公司的高管还不太了解这一概念,请寻找适当的时机和最佳的介绍方法。

(2)就如何实施提供意见。帮助制定一个成功可能性很高的计划。

(3)统一人力资源系统。将可持续性纳入您的人力资源系统(例如,入职培训/日常培训、招聘、审查、薪酬、福利)中,并强化这一部分,使其成为企业文化的一部分。

(4)将得体的行为作为典范。评估您自己的影响，并对会议管理、文件处理、奖励措施和其他任务进行改进。

(5)衡量收益。改进现有的衡量系统，对可持续性发展计划带来的回报进行跟踪。

(一)将这一概念介绍给高管

企业可持续性发展网络指南(the Network for Business Sustainability's Guide)告诉我们如何将可持续性纳入企业文化，93%的首席执行官认为可持续性对公司未来的成功至关重要，但大多数人都不知道如何将可持续性纳入公司文化。[7] 因为人力资源部门通常包括企业发展职能，帮助高管协调战略和运营部门，所以人力资源专业人士通常可以很好地向高管介绍新趋势，并帮助他们制定应对这些趋势的举措。记住，您不必是专家，您的任务可能很简单，只需向他们推荐有关可持续性发展趋势的文章，使他们了解这一全球新趋势可能影响公司的业务。

资源

以下是一些我们最喜欢的文章，推荐给高管们了解可持续性：

1.Bertels Stephanie(2010)Embedding Sustainability into Corporate Culture: A How-to Guide for Executives. London,ON:http://nbs.net/wp-content/uploads/Executive-Report-Sustainability-and-Corporate-Culture.pdf。这项研究综述了 13756 篇学术和从业者文章，提供了将可持续性嵌入公司文化并探索其他类型的文化(包括创新和安全)的最有相关性的示例。

2.Eccles,Robert,Ioannis Ioannou,and Geroge Serafeim(2011)The Impact of a Corporate Culture of Sustainability on Corporate Behavior and Performance,Harvard Business School Working Knowledge. http:// hbswk . hbs.edu / item / 6865.html。这项研究调查了企业可持续性文化对企业行为和绩效结果的多个方面的影响。通过研究 180 家公司的抽样调查发现，

到 1993 年那些自愿采用环境和社会政策的公司、具有高度可持续性的公司,与那些几乎不采用这些政策的公司样本具有截然不同的特征。

3.Hall,Jeremy and Harrie Vrendenburg（Fall 2003）The Challenges of Innovating for Sustainable Development,*MIT Sloan Management Review*.本文解释了为什么可持续性发展可以两者兼顾。从公司的角度来看,创新可以成为可持续竞争优势的主要来源,同时也可以是风险、破坏竞争和失败的重要根源。社会和环境问题带来的相互作用的压力使可持续性计划(SDI)比传统的市场驱动型创新更为复杂,例如孟山都的转基因产品失败。本文还介绍了 Suncor 和 Transalta 如何成功管理了该风险。

4.Hart,Stuart L. and Mark B. Milstein(1999)Global Sustainability and Creative Destruction of Industries,*MIT Sloan Management Review*. 本文清楚地将绿色战略与可持续性发展战略区分开来。例如,绿色战略侧重对现有产品、流程、供应商和客户的逐步改进。而可持续性发展则侧重新兴技术、市场、合作伙伴和客户,这表明更强调不连续创造性破坏/产业重组。它还将全球市场分为三个部分:消费经济(10 亿人口),新兴市场(20 亿人口)和生存经济(30 亿人口)。基于您所处的市场,您应提出不同的问题,并关注不同的结果。

5.Senge,Peter M.,Benyamin B. Lichtenstein,Katrin Kaeufer,Hilary Bradbury and John S. Carroll(Winter 2007)Collaborating for Systemic Change,*MIT Sloan Management Review*,48(2),pp.44–53.

6.Senge,Peter and Goran Carstedt（Winter 2001)Innovating Our Way to the Next Industrial Revolution,*MIT Sloan Management Review*. 本文很好地解释了为什么可持续性将成为真正的"新经济"(相对于不太新的互联网经济而言)。对于不熟悉该问题的高管来说,这是一个很好的总结,因为它包括大多数基本概念(例如自然资本主义)、知名高管的名言,它将生态效率与可持续性区分开来,并分享了一些精彩的获利故事。

7.来自世界各地的科学家为联合国进行的"千年生态系统评估"研

究总结了主要问题。长达 31 页的概述报告《超越我们的生活:自然资产和人类福祉》全面地涵盖了我们面对的全球挑战。http://www.millenniu-massessment.org/en/index.aspx.

此外,以下是人力资源人员可以采取的一些战略,将可持续性介绍给高管们:

1.从值得推崇的管理期刊(例如 *Harvard Business Review*, *MIT Sloan Management Review* 或 *Business Week*,复印一些与可持续性相关的文章。

2.在管理会议上,放映与可持续性相关的视频(例如,The Net Industrial Revolution, The Story of Stuff 或 The Circular Economy),并将其作为讨论的开始。

3.在为战略规划会议做准备时,向管理层建议可持续性应作为他们研究的新兴趋势之一。

4.从其他受人尊敬的组织中,邀请管理人员来分享他们为什么将可持续性作为战略问题,以及如何使用可持续性来提高绩效。

(二)咨询实施

在实施可持续性方面,组织犯的许多错误都是可预测的变革管理错误。鉴于大多数实施可持续性的人员都没有变革管理培训,因此这不足为奇。人力资源专业人员可以成为重要的合作伙伴,以制定适合特定组织情况的成功实施计划。他们了解参与的重要性;他们知道如何应对抵制(他们熟悉重组技术以使利益相关者参与其中);他们控制着许多交流和教育系统;他们经常指导经理们自己的业绩。

例如,位于俄勒冈州波特兰市的俄勒冈科学与工业博物馆(Oregon Museum of Science and Industry)的执行董事对可持续性充满热情,但她认识到在她的组织中,自上而下的指令很难像自下而上的实施那样坚持长久。因此,她聘请了我们来帮助她制定实施战略。我们成立了一个由员工和经理组成的指导委员会，其职责是研究可持续性，促进一些试点项目,并在年底之前建议该组织将可持续性作为其战略目标之一。指导委员会制定了两个广泛的改进目标:零废物和气候变化,并各自成立了一个工作组来处理这两个问题,他们将结果报告给指导委员会。他们在全员会议上汇报了如何将固体废物减少40%,并鼓励更环保的运输方式。指导委员会还设立了非正式的午餐时间会议,使员工可以了解可持续性。到今年年底,博物馆中的每个人都对可持续性有了一定程度的了解,指导委员会向执行董事提供了她所期待的强有力的支持。

　　人力资源部门可以发挥的第二个作用是帮助各个部门理清并改进流程。许多环境影响分析,尤其是与环境管理系统有关的分析,都基于流程图。许多人力资源专业人员在组织发展或质量管理领域的经验丰富,是有备而来。

资源

　　1.Doppelt,Bob(2003)*Leading Change toward Sustainability.* Sheffield, UK：Greenleaf Publishing.Eisler,Riane （2007）*The Real Wealth of Nations*：Creating Caring Economics. San Francisco,CA：Berrett-Koehler.

　　2.Natrass,Brian and Mary Altomare （2002）*Dancing with the Tiger: Learning Sustainability Step by Natural Step.* Gabriola Island,BC： New Society Publishers.通过北美的案例研究,概述了流行的自然步框架。

　　3.Willhem,Kevin （2014）*Marking Sustainability Stick.* Saddle River, NJ：Pearson Education.

　　4.Willard,Bob(2009)*The Sustainability Champion's Guidebook.* Gabriola Island,BC： New Society Publishers.

(三)统一人力资源系统

　　人力资源系统对员工的行为具有强大的影响，因此确保人力资源系统支持鼓励的行为,这至关重要。例如,吹捧团队合作和协作的公司很快发现,他们以个人为中心的绩效评估和奖励制度破坏了他们试图引入的协作。如果您关注这些不协调的问题,则可能会破坏您自己负责的协作工作。

1.入职培训

许多组织在开始可持续性发展工作时都会进行全面培训计划,但随后却忘记了员工的流动率。将可持续性纳入新员工入职培训将确保工作顺利进行。

2.选拔和职位描述

可持续性将逐步融入人们的工作中,这也会反映在职责说明和选拔标准中。雪佛莱公司将对环境问题的理解作为首席执行官的选择标准。[8]您也希望帮助弱势群体,出于多种原因,这已经成为一个强有力的多元化计划的一部分,可持续性增强了与社会各阶层互动的可能性。

3.培训

将可持续性纳入您的培训计划中。将可持续性包括在监督和管理培训中,也在其他课程中包含与可持续性相关的例子。确保所有员工对可持续性概念有一些基本的了解,并且随着时间的推移,根据需要提供一些更深入的关于专业主题的培训。请记住,培训不只是在教室进行。找寻方法将可持续性纳入员工例会和其他公司沟通的场合。

培训并不总是与工作有关。例如,沃尔玛一直为员工提供可持续性的培训并鼓励他们开展个人可持续性项目。该计划是自愿的,但是许多员工都在参与。项目包括吃更健康的食物、在家中使用环保材料和为有关项目提供志愿服务。许多组织都发现讨论课程也可以有效提高员工参与度。帮助员工将个人价值观应用于工作和生活中,可以产生一种强大的动力。

4.审查与奖励

将您的薪酬和奖励系统与您的可持续性发展政策挂钩。通常,将一小部分薪酬与可持续性挂钩就足以让人采取行动。当然,您还要确保支付合理的基本生活工资。当然，确定多少工资足够生活没那么容易。回春（Rejuvenation）是一个坐落于俄勒冈州波特兰市的周期性照明设备制造商，它一直在全球竞争中努力经营，并给员工支付合理薪酬。该公司做了一项研究合理薪酬水平的区域性调查，但也发现合理的薪酬对于单亲父/母亲或单身人士以及对于有三个孩子和双份收入的夫妻截然不同，所以他们开始更多地了解员工的家庭情况，以确定合理的工资水平，然后根据这个来确定他们能够提供给初级员工的薪酬。他们的一部分战略是低等级职位加薪速度比高等级更快，以缩小工资差距。

大多数组织将绩效审查系统与薪酬联系起来，这也提供将可持续性纳入绩效审查当中的机会。因为目标通常与工作任务相关联，这件事做起来有一定难度。一个阻碍实现可持续性发展的困难是，人们不知道他们如何改变以往的做法。华盛顿州生态局的固体废物分部曾听到很多人说，"我遵守法规就够了"，而其他人则乐于设想如何将可持续性纳入他们的日常工作生活中。

为了解决这个问题，我们帮助他们制定了指导流程，指导员工将可持续性融入他们的工作中。生态局成立了一个"相似工作组"（Job Alike Groups，JAGs），成员为全州做同样工作的人。我们设计了一个类似"回测"（backcasting）的流程，相似工作组审查工作流程，确定影响，定义可持续未来的状态，然后向回推断他们十年、五年、一年以后，以及现在必须采取什么不同于以前的行动。我们培训人们以适应这些相似工作组会议。它的管理人员也经历了一个稍微不同的过程以确定如何支持这些工作。这包括一个与他们的绩效审查系统相关联的过程，管理层鼓励员工就如何改变工作方法向绩效审查讨论会提出想法，使这些改变能够体现在个人绩效计划中。蒙大拿州雷德洛治（Red Lodge）的一个滑雪场，雷德洛治山区度假村（Red Lodge Mountain Resort），一直致力于让他们的 250 名季节性员工一起参与到可持续性发展工作中。通过调查，他们得知薪酬不是员工关心的首要问题，员工们更关心他们的表现。管理团队设置了一个审查系统，包括中期审查和离职面谈，这大大提高了整体士气和参与度，现在他们的员工保有率接近 80%，这在滑雪行业是非常难得的。位于蒙大拿州博兹曼（Bozeman）的梅斯基特修车厂烤肉与汤屋（Garage Mesquite Grill and Soup Shack）是一家餐馆，他们发现，员工审查的连贯性带来员工保有率的提高和更顺畅的沟通。他们为员工提供灵活的工作时间、与经理的见面会、接受继续教育和成为领导者的机会。他们鼓励社区服务和主办员工发起的募捐活动。最近的一次是为一名患有脑癌的小女孩募捐，以帮助她的家人。他们的目标是使可持续性发展与员工个人目标保持一致，让员工觉得工作与自己的价值观相辅相成。

5.激励计划

奖励/酬金计划和比赛可能会有风险，因为在心理学中，奖励对人类行为的影响非常复杂[我们推荐参阅阿尔菲·科恩（Alfie Kohn）的《奖励性惩罚》以了解详情]。有时它只是确保员工在其中有所得。位于爱达荷州路易斯顿的卢佩尔兄弟修车厂（Luper Brothers）的员工，在办公室回收铝、纸板、塑料、废铁和聚苯乙烯。他们意识到唠叨并不是让员工回收的最佳方式，相反，他们制定了一项激励计划，使员工利用自己的时间从废零件里回收更有价值的金属和金属零件（铜、铝、轴承），并通过出售来获得额外收入。

桑德逊斯图尔特（Sanderson Stewart）是科罗拉多州、蒙大拿州和北达科他州的一家社区发展服务公司，他们提出的"奉献 10%计划"，倡议员工每周将 10%的工作时间奉献给志愿服务、专业和业务拓展。

早在 20 世纪 80 年代，美国陶氏化学公司曾实施了一项非常著名的奖励计划，在改善环境绩效方面卓有成效。虽然这个例子已经过时，但从他们的成功中可以学到很多东西。1982 年，他们在路易斯安那的分公司举办了一个节能项目比赛，以提高投资回报率。在第一年，共有 27 名获奖者,项目共需170万美元的资本投资,平均投资回报率为173%。最令人惊讶的是,与回报递减的常规认知相反,每年都会出现更好的项目,产生更高的投资回报率。在这些项目中,由于流程改善,劳动生产率的增益开始超过能源和环境的收益。10年后,该比赛的优胜项目达到了300%的平均回报率! 我们相信员工也会变得更善于发现机会改进流程。[9]

6.交通计划

许多人力资源部门开展各种计划减少通勤的影响,包括补贴公共汽车车费、协调拼车,以及鼓励远程办公。对于服务业企业而言,交通可能是影响环境的主要原因。例如,对于俄勒冈州波特兰市的SERA建筑师事务所的回测过程显示,通勤和差旅是迄今为止最大的影响因素。在他们调查通勤问题时,他们向每位员工发放相当于每月公共汽车车费的现金。员工随意使用这笔钱,开车上班的人用它来交停车费。公司觉得这项政策没有发挥相应的作用。当他们统计分析时,发现33%的员工独自开车上下班。公司支付给员工的交通补贴加起来,相当于每个员工多了两天的带薪休假。于是SERA决定取消给予那些单独开车上下班的员工的补贴,改为给每位员工两天额外的带薪休假。现在公司要求每个员工提交季度交通报告,如果员工可以证明他们至少80%的时间都使用其他交通方式替代独自开车,他们将获得相当于三个月公交车费的季度奖金。

政府机构也已经证明重大的激励措施可以鼓励多种通勤选择。华盛顿州克拉克县是毗邻俄勒冈州波特兰市的一个市郊农村社区。克拉克县最近通过了可持续性发展政策,采取了多项举措,包括重大的激励措施以鼓励多种通勤选择。除了完全补贴公交车费和拼车停车,对于一个月内至少通过其他交通工具往返12次的员工,克拉克县还提供额外2个小时的休假时间。虽然一些人认为这会浪费工作时间,但可持续性发展协调员皮特·迪布瓦(Pete DuBois)认为,人们往往将工作压缩进已有的时间内完成,"比如休假前的一周,您在那个星期做了更多的工作来弥补时间"。休假奖励只是针对那些拼车、乘坐公交、步行和骑自行车人，可以被视为对等公交车、等拼车伙伴，或骑自行车、步行所花时间的补偿。克拉克县获得了华盛顿州交通局的拨款，为员工提供"通勤新选择，改变旧习惯（CASH）"计划，向选择新的通勤方式的员工提供现金奖励。克拉克县并非交通友好型地区，而却率先鼓励人们减少通勤次数。

瑞士再保险公司对气候变化极为关注，在他们的"COYou2 减少与收获计划"中，他们激励员工减少工作和生活中的个人碳足迹。2011 年，他们提供给员工一半的费用以购买混合动力汽车、安装太阳能电池板或乘坐公共交通工具。[10]

在美国，您可以设置一个税前交通储蓄帐户（类似健康储蓄帐户），使员工可以用税前收入支付通勤替代费用（例如公交车费）。日本汽车制造商马自达每月奖励步行上班的员工 1500 日元（约合 12.50 美元），以鼓励他们改善健康状况和保护环境。员工住址必须距离工作场所至少 2 公里，每月步行至少 15 天才有资格申领。雅马哈也有类似的计划。这些计划节省医疗费用，足以收支平衡。

原先，雇主认为员工的通勤不是他们要关心的问题，但是花点时间来算算提供员工停车场的成本。那块铺有沥青的土地花了多少钱？当员工疏于锻炼时，肥胖症和相关的健康问题让医疗费用增加多少？位于俄勒冈州波特兰市中心的波特兰州立大学发现，如果所有员工都需要停车位的话，他们不可能按照计划扩招学生。所以他们采取一系列措施以鼓励通勤替代方案。比如，停车场位置不方便，而公交车站就在正门附近，每月停车单的收据上显示年度停车费用，使开车的成本一目了然。当不得不开车时，该大学还提供灵活租车（Flexcar）福利计划，使教授和员工可以按小时租车。

不仅仅是通勤，人力资源部门也可以借助科技减少商务旅行的需求。像会易通（GoToMeeting）和同行（Join.Me）等先进的技术，降低了旅行的必要性。驾车和倒时差需要时间，都大大降低了生产率。与信息技术部门合作找到最佳通勤工具,并给员工提供相关培训。然后建立激励措施以减少交通量。渐进投资管理(Progressive Investment Management)是一家具有社会责任的投资管理机构,该公司对员工选择的通勤带来的气候影响实施收费。员工们要统计自己的商旅与通勤情况,购买碳补偿的费用需要从他们的年度奖金中扣除。

7.工作/生活平衡支持系统

由于现代社会中的父母双方都有工作,期望人们将家庭生活抛开并不现实。帮助员工平衡工作和生活,可以提高员工的留任率。统计分析软件公司(SAS)的总部位于北卡罗来纳州的凯里市,他们在餐厅提供日托服务和高脚椅,孩子们可以与父母一起吃饭,员工每天工作 7 小时,并可以享受无限期病假。SAS 经常在《财富》杂志评选的百家最佳雇主中排名前十,同行业的离职率为 20%,而他们仅为 4%。培训一个新人要花费长达 18 个月的时间和薪水,所以这些举措还是非常值得的。[11]

《不堪重负:无暇兼顾工作,爱情与玩耍》一书的作者,记者布里吉德·舒尔特(Brigid Schulte)认为,当工作是用时间而不是绩效来衡量时,只是让人们显得忙碌,而实际上导致了创造力和创新能力的下降。舒尔特提到的一个现实例子是五角大楼的文化转变,以前长时间工作使员工精疲力竭,降低了工作质量和效率,改变了工作时间表和更灵活的政策后,企业文化焕然一新,不再提倡忙碌。她还提到,一家名为门罗创新(Menlo Innovations)的软件公司认为加班是效率低下的标志。"如果您不知道如何在 40 个小时内完成这项工作,我们将解雇您!"[12]

法国在 1999 年推行了著名的"每周 35 小时工作"计划,近期,雇主联合会和工会签署了具有约束力的协议,旨在避免工人过多地加班,工作时间之外,雇主和员工都需要从与工作相关的电脑和智能手机中脱身出来。在瑞典哥德堡有个类似的做法,当地市议会正在尝试每周 30 小时全薪工作制——每天工作 6 小时(全薪)——希望借以提高效率和生产率,并创造更多就业机会。

8.投资和退休基金

在许多组织中，退休福利是人力资源责任的一部分。根据社会责任标准筛选投资可以向市场发出重要信号。加利福尼亚州庞大的公务员退休基金正是这一做法的领军者。

资源

在美国，有关基本谋生工资的工作以及绿色工作的信息，可以参阅马萨诸塞大学阿默斯特分校的政治经济学研究所网站 http://www.peri.umass.edu/.有关可持续性教育材料，请参阅以下资源：

1.Galea,Chris (ed.)(2005) *Teaching Business Sustainability:Volume I—From Theory to Practice.* Sheffield,UK：Greenleaf Publishing. 还有 2007年出版的第二卷 *Cases,Simulations and Experiential Approaches*。

2.Hitchcock,Darcy(2008)The Dragonfly's Question(自行发行)是一部供商业和社区团体学习可持续性概念和原则的中篇小说和讨论指南。http://www.lulu.com/shop/darcy–hitchcock/the–dragonflys–question/paper-back/product–I894030I.html.

在美国，可以参加西北地球研究所的讨论课程，帮助员工了解他们的理念并了解生态学原理：http://www.nwei.org.

(四)将适当的行为树立为典范

人力资源部门应该将"服务和办公室运行"一章中的建议付诸实践，将可持续行为树立为典范，并设置工作生活平衡的基调。人力资源部门也非常适合组织社区项目，并参与其中，遵循对环境有利的采购准则来采购产品和服务。安排会议时，使用环保的餐饮公司，因为这样的公司提供当地种植的季节性的农产品，提供自助餐以减少包装和可循环使用的餐具和杯子。利用您在组织中的影响力将诺言付诸行动。号召法律部门员工双面打印合同并使用电子签名。鼓励采购部门执行对环境有利的采购政策，并与设施部合作,以改善办公楼里的舒适度和空气质量。

(五)衡量效益

了解企业的各个方面如何影响人类健康、员工满意度和劳动生产率。您知道绿色清洁产品可以减少与哮喘及其他与肺和皮肤过敏相关的缺勤吗?您知道自然采光和其他环保的建筑做法可以提高生产率吗?您知道可持续性能如何使工作有意义,并帮助您吸引和留住员工吗?建议您与设施经理聊一聊清洁工作问题,并尽量参与新的计划制定。与高层管理人员共同努力,最大程度地提高可持续性发展带来的效益,以激励应聘人员和员工。

三、结论

人力资源尽管与可持续性发展没有直接关系,但对可持续性发展的落实,以及员工的感受影响都很大。为了将可持续性真正地嵌入组织内部,有必要使所有系统保持一致,尤其是绩效管理、战略规划系统以及整体的组织文化。人力资源经理处于实施的关键位置。

四、应用问题

(1)您的战略规划流程如何运行,将可持续性纳入哪个部分比较好?

(2)哪些岗位职责急需纳入可持续性的内容?哪些岗位职责没这么迫切,但纳入之后会带来高杠杆效益?

(3)考虑一下您企业的流程(例如会议、培训),然后确定如何在企业其他部门将可持续行为树立为典范。

表 8.1 S-CORE：人力资源部
（参阅引言中的"如何使用自我评估"）

做法（分数）	孵化器（1分）	计划（3分）	全面（9分）
执行教育：为行政人员提供可持续性教育。 实施战略：制定计划支持实施领导力愿景和战略。 文化：让可持续性成为"我们在这里做的事情"。 员工的入职培训和日常培训：为所有员工提供持续的可持续性教育。 绩效系统：将可持续性嵌入到职位描述、选拔标准和绩效审查中。 薪酬：反映公平，并为可持续性表现制定激励措施。	通过文章、演讲者和其他方法使高管了解可持续性。 运行可持续性的试点项目。 开发一种赋权文化，让员工经常想出提高绩效的方法；可持续性是员工关注的领域之一。 为参与可持续性工作的员工提供培训。 引入正式流程来帮助员工发现如何将可持续性应用到他们的日常工作中。为所有员工提供公平、谋生工资和适当的福利。	向管理人员提供关于可持续性的正式培训，并将其相关的讨论纳入规划会议。 帮助管理一个正式的覆盖全组织的可持续性方案。 有一个正式的系统，认可员工对可持续性的贡献。 培训所有员工，使其了解可持续性概念、与其相关的框架和工具。 重写工作描述和选拔标准，将可持续性纳入所有合适的员工的职责。 提供激励和消除影响可持续性绩效的不利因素。	将可持续性知识和承诺作为管理人员遴选和绩效考核的依据。 将可持续性嵌入所有的业务系统中（规划、预算、审查、奖励等）。通过内部和外部的语言和行动来显示可持续性是本组织的核心价值。 经常提供先进的可持续性做法的培训。 将可持续性纳入绩效考核。 出台政策，使最高工资和最低工资员工之比保持在合理的范围（小于 1∶50）。
组织氛围：提供一个尊重他人和高效的工作场所。 通勤：提供有效的激励措施，鼓励使用其他交通方式和减少通勤。 志愿服务和慈善：支持您所在的或能够影响的社区。	至少每两年进行一次员工调查，并根据结果采取行动（包括员工参与、多样性、工作／生活平衡、谋生工资等）。 只为拼车员工提供付费停车。鼓励替代开车的交通方式。将办公室选址在至少有一种方便的公共交通的地方。 用政策鼓励员工花时间从事慈善和志愿服务。	为弱势群体提供工作机会，并积极招募他们（残障人士、少数族裔和失足青少年）。 为替代开车的交通方式提供帮助（如补贴公交车费、交通储蓄账户、搭便车信息分享、共享交通工具的使用）。允许员工在带薪工作时间内从事志愿服务。	在本州、本省或本国被评为最佳工作机构。 提供财务激励（包括奖金、碳补偿等），鼓励替代的交通方式，为员工购买最环保的汽车型号提供财务帮助。 选择对您的组织有战略意义的慈善机构或社会／环境问题，提供每人每年至少 40 小时的公益服务。

续表

做法(分数)	孵化器(1分)	计划(3分)	全面(9分)
总分			
平均分			

注释：

1.Mattioli,D.(13 November 2007)How Going Green Draws Talent,Cuts Costs. *Wall Street Journal*,B10.http://www.wsj.com/articles/SB11949284319 17911.

2.Adecco Group North America(17 April 2008)Is the"Green" Movement in the Workplace Fact or Fiction? http://www.csrwire.com/press_releases/ 14412-Is-The-Green-Movement-in-the- Workplace-Fact-or-Fiction-.

3.Earley,K(20 February 2014)Sustainability Gives HR Teams an Edge in Attracting and Retaining Talent. *Guardian Professional*. http://www.the-guardian.com/sustainable-business/sustainability-hr-edge-attracting-retain-ing-talent.

4.Davis-Peccoud,J.(20 May 2013)Sustainability Matters in the Battle for Talent. HBR Blog Network. http://blogs.hbr.org/2013/05/sustainability-matters-in-the/.

5.Sustainable Life Media(15 May 2008)Green-Building Retrofits Make for Happier Workers. Report Finds. http://www.sustainablebrands.com/news_and_views/articles/green-building-retrofits-make-happier-workers-report-finds.

6.Schein,E.(2004)*Leadership and Organizational Culture: A Dynamic View.* San Francisco,CA: Jossey Bass.*Schein*,E.(2009)*The Corporate Culture Survival Guide.* San Francisco,CA: Jossey Bass.

7.Bertels,S.(2010)Embedding Sustainability into Corporate Culture：A How-to Guide for Executives. London,ON：The Network for Business Sustainability.http://nbs.net/wp-conten/uploads/Executive-Report-Sustainability-and-Corporatc-Culture.pdf.

8.Diamond,J.(2005)*Collapse：How Societies Choose to Fail or Succeed*. New York,NY：Viking,p.450.

9.Romm,J. J.(1999)*Cool Companies：How the Best Businesses Boost Profits and Productivity by Cutting Greenhouse Gases*. Washington,D.C.：Island Press,pp. 164-165.

10.Way,M. & Rendlen,B.(October 2007)Walking the Talk at Swiss Re. *Harvard Business Review*,85(10),42.

11.Eisler,R.(2007)*The Real Wealth of Nations：Creating Caring Economics*. San Francisco,CA：Berrett-Kochler,pp. 47-48.

12.Schulte,B.(2014)*Overwhelmed：Work，Love and Play When No One Has the Time*. New York,NY：Sarah Chrichton Books.

第九章

采购部*：如何决定采购什么、如何与供应商合作

在过去的 10 年中，采购已从行政职能转变为战略职能。仅仅是按时和低廉地获得产品远远不够。现在，对于管理废物、处理产品索赔、管理整条供应链，甚至应对气候变化而言，采购已是不可或缺的。适时制造需要与少量的供应商建立更紧密的关系。客户的要求正在驱动产品设计。公众和股东的期望促使采购经理们了解其供应商的劳工和人权状况。因此，现在的采购对于提升效率、竞争力和形象至关重要。本章将更深入地探讨这些驱动因素与可持续性的关系。

一、您应该了解的可持续性

谚语有云"有涨必有落"，对于采购，则是"有进必有出"，要么以产品的形式，要么以废物的形式。一项针对"美国制造业材料吞吐量"的研究发现，只有 6% 的投入物料最终出现在产品中。[1] 我们采购的大量的材料都不

* 第三版的第九章在马里萨·甘特的帮助下更新。

会转化为销售。剩下的大部分还必须以垃圾收费或排放许可的形式再次支付费用。例如在汽车、纺织和电子等一些行业中,采购最多可占总成本的 80%。[2] 更好地管理采购不仅可以减少对环境和社会的影响,还可以节省与物料投入和产出有关的成本。

(一)您的手里(或产品里)有什么?

现在,社会日益要求企业证明其产品的环境声明。许多政府和公司正在颁布更环保的采购政策, 发布他们想要减少或完全淘汰的化学制品灰名单和黑名单。这就要求您知道产品中所使用的子组件、零部件和添加剂中都含有什么东西。2010 年,在检测中发现了高含量的镉后,沃尔玛禁止销售 Miley Cyrus 儿童珠宝。然后公司展开合规调查,致使零售商将所有儿童珠宝下架,三周内所有儿童吊坠的销售都被禁止,为此公司损失了数百万美元。[3] 采购代理必须通过调查和其他方法,了解他们采购的产品中都含有什么东西。

(二)供应商代表了我们

不要重蹈耐克的覆辙。几年前,耐克发现公众认为耐克需要对供应商的劳工做法负责时,感到非常惊讶。耐克不生产任何东西:他们主要使用亚洲供应商制造鞋子和服装。然而,当虐待工人和低工资的新闻见报时,耐克的形象一落千丈。如果公众将公司与它的主要供应商视作一体的话,那么就应谨慎对待,更多地了解供应商在社会、道德和环境方面的状况。

(三)供应的威胁

适时制造造就了独家采购或造成供应商数量减少, 随之而来的是一定程度的风险。如果唯一的关键组件供应商遇到重大问题怎么办? 比如,由于气候变化引起的天气灾害严重影响了供应商的工厂, 环境部门将其关闭,或者某一种关键原料突然被列为危险材料,整个供应链都立即受到影响。对于本地采购的公司也是如此,本地采购具有运输成本较低和碳排放较少等许多优势,但如果发生某种区域性灾难,公司将不堪一击。

　　为了控制这种风险，许多采购部门要求供应商拥有环境管理体系或 ISO 14000 或可持续性认证。公司也已采取措施与供应商合作，制定气候适应型基础设施方案，以减少供应链中断的风险，比如在更高处安装并密封对水敏感的设备，以此减少发生灾害时，公司和供应商所受的影响。

　　整个世界相互依存，一个事故可能导致许多问题。例如，2011 年亚洲海啸引发了日本有史以来最严重的洪灾，洪水冲毁了一个工业区，使生产硬盘关键部件的工厂遭到破坏，导致英特尔等芯片制造商的供应链中断。尽管海啸是由日本附近的重大地震引起的，并非人为错误，但它显示了拥有强大的供应链管理系统的重要性。以英特尔为例，海啸使得公司短缺硬盘零件，从而造成亏损，使第四季度收入减少了 10 亿美元。此外，投资者信心下降，使股价下跌了 4.8%。英特尔和其他高科技公司不得不应对硬盘价格上涨 80~90% 的问题。[4]

（四）真正更好的是什么？

　　确定产品 A 是否比产品 B 更可持续是个艰巨的任务，比乍看起来要复杂得多。但采购部门必须做出这些评估。他们通常可以借助由第三方审核的产品认证方案（绿色印章、能源之星、食品联盟、森林管理委员会等）。但是这只是部分解决了问题，因为经常有相互矛盾的认证方案针对同一产品提出不同的主张。采购人员就必须评估是否认证 A 优于认证 B。

（五）推动市场

　　一些组织或组织团体将采购作为一种方式推动行业朝着可持续性方向发展。沃尔玛就是一个很好的例子，该公司以前所未有的力度与供应商共同协作，通过可持续性指数在所有产品中推广可持续性采购准则。这在工业集团也日益普遍。可持续服装联盟就是这样一个行业组织，它汇集了一百多家不同的公司，共同建立了希格指数。希格指数是一种基于指标的评估工具，包括评估和跟踪对环境的影响并推动行为改善。可持续性采购领导委员会于 2013 年成立，是一个会员制组织，其使命是帮助公司采用可持续的采购实践,并共享工具。

智库和政府也纷纷加入进来,以采购为杠杆,推动可持续性发展。企业社会责任组织和希尔顿全球酒店集团(Hilton Worldwide)于2012年成立了一个可持续采购中心,作为一项与企业合作制定,并为企业服务的三年期计划,其宗旨是支持采购专业人员。同时,在全球层面上,联合国环境规划署(UNEP)最近启动了一项可持续采购计划,将提供数万亿美元的资金,帮助世界各国政府制定有利于绿色采购的政策。[5]

二、可用战略

如您所见,采购已不仅限于下订单和跟踪发货。采购部收到越来越多的要求,希望推荐更具可持续性的选择,并让顾客了解其产品的可持续性。先进的采购部门要采取什么战略以帮助他们的组织变得更具可持续性? 我们已将最常见的战略分为两大类:

(1)采购实践:支持可持续系统、政策和程序。

(2)采购项目:为解决特定问题而执行的典型临时任务。

(一)采购实践

采购实践包括那些支持或鼓励可持续选项的系统、政策和程序。以下介绍一些较为常见的最佳实践。

1.采用可持续或环保的采购政策(EPP)

许多组织,特别是政府机构,正在建立 EPP 准则。1998年,美国的47个州都有购买循环产品的类似政策, 如今几乎每个州都有某种包括可持续采购的政策。[6]例如,旧金山市在美国第一个颁布法律,要求所有的市政采购都要将公共卫生和环境管理纳入考虑范畴。这一法律覆盖了每年60亿美元的市政采购,从厕纸到电脑,一应俱全。[7]这些政策发出了重要的市场信号,奖励那些拥有更多可持续产品和服务的公司,激励那些还未着眼于可持续性发展的企业。顾名思义,大多数 EPP 政策都强调环境属性(通常包括人类健康),而忽略对可持续性发展同样重要的社会经济元素,但至少这是一个开始。您可以通过添加其他标准(如劳工实践、多样性和社区贡献)将社会经济因素纳入可持续采购政策中。

着重了解国外围绕公共采购制度化而展开的出色工作也可以使人大开眼界。欧洲的政策制定者在气候问题上采取更激进的立场,因而被全球广泛认可。2014 年,欧洲议会批准了对公共采购指令进行修改,从而影响了公共机关的采购行为。此举包括产品寿命周期成本计算必须加入温室气体排放,这样在评估供应商时,采购人员首次能够奖励生产过程中的节能机械等,这引发了一场采购行为是否能够成为一种应对气候变化手段的大讨论。2010 年,公共部门采购占欧盟国内生产总值(GDP)的 19%,这些政策变化能够产生惊人的结果。[8]

对于组织而言,这些 EPP 计划可以采取正式政策和准则的形式,或惯例的形式。不需要自己再发明创造,其中许多都可以从互联网上获得,可以自由借用。

利用下面的资源,您也可以使用生态标签代表自己进行的所有调查。请注意,由于认证成本高,并且员工需要更长时间来满足报告要求,选择使用认证可能不利于小型企业,因此您可能需要提供一种解决这个问题的方法。

资源

1."Buying a Better World" and also the Sustainable Procurement Toolkit:http://forumnforthefuture.org/project/buying-better-world-sustainable-procurement-toolkit/overview。英国的未来论坛提供此信息免费下载。

2.Buy Smart Network(以前称为 Sustainability Purchasing Networks):http://wwbuysmartbc.com.这个小组为加拿大的企业、非营利组织和政府组织提供可持续采购和供应链管理。

3.Ecolabel Index：http://www.ecolabelindex.com. 这是 197 个国家最大的的生态标签索引。该站点提供美国使用的不同生态标签的信息。

4.Green Plus：http://gogreenplus.org. 为企业制定可持续采购政策提供工具和资源。

5.Responsible Purchasing Networks：http://www.responsiblepurchasing.org. 提供资源、采购指南和网络研讨会。

6.US Environmental Protection Agency（EPA）Comprehensive Procurement Guideline Program：http://www.epa.gov/epawaste/conserve/tools/cpg/index.htm.该计划为多种产品提供建议的再循环成分含量下限。

2.将 EPP 或可持续选择嵌入在线系统中

在分散的采购环境中，鼓励人们选择 EPP 产品最有效的方法之一是,使它们易于找到并易于采购。例如,当搜索记事本时,首先显示由 FSC 认证的产品。如果他们想要可持续性较差的产品,搜索难度就会加大。例如,沃尔玛计划在 2014 年底在 walmart.com 上发布一个"可持续性商店",让客户轻松找到可持续产品。9

一些城市也紧随其后。纽约市的市长承包服务办公室（Mayor's Office of Contract Services,MOCS）与纽约市独家办公用品供应商史泰博（Staples）合作,通过改变市政采购流程来增加对无聚氯乙烯和无氯环保办公用品的采购。10 订购过程类似于在线购物,采购代理可以从代理商页面浏览到 Staples.com,并轻松从史泰博的 10,000 种生态环保产品中进行选择。11 2011 年,该市采购了 1,300 万磅纸,单是采购无氯纸就对健康有明显的益处。减少与化学制品的接触、减少化学涂层纸的焚烧都有益于工人们的身体健康,减少焚烧还可以避免将致癌物二噁英释放到大气中。

3.将可持续性语言嵌入《需求方案建议书》（RFPS）和合同中

可持续性有时会让我们碰到一些同道中人。曾经有人邀请我们参与他们的污水处理竞标。我们承认对污水处理一无所知,但因为我们了解可持续性,而且建议书必须有了解可持续性的人参与制定,因此他们坚持要我们参与。在撰写建议书的过程中,我们提供了许多有关可持续性的信息(还好,我们没有得到这份工作!)。因此,不要低估在建议书中提及可持续性或相关术语的影响,提及这些术语肯定会引起注意,有助于在反对者声称客户并未要求了解可持续性之前就先发制人。您不需要在评估标准中对其进行特别高的评价,就足以激发创新思维和创造性建议。

同样,也要将可持续性语言写入您的合同中。可以要求保洁服务商使用绿色印章认证产品或同等产品。要求园林绿化公司使用病虫害综合治理,而农药只能作为不得已的手段。要求建筑承包商回收或再利用90%或更多的建筑废物。专业的服务公司印制的报告采用无氯纸,包括至少30%的再生纸,装订报告时不使用塑料封面或乙烯基粘合剂。给您的律师也施加压力,要求他们双面打印合同或使用诸如 Docu-Sign 之类的电子签名。也可以使用现有的生态标签、第三方认证计划和标准作为补充标准。

您可以影响他人行为的另一个方面是使用合同语言。使用以下资源可以快速推进您的流程。还可以了解适当的第三方认证计划。

资源

1.Ecolabel Index. 有关在美国使用的生态标签的信息,请访问 http:// wwwecolabelindex.com/.

2.EPA's Design for Environment programme 帮助人们识别安全的清洁产品:http://www.epa.gov/dfe/.

3.EPA 的环保采购合同数据库:http://yosemitel.epa.gov/oppt/eppstand2.nsf.

4.使用服务合同把您自己和供应商的利益融合起来

有时,更改合同中的激励措施,使供应商的利益与您的利益相融合,就可以解决问题。通常可以采取将产品转化为服务的形式。您无需采购油漆,采购刷漆的服务即可。现在供应商不再想卖给您大量的有毒产品,而是通过减少产品的使用、降低毒性来获利。

这些服务合同最常用于化学制品和资源管理。例如,波特兰州立大学的垃圾搬运工过去得到的报酬通常是按搬运的垃圾吨数计算,因而不利于回收。回收的越多,搬运的垃圾越少,他们得到的报酬就越少。搬运工没有理由帮助大学减少废物,或增加回收利用。因此,大学着手制定新的合同语言,鼓励搬运工帮助减少废物,提高回收,由此产生的收益由双方共享。可持续性发展协调员米歇尔·克里姆(Michele Crim)说:"这非常好。现在,他们正在为我们的回收协调员组织实地考察,展示从始至终整套有效的回收流程。"自计划启动以来,该大学的回收率已经从 2008 年的 29.5%提升至 2013 年的 34.9%。[12]

5.采用供应链可持续性管理系统

供应链需要组织之间的协作,对于企业正变得日益重要。外包、适时制造和从始至终的法律风险都意味着必须超越企业的壁垒,整体运作。

表 9.1 总结了使供应链更环保或管理价值链的最常见的方法。[13] 找出最合适的方案需要预先详细计划。而供应链环境管理系统(SCEM)正好胜任这一工作。像其他管理系统一样,您需要制定政策和确定重点,做出规划、监督实施,并对结果进行评估。星巴克的前环境事务总监本·帕卡德(Ben Packard)强调说:

> 将"供应链环保化"完全孤立开来是错误的,应将其作为众多客户期望之一(还包括性价比、质量等)进行探讨和对待。如果您把它当作一个新的单独的课题,反而会增加实际工作的难度。人会自然而然地抗拒改变,只要您能够获得想要的性能改进,就没有必要将其设置得比例过大。[14]

表 9.1　与供应商合作的选择

方法	在哪种情况下使用
选择更环保的产品	您知道什么是更环保的产品、在哪能买到。 例如从一个以石油为基础的溶剂转为使用以水为基础的溶剂。
通知供应商	您知道什么更环保,但您现有的供应商不能提供。 您仍然想使用现有的供应商。 例如:发一封信给您的承包商,告知他们当您续约时,您将要求他们使用经过绿色印章认证或同等产品。
调研供应商	您需要知道您的产品的成分是什么。 您想影响您的供应商的经营战略。 例如:向您的橱柜供应商发送一份调查问卷,询问有关甲醛的情况。
形成联合	对您的供应商而言,您是一个小客户,影响力不足以获得他们的合作。 与其他公司合作不会削弱您的竞争优势。 您想为产品创造一个可靠的市场。 例如:您想使用 100% 的用后再生纸,但它的成本更高,所以您与办公楼内其他公司联合起来购买更大的数量,可以降低购买成本的 30%。
主办供应商工作坊	您需要改进您的流程、产品或与供应商的业务关系。 您计划继续使用相同的供应商。 例如:邀请您的一级供应商参加工作坊,探讨如何提高流程的质量、成本和环境绩效。
与非政府组织形成伙伴关系	您需要非政府组织的信誉保证(例如,避免"漂绿"的指责)。 该非政府组织与其他能提供更环保产品的供应商建立了关系。 您需要一个受人尊敬的中立派来召集竞争对手。 例如:作为一家咖啡店,您想要开发一个公平贸易的市场出售遮阴咖啡,就需要通过一个与咖啡种植者有联系的非政府组织,与咖啡种植者建立长期合同,并证明您的咖啡符合这些要求。

资源

1.Kearney, A. T.(2001)Greening the Supply Chain.可在线查阅 http://www.atkearney.com/news-media/.

2.National Environmental Education and Training Foundation(2001) *Going Green, Upstream: The Promise of Supplier Environmental Management.* Washington, D.C.: The National Environmental Education and Training Foundation.

3.UNOP(United Nations Office for Project Services)提供商业供应链和采购战略支持,国际浏览请参见:http://www.unops.org/.

6.采购绿色能源还是自己制造?

使采购更环保的首要问题就是能源的来源。许多公用事业公司现在都提供"绿色电力"的选项。综合考虑,电力行业的影响举足轻重。根据美国环保署的数据,2012 年, 美国 1611 家化石燃料发电厂产生了 20 亿公吨二氧化碳当量(CO_2e),占美国碳排放总量的 40%。除了毒性问题外,很多发电过程还排放温室气体,对全球气候有潜在的不利影响。例如,2011年, 美国 33%的二氧化碳排放来自公用事业行业, 相比之下, 运输业占28%,工业设施占 20%,商业和住宅建筑占 11%,农业占 8%。[15]

这个问题未必需要全盘肯定或全盘抛弃。您可以提高可再生能源的比例,例如,通过安装太阳能电池板或地热热泵等措施,每年提高 10%。节能措施也可以抵消额外的成本。由于可再生能源(例如风能和太阳能)既稳定又免费,因此您可以订立长期的绿色电力合同,避免受化石燃料价格波动的影响,从长远来看,这是最好的选择。

或者公司可以通过购买能源信用, 全部或尽量利用可再生能源自己发电的方式,全面支持绿色电力,与越来越多的环保公司一起促进绿色电力的发展。根据美国环保署的数据,目前有 639 家美国公司使用可再生能源来满足其组织范围内 100%的电力需求。这些公司从小到大,涉及了多个行业,包括英特尔、全食超市(Whole Foods)、美国大学(American University)和美国国家曲棍球联盟(National Hockey League)。[16] 软件巨头思爱普(SAP)刚刚宣布,他们计划实现 100%的绿色能源,而微软等公司正在尽其所能达到 80%的比例。[17] 生物质、水电、太阳能、风能、地热、沼气以及其他来源的能源生产在努力扩大规模,这对于支持绿色能源的企业来说,是一个令人兴奋的新领域。

7.制定激励措施和核对表,帮您做出更具可持续性的选择

到目前为止,本章讨论的大多数战略都需要有人花时间思考他们要购买的是什么。在这个忙碌的世界里,只有一小部分人会有足够的热情在没有任何帮助和督促的情况下做出努力。凯撒娱乐公司(Caesars Entertainment Corp)的情况就是如此,董事长兼首席执行官加里·洛夫曼(Gary Loveman)认识到了可持续性的价值,并在 2007 年经济开始低迷时发起了可持续性发展的努力。作为绿色代码战略计划的一部分,该公司在减少能源消耗和废物、增加回收以及开发环保采购计划方面设定了一些相当高的里程碑式目标。

尽管有各种赞美和高管支持,但当该计划启动时,整个公司的员工经历了一段困难的时期,他们很难将自己的工作系统化,也很难理解要解决的问题是什么,以及按什么顺序和何时开始。面对这个问题,公司做了两件事。首先,他们根据全球报告倡议标准建立了与总体记分卡挂钩的核对表。其次,凯撒为旗下超过最低要求的地产公司设置了竞赛,并给予奖励和认可。[18] 在将员工的工作系统化之后,凯撒改进了他们的采购政策,取得了令人赞叹的成绩。总体而言,从 2007 年到 2012 年,绿色代码帮助公司把电力和天然气消耗减少了 8.5%,温室气体排放量减少了 20%。[19]

资源

1.Bain & Company.http://www.bain.com/publications/articles/winning-with-procurement-in-asia.aspx. 提供框架,帮助公司深化采购。

2. 凯撒的核对表样本可以在线查看：http://sloanreview.mit.edu/article/caesars-entertainment-betting-on-sustainability/.

Making the Case for Sustainable Procurement by IBM：http://www.935.ibm.com/services/us/gbs/bus/pdf/sustainable_procurement_bobis_staniszewski.pdf.

3.Sustainable Procurement in Government：Guidance to the Flexible Framework：http://webarchive.nationalarchives.gov.uk/20140827110041/. http://sd.defra.gov.uk/documents/flexible-framework-guidance.pdf.

8.将与弱势企业和弱势群体合作作为一种经济发展战略

可持续性的环境方面更容易衡量和关注，但社会方面（例如如何对待工人、公司的社会责任工作、社区发展工作）经常被忽视。不过，采购协议提供了同时解决社会问题的机会。花时间思考一下这个问题：我们如何才能使自己和社会双方的利益都最大化呢？

美方洁是一家提供上门清洁服务的公司。该公司使用的清洁用品对工人和消费者是安全的，而且他们的60多种产品都使用了具有从摇篮到摇篮认证的生物降解塑料瓶。此外，美方洁很快将在美国开设第一家制造工厂，为芝加哥地区的人们带来工作职位。

非营利组织也可以通过最大化其服务的影响来扩大积极影响。"监狱宠物伙伴计划"（The Prison Pet Partnership Program）将狗从收容所带走，并将它们交给女囚犯，让她们将狗训练成服务动物。狗能活下来，囚犯们学会了给狗梳毛和训练狗的技能。这些狗为许多带有不同残疾的人提供低成本的服务，而且参与该计划的囚犯的累犯率明显低于平均水平，社会因而受益。如果慈善机构做出不同的决定，可能会减少受益：他们可能使用饲养的纯种狗，而不是用囚犯来训练它们，或者只将狗训练为良好的家庭宠物。您对卖家、供应商和承包商所做的决定会对我们社会的福祉产生或大或小的影响。这都取决于您的选择。

9.使用生命周期评估和生命周期成本核算

生命周期评估是一个检查产品在其整个生命周期中的影响的过程：原材料从何而来？通过怎样的运输方式而来？产品是怎么生产的？产品是如何运输和销售给客户的？客户如何使用产品？产品用完后会如何处理？生命周期评价量化了生命周期中每个阶段对环境的影响，可以据此来选择对环境和社会负面影响最小的产品。

作为购买者，您可以要求卖家提供生命周期评估数据。但因为生命周期评价结果完全取决于它们所基于的假设，重要的是要评估所使用的假设是否公正，是否适合您的情况。ISO 标准要求对生命周期评估进行外部审查以解决此问题。

与生命周期评估相关的是生命周期成本核算，它检查产品从研发和制造到维护和最后处理的整个生命周期的成本（与环境影响相对），它类似于作业成本法（ABC）。生命周期成本核算可以帮助您更清楚地了解几种产品选项的真实成本，起初看起来最便宜的成本，从长远来看往往不是最便宜的。生命周期成本核算需要您考虑产品寿命、相关安全预防措施及处置成本等因素。例如，乙烯基地板通常是看起来最便宜的地板选择之一。然而许多其他地板的使用寿命更长，从而避免了额外的更换和安装成本。因此就地板的使用寿命而言，乙烯地板通常不是最好的选择。

生命周期成本核算可以帮助您确定资本项目中各选项之间的最佳总体回报。如前所述，建筑物的大部分成本是在运行中，而不是在建设中，因此生命周期成本核算可以帮助您估算长期环境特征的成本，虽然环境特征会增加前期成本。一旦您把培训、安全设备、危险废物许可和处置成本考虑进去，您原本认为最具成本效益的产品可能就并非如此了。

资源

1.Bees 软件帮助您选择更具可持续性的建筑材料：http://www.epa.gov/oppt/epp/tools/bees/htm；http://www.bfrl.nist.gov/oae/software/bees.html.

> 2.Eco-indicator 99 是一种 LCA 影响评估方法，目标在于提供一个实用的生态设计工具：http://www.pre.nl/eco-Indicator99/default.htm.
>
> 　3.ISO 14040：http://www.iso.org.
>
> 　4.Schenck,Rita,LCA for Mere Mortals,Institute for Environmental Research and Education：http://www.iere.org/mortals.htm.
>
> 　5.Sustainable Products Purchasing Coalition：http://www.sppcoalition.org.
>
> 　6.US EPA 的 LCA 网站：http://www.epa.gov/ordntrnt/ORD/NRMRL/std/sab/lca/index.html.

（二）采购项目

除了设立政策和系统外,采购部门还承担具体的改进项目,通常是与其他部门或小组合作完成。以下是一些常见的方案。

1.进行废物或采购审计

翻垃圾箱/垃圾桶不仅是我们社会中最贫穷的成员谋生的一种方式,也是了解您的钱花在哪里的一种很好的方式。当然,如果您很聪明,您会在废物被扔进垃圾箱之前做一个有代表性的抽样, 这可能仍然是一个混乱的过程。然而,当您将碎屑分类为食物、纸张、可回收金属、玻璃时,您会有一些更有趣的发现。

在俄勒冈科学与工业博物馆,一项废物审计发现,几乎 40% 的废物是食物,其中 1/3 是液体(软饮料和冰)。为什么要付钱让人把水拉走,而不是把水倒进排水沟呢? 作为权宜之计, 他们在其中一个垃圾桶上标上了"仅限液体",废物马上减少了 5%。然后他们开始考虑户外垃圾桶。波特兰市以多雨而闻名,但垃圾桶的设计使雨水直接灌入其中,所以他们也在花钱让人拉雨水。

这一分析促使他们做出了更深远的改变。现在他们把 3~4 吨的餐厨垃圾变成一个虫仓,并把它作为一个展品,教育参观者如何效仿他们的榜样。展品设计者也在致力于减少与展品组装结构相关的废物。他们的目标是每个展品的80%要么是由回收材料制成，要么是可回收和可重复使用的。他们发现了三种使展品更具可持续性的主要方法：

（1）组装展品的零部件设计注重易于更新，可以在不更改结构的情况下更改内容。

（2）展品零部件标准化，允许零部件互换。

（3）选择适宜的组装方法和材料，在展览结束时便于回收展品。

设计的重点将放在展览结束时的展品上。组装方法的问题相对简单，使用螺栓连接比用胶粘要好，因为更容易拆开。材料的选择可以根据成分、耐用性和制造商在环保做法方面的工厂评级。

资源

1.国家资源保护委员会（National Resources Defence Council）提供了一个有用的入门指南：http://www.nrdc.org/enterprise/greeningadvisor.

2.US EPA Tools and Resoures for Solid Waste/Recycling—Local Government Initiative to Advance Zero Waste：http://www.epa.gov/region4/reccle/ssmlocal-Government-resorces.pdf.

通常，进行废物审计是设施部门的任务（知道这点时您会松一口气），但采购员工也应该参与进来。这时，您会了解您采购的东西有多少直接进了垃圾桶。芝加哥罗斯福大学的一项废物审计显示，他们54%的废物可以被回收。[20]进行一个与废物审计相关的采购审计，可以大有启发。

2.为目标产品创造可靠的市场

有时您喜欢使用的材料数量不够大（如有机棉或有机啤酒花），或者生产水平太低以至于成本高得令人望而却步（例如红麻纸）。在这些情况下，工业基础设施尚未到位，无法追踪监管链。解决这个问题的唯一方法是与业内人士合作，撸起袖子一起解决。长期的采购承诺建立起潜在供应商的信心，使他们相信进行可持续投资是有回报的。

政府在将采购作为市场驱动力方面发挥着特别重要的作用。使用短期激励措施(税收抵免、减免、返款等),可以抵消创新产品的额外成本,等到市场足够大了,生产效率就可以提高了。例如,加州公用事业委员会(CPUC)为买家设立了一个可扩展的返款系统,以抵消太阳能电池板安装的成本。最初,在2007年,太阳能电池板以每瓦2.5美元的溢价出售,现在由于安装需求很高,溢价已经不存在了。通过抵消成本溢价,客户很容易做出更环保的选择。

耐克和巴塔哥尼亚(Patagonia)联手开创了有机棉市场。棉花种植约占世界杀虫剂使用量的1/4,这种杀虫剂污染溪流,使工人生病,是对人类和动物健康最危险的化学制品之一。环境正义基金会(The Environmental Justice Foundation)在其报告《棉花中的致命化学制品》(The Deadly Chemicals in Cotton)中指出:"全世界棉农每年在棉花上总共使用13.1亿美元的杀虫剂:远远超过世界上任何其他单一作物的杀虫剂使用量——包括玉米、水稻、大豆和小麦。"[21]

耐克的问题是,作为替代的有机棉供应不足,他们可以买下全球所有收获的有机棉,但仍然不够生产T恤衫和其他服装使用,因此他们转而做出长期承诺,随着时间的推移,提高服装中有机棉的比例。2012年,耐克成为全球第三大有机棉买家,除一个100%的有机棉服装系列,他们的大多数产品含有3~5%的有机纤维。这个比例看起来可能很低,但考虑到耐克每年消耗1,600万磅棉花,这实际上代表了一项相当大的成就。正如耐克可持续产品研究与发展部总经理洛里·沃格尔所说:"我们历史最悠久的环保首选材料的方案就是围绕有机棉制定的。我们相信,耐克通过可持续设计的创新和与供应链合作伙伴的合作来引领行业,这比以往任何时候都更有价值。"耐克最近制定了更高的目标,承诺在2020年前,采购100%可持续种植的棉花、经过认证的可持续的或有机棉花。[22]

为环保或对社会有益的产品创造市场并不总是需要更高的成本,至少从长远看不是这样。俄勒冈州波特兰市的约斯特集团会堂（Yost Gruba Hall）承诺愿意为再生纸支付更高的价格；YGH 至少在一定程度上帮助确立了需求，在一年内，他们的供应商就做到了把价格降低到与传统产品的价格相同的水平。

3.为特定功能或产品研究可持续的替代方案

遗憾的是，在现实世界中，什么选择更好并不总是显而易见，也很少有完美的答案。因此，决定是选择产品 A 还是 B 往往是一个权衡优先顺序的问题。一种产品来自更远的地方，但为孟加拉国的贫困妇女提供了就业机会。一种地板材料是用回收塑料填充的，但在其使用寿命结束时是不可回收的，而另一种材料是木材，但其来源不具有可持续性。5 号塑料容器不易回收，但重量更轻，因此可以节省汽油。您如何平衡这些令人困惑的变量呢？一种解决方案是做生命周期评估，但实际上您没有足够的时间对您做出的所有选择都做一次这样的评估。您通常不能相信别人做的生命周期评估，因为它们可能受到偏见的影响（比如制造商会选择人们最喜欢他们的产品的假设），或者它们可能是根据不适于您的情况的假设做出的评估（例如，在一个为法国做的生命周期评估中，运输和能源组合假设不能代表您国家的情况）。

因此，实际的应对方法通常是确定您自己的工作重点，然后根据这些标准评估您的选择。这可能看起来显而易见，但总是要考虑成本。下面的例子中给出了环境和社会标准的范例。加权标准图表可帮助您管理多个变量，其中每个变量的重要性不同。如果这些标准对您都同等重要，您可以简单地为每个选项打分而不加权重，或者勾选最符合每个标准的选项，然后比较每个选项获得的对勾数。

这两个加权标准图表提供了您在做出采购决策时可能认为重要的标准示例。一旦您列出了所有相关的标准，按照从 1 到 10 的标准对每个标准进行加权，10 分表示非常好或很高。根据每个标准，对每个选项进行评分,从1分到10分,并将结果放入灰色框中。将权重乘以分数,得出结果,然后将其插入灰色方框下面的白色方框中。将每列的所有分数相加,看看哪个选项表现最好。作为示例,两个图表中的第一个已经完成。

关于成本有一点要注意:不要简单地假设可持续产品的成本会更高,即使看起来是这样。要比较实际使用情况。例如,耐克发现,尽管水基溶剂每加仑的成本更高,但它的蒸发速度没有石油溶剂快,它停留在槽里,而不是在工人身上,因此每只鞋的成本更低。所以在您认为可持续的选项成本更高之前,问问自己是否选了可持续的选项后会避免一些成本(如最终处理成本、病假和医疗成本、危险材料使用培训、防护装备培训、法律责任培训、保险成本等)。

一定要测试新产品,以确保它与旧产品一样好或比旧产品更好,并仔细按照说明操作。有时,绿色产品的使用方法与传统产品不同。例如,对于清洁产品,您将清洁剂喷洒在抹布上还是喷洒在物体表面上,都会产生不同的效果,有可能需要清洁剂在表面上停留几分钟后再擦拭。

表9.2 可持续产品核对表

环境特征					
标准	权重	A 选项		B 选项	
		评分	评分×权重	评分	评分×权重
可重复使用	10	3	30	5	50
可循环	8	5	40	4	32
生物型	3	1	3	10	30
可生物降解（在一定时间内）	5	1	5	10	50
能效高	10	5	50	8	80
保护水源	7	5	35	5	35
无毒	8	6	48	8	64
以可持续方式收获	5	3	15	2	10
零残忍	4	10	40	8	32
最简包装	7	7	49	4	28
本地可买到	5	8	40	3	15

续表

环境特征					
标准	权重	A 选项		B 选项	
		评分	评分×权重	评分	评分×权重
总分			355		426

社会特征					
标准	加权	A 选项		B 选项	
		评分	评分×权重	评分	评分×权重
提供有谋生工资的工作 帮助弱势的人或群体 鼓励平衡工作和生活 在组织内部发展员工 促进多样性 示范安全工作做法 保护原住民的权利 促进人权 为社区需要贡献时间和金钱					
总计					

注:要完成加权标准图表,首先要确定您使用哪些标准来评估选项。您可以从环境和社会特征下的示例中选择,但不必把所有的都用上。

4.与非政府组织合作

有时,如果没有其他人的帮助,您可能无法成功完成项目。非政府组织可以为您的可持续性发展工作带来信誉、人脉和专业知识。例如,可口可乐与世界野生动物基金会(World Wildlife Fund)合作,致力于养护和保护世界上的淡水资源,这也是其产品中的关键成分;乐施会(Oxfam)和联合利华联合起来改善小农场主的生计;REI 公司与森林管理委员会合作,支持发展理事会认证的纸张,REI 公司也将这些纸用于产品目录、收银机收据、吊牌和纸板上。REI 公司的企业社会责任经理柯克·迈尔斯(Kirk Myers)解释道:

    找到一个与您自己的使命和方向一致的合作伙伴至关重要。协调一致的行动可以加速可持续的市场过渡。例如，我们的成员一致认为，如果公共和私人林地的管理良好，可以催生巨大的休闲商机。我们与供应商一起，积极推广森林管理委员会的产品认证，为理事会认证纸创造一个市场，并与客户分享这个故事，这样做带来的改变远远超出我们自己独立完成工作带来的改变。[23]

三、结论

我们在这一章中已经证明，采购不仅是竞争力的关键，也是改变环境和社会影响的关键。就像蝴蝶效应的必然结果一样，在发达国家挥动钞票，您可能会在其他地方制造风暴。改变采购政策和程序将对提高您的运营可持续性大有裨益。如果您想发起一些个人的与可持续性相关的项目，我们也提供了一些例子供参考。下面的 S-CORE 部分包含了下一步可以做什么的建议。

四、应用问题

（1）利用您的组织（或选择您感兴趣的行业或组织），并使用自然步开发的四个系统条件来预测战略威胁。哪些关键材料或服务（例如能源、金融服务）可能变得越来越稀缺或昂贵？

（2）现在考虑气候变化和恐怖主义对该组织运作和采购材料的地区可能产生的影响。运营、供应链和基础设施面临的最大威胁是什么（例如，与天气有关的灾害、黑客、地缘政治冲突）？

（3）组织应该采取哪些行动来保护自己免受这些威胁？

（4）组织需要如何合作努力才能带来蓬勃发展的社区？

表 9.3　S-CORE:采购部
(参阅引言中的"如何使用自我评估")

做法(分数)	孵化器(1分)	计划(3分)	全面(9分)
采购:制定与可持续性有关的采购政策。	作为一个实践问题,根据可持续性和其他标准评估重大的采购,但没有正式的政策。	有一个正式的可持续或环保的采购政策,包括减少废物。不选择那些造成了人类痛苦、战争或环境恶化的供应商。	至少 80% 的采购(按重量、体积或成本)来自环保或可持续的来源(例如:第三方认证的生态标签)。
审计:对目标进行采购审计以评估采购的影响,包括使用寿命短、有毒物质和社会影响物品。	至少每五年一次,对最大类别的采购行为进行一次可持续性评估,并根据结果采取行动。	对多数购买行为进行评估,并经常寻求更具可持续性的选择。	使用生命周期评估或生命周期思考方式,以确定采购的主要类别之影响。
供应商影响:选择供应商时将他们的可持续性表现作为部分标准。 外包:将可持续标准纳入合同选择的考虑范围。 加强:为可持续性采购工作的进展设立有意义的评估系统。	向供应商发出信函或调查,以表达您对可持续性的承诺,并表示,如果供应商有积极的环境和社会实践,会优先考虑他们。 在《需求方案建议书》中包括可持续性标准和语言。将可持续性至少设为次要标准(例如,占15%)。购买系统自动优先选择更可持续的选项(例如在您的线上采购系统中头一个选项就是您的首选),但可能不会阻止人们购买可持续不强的选项。购买选择没有反馈。	与供应商积极合作,制定最可持续的解决方案。 将合同要求纳入可持续性有关的职能或任务(如建筑垃圾回收、使用绿色清洁产品)。衡量和报告主要采购类别实现目标和达标的情况,按照个人或团体细分,以便提供有意义的比较。	纳入整个过程做出行业改变。 改变与主要供应商的关系,为可持续绩效提供奖励。 为员工提供培训和激励(通过薪酬、绩效评估或其他正式手段),鼓励采购人员寻求可持续的选择。
总分			
平均分			

注释：

1.Ayers. R.U.(1989)Industrial Metabolism: Technology and Environ-ment,in Ausubel. J. & Sladovich. H.(eds),*Technology and Environment. Washington*,D.C.: National Academy Press.

2.Tsang. R.,Sinha,A. & Mattios,G.(11 December 2013)Winning with Procurement in Asia. Bain & Company.

3.Gabay,J. (2010)Walmart Removes Miley Cyrus Branded Jewelry. *Brand Forensics.* http://jonathangabay.com/?p=1152.

4.Struck,H (2011)After Thai Floods. Companies Reconsider Risk. *Forbes.* http://www.forbes.com/sites/heatherstruck/2011/12/14/after-the-floods-companies-reconsider-risk/.

5.UNEP Launches Sustainable Procurement Program for World Govern-ments(7 April 2014)Sustainable Business.com.

6.Coggburn, J.D. & Rahm,D.(2005)Environmentally Preferable Pur-chasing: Who Is Doing What in the United States? *Journal of Public Procure-ment*,5(1),pp.23-53.

7.Gordon,R.(18 June 2005)San Francisco: City Must Consider Envi-ronmental Impact of Purchases. *San Francisco Chronicle.* http://www.sfgate.com/green/article/SAN-FRANCISCO-City-must-consider-environmental-26 27416.php.

8.Weller,C. & Formosa,A.(2014)Public Procurement: The Next Weapon to Fight Climatle Change. *The Guardian.* http://www.theguardian. com/public-leaders-network/2014/jan/21/public-procurement-weapon-climate-change.

9.Walmart Corporation(2014)Walmart Convenes Key Partners at First-

Ever Sustainable Product Expo to Accelerate Supply Chain Innovation. [Press Release].http://news.walmart.com/news-archive/2014/04/29/walmart-convenes-key-partners-at-first-ever-sustainable-product-expo-to-accclerate-supply-chain-

10.Center for Healt,. Environment and Justice(2013)Green Purchasing to Reduce Toxic Hazards and Procure Safer Products: Best Practices for Pollution Prevention in New York. http://www.chej.org/epp_factsheets/green_purchasing.pdf.

11.City of New York Mayor's Office of Contract Services(2013)Agency Procurement Indicators: Fiscal Year 2013. http://www.nyc.gov/html/mocs/html/research/indicator_reports.shtml.

12.Portland State University Waste Metrics (n.d.)Waste Reduction and Recycling: Waste Metrics. http://www.pdx.edu/planning-sustainability/waste-metrics.

13.Adapted from Hitchcock,D.(2001)Greening the Supply Chain. Sustainability Series TM,Portland,OR: AXIS Performance Advisors. http://www.axisperformance.com/publications.html.

14.Ibid.

15.US Environmental Protection Agency(2013)Inventory of U.S. Greenhouse Gas Emissions and Sinks: 1990-2011,Table ES 7. http://www.epa.gov/climatechange/ghgemissions/usinventoryreport.html.

16.U.S. Environmental Protection Agency(21 April 2014)100% 6 Green Power Users: Released on April 21,2014. http://www.epa.gov/greenpower/toplists/partner100.htm.

17.Wang.U (25 March 2014)Top 10 Green-Power-Hungry U.S. Corporations. *The Guandian.* http://www.theguardian.com/sustainable-business/gallery/

sap-renewable-clean-energy goal-intel-microsoft-kohis-walmart#/picture= 432895206&index=1.

18.Posner,B & Kiro,D.(16 April 2013)How Caesars Entertainment Is Betting on Sustainability. *MIT Sloan Management Review*.

19.Caesars Entertainment Corp(2012)2012 CSR and Sustainability Report.http://cacsarscorporate.com/about-caesars/reports/.

20.Roosevelt University (2012)*Roosevelt University Wabash Building Waste Audit*. Chicago,IL: Roosevelt University.

21.Environmental Justice Foundation (n.d.)The Deadly Chemicals in Cotton. http://ejfoundation.org/sites/default/files/public/the_deadly_chemicals _in_cotton.pdf.

22.McCloskey,H.,Wallker,S. & Truscot,L.(2011)*2011 Organic Cotton Market Report*. UK: Textile Exchange.

23.K. Myers. *personal communication*,5 May 2014.

第十章

信息技术部 *：如何促进向低影响运营的过渡

世界信息与通信技术行业（ICT）正受到越来越严格的审查，因为它们消耗的电量加起来占世界发电量的 10%。全球大数据（Global Big Data）资本支出与大型石油公司处于同一行列——他们的数字经济基础设施投资已经超过 5 万亿美元，而且还在不断增长。[1] 在 21 世纪，数据中心像工厂一样消耗大量的能源。自从机械化生产出现以来，技术使生产力受益匪浅。计算机和相关的通信技术使我们能够投入更少的资源、更少的风险和劳动生产更多的产品。这些技术也促进了全球化，将人们与市场联系起来，使信息、图像和货币的即时传输成为可能。信息和通信技术消除了国别和界限，使最小的企业也能像大公司一样，不受规模和距离的限制保持运营。如果进一步了解公司如何运用技术，您将发现在改善整体运营的环境和社会足迹方面都存在着巨大的机遇。

---

* 第三版的第十章在钱特尔·邦克尔斯和阿曼达·托马斯的帮助下更新。

一、您应该了解的可持续性

计算机和通信设备给我们带来的所有进步和经济发展都是有代价的。

（一）信息过载

科技并没有通过它的效率简化我们的生活、创造更多的闲暇时间，而是加快了生活节奏。多任务处理改变了人们对如何完成工作的期望。[2] 这样做的好处和价值受到质疑。[3] 访问便利性的提高意味着我们可以随时随地联网，您有可能也是在周末查看工作电子邮件的很多人中的一个。

（二）能源使用和温室气体排放

随着新设备和新技术的出现，能源需求呈指数级增长。根据目标管理五原则（SMART）2020 报告和高德纳咨询公司（Gartner）的数据，2008 年，ICT 行业的二氧化碳排放量略低于 10 亿吨，约占全球排放量的 2%。ICT 行业足迹增长最快的领域是数据中心。但一些计算趋势对遏制排放可能是个好消息。到 2015 年，云计算预计将以每年 28% 的速度增长，成为 2000 亿美元的业务。[4] 虽然云计算通过更有效地使用基础设施来节省能源和降低排放，但随着全球消费的不断增加，增长速度和消费速度正在抵消这些效率。绿色和平组织发布了一些最大的信息技术公司正在建立云业务的报告。[5] 作为个人，我们也要认识到，每封电子邮件都很重要，仅过滤垃圾邮件一年就消耗了 330 亿单位的电力。[6]"那些发送这些邮件，特别是管理交易的组织，在这个能源消耗日益增加的行业负有很大的责任。谷歌巨大的计算资源消耗了一座核电站大约 1/4 的输出。"[7] 如果计算一下世界上所有公司的耗电量，结果将极其惊人。如需了解规模，请查阅全球能源消耗的统计数据。[8]

（三）接触有毒物质

驱动所有这些活动的设备都包含各种有毒材料，这对那些生产电子设备的人和场所是有负面影响的。这些有毒物质(包括阻燃剂、邻苯二甲酸盐、增塑剂、氯化溶剂和重金属)渗出,并影响那些使用电子产品的人。一旦它们生命周期结束,这些电子产品就会作为废物被处理掉,造成更多下游的长期负面后果。

(四)废物堆积

　　每年处理掉的电子产品约有 5000 万吨,使电子废物成为增长最快的城市废物流。大约 20%的废弃电子产品是以回收的名义收集的,但其中只有大约 50%到 80%被真正回收。其余的废物被运到发展中国家被更低廉地处理,在那里焚烧并倾倒在河流中,造成严重的健康和环境影响。

资源

　　1.Basel Action Network:http://www.ban.org. 致力于应对全球环境不公和有毒制品贸易的经济低效及其破坏性影响。

　　2.DoSomething.org: http://www.dosomething.org. 这个网站有一个电子废物流动列表。

　　3.E-cycling from EPA:http://www.epa.gov/epawaste/conserve/materi-als/ecycling/donate.htm.

　　4.Electronic Take Back Coalition: http://www.electronicstakebackcom. 一个倡导绿色设计和负责任回收的联盟。

(五)全球效应

　　信息和通信技术也正在产生社会影响,利用该技术可以带来经济平等、社会流动、民主和经济增长。根据互联网世界统计(http://www.inter-networldstats.com),在线人数接近 30 亿,在过去 10 年中增长了 500%。无论好坏,该技术还可以将就业机会输出到世界各地。在制造业的引领下,各组织越来越多地将许多呼叫中心和重复性的、基于计算机的工作外包给海外,制造业在寻找廉价劳动力的低工资国家。无论您如何看待这一现象,这都是信息和通信技术促进全球化的又一例证。

二、可用战略

当您检查自己的信息和通信技术运营时，这三个领域可以考虑改进：设备采购、能源使用和运营支持。

(一)管理您的设备采购

首先，也是最简单的，是从与技术相关的设备着手。通过协调整个公司的电子产品采购，可以更容易地确保购买的节能设备在用完后可以得到恰当的处理。例如，俄勒冈州波特兰市每年大约购买 1000 台电脑，这些电脑的供应商都是按照 20 项购买标准筛选出来的。标准包括报废处理、包装体积和危险材料等问题。随着该领域的发展，预计波特兰市将增加新的标准，并可能很快把一些欧洲标准纳入其中，如"限制有害物质使用令"和"废弃电气电子设备指令"。他们还要求制造商签署一项协议，保证妥善处理他们的旧设备，以确保该市不会使日益严重的电子问题恶化。

绿色电子委员会使可持续采购变得更加容易。该委员会与电子行业的成员合作，创建了 EPEAT。EPEAT 通过建立组件和能耗的性能标准，方便了电子设备的设计和购买。2007 年，菲尼克斯市因在购买电脑时，坚持 EPEAT 性能评级而荣获 EPA 绿色电子冠军奖。[9] 能源之星估计，如果在美国购买的每一种办公产品都符合能源之星的要求，每年可节省能源成本超过 1 亿美元，防止 14 亿磅的温室气体排放，节省超过 9 亿千瓦时的电。[10]

> **资源**
>
> 1.The Climate Group(2008)SMART 2020：Enabling the Low Carbon Economy in the Information Age. 这是气候组织代表全球电子可持续性倡议(GESI)提交的一份报告。
>
> 2.EPEAT：http://www.epeat.net. 提供符合电子产品环保性能标准(从 IEEE 1680 到 IEEE 2006)的产品注册。

(二)管理能源消耗

1.设备

第一步是购买合适的设备,下一步是负责任地运行它。考虑到日常操作中电子设备的耗电量,值得组织去明智地管理这些设备。一般的商业建筑浪费 30% 的能源。如果商业和工业建筑的能效提高 10%,总共节省的金额将高达 200 亿美元,[11] 减少的温室气体排放量将相当于大约 3,000 万辆汽车的排放量。[12] 个人电脑和显示器占办公室技术消耗的全部能源的 31%。[13] 可以从台式机开始,将每台电脑设置为在节能状态下运行。惠普公司每年仅通过激活 183,000 台显示器上休眠的节能设备就能节省约 60 万美元。[14] 因此,查看办公室里的所有电子产品,就可以更大程度地提高能效。

2.数据中心

数据中心每平方英尺(约 0.09 平方米)的能耗是其他办公功能的 50 倍,而且每 5 年就会翻一番。[15] 这项统计显示,高能耗的罪魁祸首之一是数据中心所需的冷却系统。好消息是,这有很大的改进空间。高德纳咨询公司进行的研究认为,"数据中心 30% 到 60% 的能源都被浪费了。主要是因为防止服务器过热所需的冷却系统效率低下"[16],部分的原因是人们错误地认为数据中心应该保持低温。美国供暖、制冷和空调工程师协会(American Society of Heating, Refrigeration and Air Conditioning Engineers)推荐数据中心的温度范围的中间点是 74 华氏度(约 23 摄氏度),湿度 50%。[17]

创造性地管理这种制冷功能会有所帮助。明尼苏达州的富国银行(Wells Fargo Bank)一家设施部门利用当地天气,在室外温度降至 40~42 华氏度(约 5 摄氏度)时,将外部空气排入服务器机房,这样他们可以将冷却系统完全关闭数小时。

由此更进一步,微软现在将其数据中心模块安置在户外,使用室外气温来保持模块的凉爽,或者在温度高时使用绝热冷却,这种冷却只使用传统数据中心消耗的 1% 的水。[18] 使用水作为冷却剂,其捕捉热量的效率是空气的 4000 倍,而且还提供了重新利用余热的机会。IBM 苏黎世研究实验室(Zurich Research Laboratory)高级热包装部经理布鲁诺·米歇尔(Bruno Michel)博士解释说:"热量是一种我们日常生活中非常依赖,并且很昂贵的有价值的商品,如果我们尽可能有效地收集和传输计算机系统中活性部件的废热,我们就可以将其作为一种资源重新利用,从而节约能源并降低碳排放。"[19] 例如,西雅图南湖联合区(South Lake Union)正在与一家名为科里克斯(Corix)的公用事业公司合作,利用数据中心的过剩能源为附近的建筑供暖。[20]

3.数据存储

IT 能源使用量不断增长的另一个原因是我们使用设备的方式。麦肯锡公司的一份报告发现,在美国使用的服务器中,多达 30% 的服务器没有得到充分利用,只是在浪费能源和空间。[21] 这在一定程度上是因为使用服务器通常是为了每台机器只运行一个程序以确保可靠性。事实是,尽管多年来服务器变得越来越强大,但其结果是我们将每台服务器的大部分容量闲置,并通过不必要的设备消耗产生更多浪费。一项研究估计,保守地说,全球有 1400 亿美元的过剩服务器容量。[22] 许多组织正在进行数据中心的整合,以便在增加容量之前最大限度地利用现有设备。

总而言之,降低公司直接 ICT 碳足迹和随后的能源消耗潜力巨大。明智地选择设备和能源,减少电子废物和高能耗,开始更可持续地运营。

资源

1.要参与绿色电力计划,请访问 http://www.epa.gov/cleanenergy/index.html.

2.如需更多是否符合能源之星规定的更多信息,请访问 http://www.energystar.gov,点击位于产品项下的产品发现。

> 3.IBM 提供免费的基于网络的基准测试工具来帮助 IT 经理为数据中心运行建立能效目标:http://ibmgreen.bathwick.com/。该工具可以协助衡量您的组织的 IT 功能,然后将您的分数与其他 600 多个组织进行比较。

(三)组织运营

下面,我们将概述信息与通信技术部如何支持组织所有领域从非物质化到新产品创建的业务职能。

1.使组织运营非物质化

技术可以通过减少对自然资源的依赖和消耗来促进组织内的非物质化。软件行业已经转向软件即服务(SaaS)。在这种情况下,客户可以虚拟地访问产品,而不是接收需要使用资源来打印、打包和发货的实物形式。相反,SaaS 为消费者提供了最新版本的软件,不需要实物交换。此服务模式利用云计算,并增加了 SaaS 集成平台(SIP)的优势,软件提供商可以在此集成服务模型中同步客户关系管理(CRM)数据,不仅可以更高效地管理和交付数据,还可以为数据访问提供中央消费者界面。[23]

不仅产品销售要进行技术创新,在日常运营中提高技术效率也收益良多。像打印这样简单的事情也可以大大减少资源消耗,节省时间。我们的法律客户提供了一个很好的例子,律师们因酷爱使用纸张而臭名昭著(他们以自己的职业命名了一个便笺)。我们合作过的一家律师事务所估计,他们的业务每年消耗的纸张摞起来大约是他们 22 层写字楼高度的15 倍。同一家事务所开始转为电子数据管理,第一年只要有一小部分文件被转换为电子数据,就节省了 2 万美元的纸张成本。

但这只是个开始。还可以节省与每个打印文档附带的所有辅助产品相关的成本:活页夹、信封、文件夹等,而且所有这些文档都需要存储。我们的客户除了将其位于市中心黄金地段 15%的房产用于存储文档外,还将数万份文件存放在异地,产生了很多不必要的租金。此外,管理这些文件还需要工作人员的时间。每次律师想要档案时，助理都必须先确定档案在哪里，并找到它，然后在律师用完后再将其存放回去。这可能只需要几分钟。但是，将助理查找档案和律师等待档案的时间乘以需要管理的文件数量，就会节约大量的成本。还有与生产力损失相关的成本，因为一次只能有一名律师处理纸质档案。最后，电子文件与纸质文件的文件清除规定截然不同。我们的客户定期清除超过一定时间的纸质文件，因为存储文件越来越多，多得存放不下。但是不可避免的是，有时候需要那些已经被清除的文件，而该文件的所有痕迹却都被销毁，因此找不到了。电子文档管理不仅解决了这些效率低下的问题，而且还使整个流程重新设计成为可能，不再需要所有与纸质文件相关的过程。这可以缩短客户响应时间，减少错误。这种转变很大程度上是以电子签名为中心的，甚至是美国联邦政府也意识到了这一做法的必要性，使得《政府文书工作消除法案》（Government Paperwork Elimination Act，GPEA）得以通过。该法案进一步协助所有企业减少纸张消耗，因为它规定了电子签名的合法性，而未对方法或技术作出限制。[24]

  非物质化也适用于人。我们每天，而且全天在工作场所出现的必要性有多大？我们真的要飞到这个国家的另一边去见那个客户几个小时吗？员工们很喜欢远程会议，提供了对时间的更大控制。不仅仅是时间灵活性，还有时区灵活性。在这个日益全球化的工作舞台上，与跨时区的团队合作时保持灵活性非常重要。远程办公可以灵活安排时间，从而创造出更具协作性的全球团队。[25]《为成功而脱衣》一书的作者凯特·利斯特（Kate Lister）指出，适宜远程办公的美国员工如果至少有一半的工作时间转为在家工作，可以节省的成本将非常惊人。据她说，提高生产率、减少自然减员、缺勤和裁员总共可能节省5000亿美元。[26]

资源

1.Telecommuting360.com 致力于实现虚拟劳动力。像思科(http://www.cisco.com)和软选(Soft Choice:www.softchoice.com)这样的公司为虚拟协作提供工具和服务,并帮助组织利用技术提高工作效率。

2.资源图书馆提供与技术进步、供应商、白皮书相关的信息交换。请查看:Tech Republic: http://www.techrepublic.com/resource-library.

3.ZDNet: http://www.ZDNet.com/Topic/.

2.促进高效运营

除了改变员工的工作习惯之外，也有一些技术可以实现高效的组织流程。例如,技术可以在帮助设施管理人员监测和控制能源消耗方面发挥至关重要的作用。像运动传感器、能源跟踪器这样的高科技设备可以大幅度降低消耗。有些设备可以监控能耗,也可以从电网读取信息,以使设备能够在非高峰时间使用,从而降低组织的电费支出,最大限度地减少对公用事业的需求。不过,这些技术远不只是应用在能源监测方面。例如,联合包裹服务公司(UPS)使用其物流软件为他们的卡车寻找最有效的路线,节省了 300 多万加仑的燃料。[27]

3.支持可持续产品设计

ICT 不仅在运营中,而且在产品设计中也发挥作用。为了让公司用更环保、更丰富的材料取代有毒或资源密集型材料,设计师需要轻松获得各种材料的生命周期数据。例如,添柏岚(Timberland)已经建立了一个新的、整合的物料清单(BOM)系统,以跟踪他们在生产靴子时使用的材料。复杂的跟踪系统将帮助他们逐步淘汰不受欢迎的材料，取而代之的是更环保的材料。[28]在赫尔曼米勒公司,设计师可以访问一个材料数据库,其中包含合适的材料来源的信息。事实证明,这些跟踪系统对于报告也很有用。陶氏化学公司使用他们的系统向利益相关者提供与每种化学品安全和风险相关的关键信息。

> ### 资源
>
> 1.The International Organization for Standardization(ISO)：http://www.iso.org. 提供有关 ISO 标准系列的信息来源，包括生命周期分析、ISO 14040 系列。
>
> 2.US EPA/DfE：http://www.epa.gov/dfe/pubs/about/index.htm. 美国污染预防与毒物办公室(OPPT)DfE 项目在美国环保署利用该机构的化学评估工具和专业知识，提供更安全的化学物质作为替代的信息。
>
> 3.US EPA LCA 信息来源：http://www.epa.gov/nrmrl/std/lca/lca.html. 提供关于 LCA 的教育材料。The United Nations Environment Programme：http://www.unep.or.jp/ietc/spc/index.asp. 提供丰富的环境信息资源，包括帮助评估产品和服务的生命周期影响相关的风险和选择的工具。

三、结论

随着我们对技术愈加依赖，技术产生的影响也与日俱增。虽然信息和通信技术有可能通过非物质化、更有效的材料使用和更安全、更快的进程来减少影响，但我们仍需要小心，不要消灭旧的影响，又产生新的影响。寻找技术可以提升可持续的业务流程的方法，而不是产生新的环境问题。

四、应用问题

（1）在发达国家，信息技术在能源负荷中所占的比例越来越大，因为太多的服务是免费的，用户没有管理他们的存储的动力。信息和通信技术领域应该如何做以减少对能源的需求？

（2）选择一个您感兴趣的行业，查看该领域的两份可持续性发展报告，以及可持续性会计准则委员会的重要性地图(如果有的话)。如何调整或应用您的 IT 系统以支持报告与可持续性相关的非财务数据的需求？

（3）选择您关心的与可持续性相关的挑战（例如，气候变化、财富分配不公）。2014 年，苹果电脑公司告诉公众，如果他们不相信气候变化，就不要购买它的股票。IBM 长期以来一直在开展"更聪明的城市/商业/星球"活动。ICT 如何帮助您解决与可持续性相关的首要挑战，您的愿景是什么？

表 10.1　S-CORE：信息技术部
（参阅引言中的"如何使用自我评估"）

做法（分数）	孵化器(1 分)	计划(3 分)	全面(9 分)
数据中心管理：确保所有信息和通信技术的最有效运作。设备：只采购最高效的和可持续的产品。电子废物：在其使用寿命结束时，制定适当管理电子设备的系统和政策。	IT 经理跟踪并审查数据中心和相关 IT 设备的能源消耗。30%的设备符合 E-PEAT 的设计和施工标准。将至少 50%的电子废物运送到回收站或再利用中心。	努力减少能源消耗（使用睡眠模式、关闭闲置设备、升级冷却系统、更换旧的无效率的设备等）。60%的设备符合 E-PEAT 设计和施工标准。在其使用寿命结束时，负责任地管理至少 80%的计算机相关设备：显示器、键盘、掌上电脑等。	通过持续的电力监控/平衡、服务器虚拟化、高效的机架和房间布局等类似的战略，最大化数据中心的效率。这些操作是以可再生能源为动力的。100%的设备符合 EPEAT 设计和施工标准。回收所有与技术相关的耗材（电池、打印机墨盒、掌上电脑、手机等），实现零电子废物。
总分			
平均分			

注释：

1.Mills. M.（August 2013）The Cloud Begins with Coal: Big Data, Big Networks, Big Infrastructure, and Big Power. http://www.tech-pundit.com/wp-content/uploads/2013/07Cloud Begins_With_Coal.pdf?c76lac.

2.Wu T.(9 September 2013)How Today's Computers Weaken Our Brain. *New Yorker*. http://www.newyorker.com/online/blogs/elements/2013/09/we – need–computers–that–fix–our–brains–not–break–them.html.

3.Hamilton. J.(2 October 2008)Think You're Multitasking? Think Again. NPR. http://www.npr.org/templates/story/story.php?storyId= 95256794.

4.Webb,M.(12 July 2011)Moving ICT to the Clouds. http://www.theclimategroup.org/blogs/smart–2020/moving–ict–to–the–clouds/.

5.Cook,G. & Greenpeace Intermational(April 2012)How Clean Is Your Cloud? http://www.greenpeace.org/international/en/publications/Campaign–reports/Climate–Reports/How–Clean–is–Your–Cloud.

6.Berners–Lee,M. & Clark,D.(21 October 2010)What's the Carbon Footprint of … Email? *The Guardian*. http://www.theguardian.com/environment/green–living–blog/2010/oct/2l/carbon–footprint–email.

7.Dillow,C.(2011)Google Rcleases Its Energy Consumption Numbers, Revealing a 260 Million Watt Continuous Suck. *Popular Science*. http://www.popsci.com/science/article/2011–09/google–releases–its–energy–consumption–numbers–revealing–260–million–watt–continuous–suck.

8.http://yearbook.enerdata.net/world–electricity–production–map–graph–and–data.html#energy–consumption–data.html.

9.Haber,L.(15 January 2009)Where to Go Green. *State Tech Magazine*. http://www.statetechmagazine.com/article/2009/01/where–to–go–green.

10.Energy Star (March 2012)Energy Star Products: 20 Years of Helping America Save Energy,Save Money and Protect the Environment. http://www.energystar.gov/ia/partners/publications/pubdocs/ES%20Anniv%20Book_50 8compliant_toEPA051412.pdf?c4d4–I8ee.

11.Energy Information Administration(December 2006)2003 CBECS Detailed Tables: Table C4A Expenditures for Sum of Major Fuels for All Buildings, 2003.

Energy Information Administration(1 June 2007)2002 Energy Consumption by Manufacturers——Data Tables: Table 7.9 Expenditures for Purchased Energy Sources, 2002.

12.Energy Star（2012）Facts and Stats: Energy Star for Commercial Facilities. http://www.energystar.gov/buildings/about-us/facts-and-stats.

13.Barr, M., Harty, C. & Nero, J.(n.d.)Enterprise PC Power Management Tools: Greening IT from the Top Down. http://resourcecomputer.com/docs/Enterprise_PC_Power_Management_Tools_Greening-IT.pdf.

14.Washburn, D.(11 June 2008)Afraid of the Dark? Start by Turning "IT" Off with Targeted User Groups.Sustainable Life Media. http://www.sustainablelifemedia.com/files/webform/documents/greenIT06112008.htm.

15.King, R.(May 2007)Averting the IT Crunch. *Business Week*. http://www.businessweekcom/technology/content/may2007/tc20070514_003603_page_3.htm.

16.Ibid.

17.Connor, D.(11 October 2007)Pive Easy, Low-Cost Ways to Save Power in Your Data Center. *IT World*. http://www.itworld.com/071011saveenergy.

18.Miller, R.(31 January 2013)Microsoft's $1 Billion Data Center. Data Center Knowledge. http://www.datacenterknowledge.com/archives/2013/01/31/microsofts-1-billion-roofless-data-center/.

19.Sciacc, C.(23 June 2009)IBM and ETH Zurich Unveil Plan to Build New Kind of Waste-Cooled Supercomputer, http://www-03.ibm.com/press/us/en/pressrelease/27816.wss.

20.The Economist(15 October 2013)Hot Property. http://www.economist.

com/blogs/babbage/2013/10/scavenging-heat.

21.Hoover,J.(30 April 2008)McKinsey: Measure Data Center Efficiency Like Car Fuel Efficiency. *Information Week*. http://www.informationweek.com/news/hardware/data _centers/showArticle.jhtml?articleID=207403651.

22.King,R.(May 2007)Averting the IT Crunch. *Business Week*. http://www.business.week.com/technology/content/may2007/tc20070514_003603_page_3.htm.

23.SutiSoft(2014)The Benefits of SaaS Integration Platforms(SIPs). http://www.sutisoft.com/blog/the-benefits-of-saas-integration-platforms-sips/.

24.Office of Management and Budget(2003)Implementation of the Government Paperwork Elimination Act. http://www.whitehouse.gov/omb/fedreg_gpea2.

25.Parris,J.(2013)How Employers Save on Telecommuting Employees. http://www.mint.com/blog/trends/how -employers -save -on -telecommuting -employees-0913/.

26.Lister,K.& Harmish,T.(2009)*Undress for Success: The Naked Truth abour Making Money at Home*. Hoboken,NJ: Wiley.

27.Rooney,B.(4 April 2007)UPS Figures Out the"Right Way"to Save Money,Time and Gas. ABC News. http://abcnews.go.com/wnt/story?id=3005890.

28.Walsh,K.(May 2007)Environmental Consciousness,Can IT Make Your Company Green? *CIO Magazine*:

Walsh,K.(6 August 2007)Five Ways to Find Data Center Energy Savings. *CIO Magazine*.http://www.cio.com/article/128201/Five_Ways_Find_Data_Center_Energy_Savings.

第十一章

环境事务部 *：如何超越合规，迈向可持续性发展

　　将环境实践和可持续性纳入企业和政府机构的程度各不相同。一些组织只关注健康和安全，可能只有一个人负责解决环境问题或员工健康和安全（EH&S）。在许多服务组织中，环境实践与可持续性最终成为设施部门的一项职能。对于大型运营组织，特别是制造业，通常有一个单独的EH&S 部门。政府机构，如环境质量部门或负责固体废物和废水的部门，在其任务中嵌入了环境重点。其他组织可能有污染预防协调员，或者有产品管理或采购专家。大多数组织都有专人负责促进工作场所安全、协调疏散、进行心肺复苏培训和维护急救用品。不管他们的头衔或职责如何，管理者在首次决定转向可持续性发展时往往会求助于他们；事实上，这些群体发起的可持续性发展倡议非常常见。承担更大的职责，并将可持续性纳入业务，可以为这些个人提供机会、提升地位并使其在组织中发挥更大的作用。

* 第三版的第十一章在戈兰·科丹和阿基玛·康奈尔的帮助下进行了更新。

一、您应该了解的可持续性

通过将经济和社会因素纳入运营，可持续性增强并超越了环保的含义。可持续性通常被视为提高组织效率和成本效益的一种手段。与具有有用技术知识的 EH&S 专业人员和污染预防协调员合作，是帮助组织实现可持续性发展重要的第一步。虽然专业知识各不相同，但 EH&S 经理可能对回收计划、化学安全、气候变化和其他环境挑战了如指掌；他们甚至可能保留有关环境绩效和安全事件的组织记录。他们还具有优势，可以就可持续性及其背后的科学原理向管理层提供建议、教育员工。例如，他们可以帮助管理层选择与组织最相关的框架和工具。EH&S 经理在寻求扩大其组织环保做法时可能会遇到一些挑战。本章描述其中的一些挑战，以及克服这些障碍的建议。

（一）超越合规

EH&S 专业人员及其组织必须理解的首要概念之一是，实施可持续性可能会对运营产生怎样的影响。一些组织可能会满足于简单地遵守法规，而另一些组织可能会注意到实施某些可持续性实践的资源效率和节约成本的好处。说服管理层做到不仅仅是合规将需要开发一个强大的战略业务案例。

（二）简化技术术语

这一领域充斥着令人生畏的术语，音节如此之多，通常被简化为首字母缩写，这样，这些术语就变得更加晦涩难懂。为了有效地接触到更多的受众，并为可持续性提供强有力的商业案例，EH&S 经理应该使用日常的商业语言，如投资回报、保险成本、业务风险、每个产品的平均成本、缺勤和健康保险费等。在组织运作的背景下解释实施可持续性实践的好处，对于获得支持大有裨益。

（三）从头开始工作

许多组织发起了义务的环保团队或污染预防团队，以审视环境或可持续性发展的机会。这些努力通常是由一小群热情的个人倡导的，他们想要改善他们组织的环境影响。虽然通常这些工作开始时涵盖的范围有限，如从塑料杯和塑料餐具转向可重复使用的马克杯和银餐具，但它们往往会促进更广泛的可持续性，如通过员工拼车减少碳排放等。庆祝小的胜利很重要，可以用来支持实施更大的可持续性的业务案例。

例如，美国西图公司（CH2M Hill）是一家国际工程咨询公司[2013年被"工程新闻-记录"（Engineering News-Record）评为可持续性200强的环境公司]，该公司选择改进现有的环保做法，并通过开发全面的环境管理系统（EMS）来巩固其环保团队的努力。他们的 EMS 集中在 5 个关键领域：材料和设备、设施、商务旅行、员工通勤、法规遵从性。

（四）确定工作重点

在可持续性领域工作的一个持久挑战是协调更大的全球可持续性问题与我们个人有限的影响力问题。现在有一种想要改变一切的倾向，这是值得称赞的，但可能也是不切实际的。更有效的方法包括制定一些明确的组织目标以及描述如何实现这些目标的战略。从具有良好的回报率和高成功率的战略和项目开始。与各级员工保持联系，以便在整个组织中整合可持续性。在收集支撑数据的同时，在这些成功的基础上建立更强大的商业案例，将有助于推动可持续性工作。

（五）涵盖社会和经济方面的可持续性

虽然 EH&S 专业人员可能对环保方面最为熟悉，但全面的可持续性计划需要社会和经济方面的整合。社会和经济倡议包括社区投资或组织志愿工作。在环境、社会和经济方面实现恰当的平衡，促使企业或机构在实施有益于环境、员工和社区的方案和做法的同时，仍然能够保持盈利。

(六)整合整个组织的可持续性

对于试图将可持续性整合到组织中的 EH&S 经理来说，最大的挑战之一是缺乏管理层或决策者的参与和认可。EH&S 员工可能会为承担责任和制定可持续性战略而感到兴奋，但为了可持续性计划的长期成功，这些战略需要整合到整个组织中。环境管理系统可以作为一个起点，推动组织其他部门的可持续性。将可持续性纳入业务和战略规划增加了其他部门管理层负责实施这些工作的可能性。指导委员会和其他参与机制也有利于实施可持续性战略。有关变革管理的建议，请参阅第八章。

二、可用战略

EH&S 和污染预防组织拥有强大的工具和知识来帮助实现可持续性发展。通常，您可以通过将可持续性原则嵌入现有做法中以取得最大的效果。

(一)从环保到可持续性管理系统

很多组织，包括制造商、服务型企业和一些政府机构，使用环境管理系统来了解和跟踪其运营影响。一个组织可以选择让它的环境管理系统使用在 ISO 14000 标准下开发的方法，或者遵循全球报告倡议标准。[1]

改用可持续性管理系统可能需要您确定不同的工作重点。例如，如果您想减少能源消耗而不是温室气体，您可以选择不同的工作重点。您可能会惊讶地发现造成温室气体排放的主要原因是什么，根据您的业务，可能是采购、员工通勤或使用您的产品，而不是您的大楼里的用电。此外，环境管理系统通常对社会问题视而不见。因为两个系统的差异，您可能会承担不同的项目，以提高可持续性绩效。

如 CH2M Hill 环境管理系统的年度《可持续性发展报告》所述，重点在于关注其运营的内外两个方面。内部环境管理系统目标包括通过提倡传送电子文件、使用能源高效型的固定设施来减少办公室的用纸和用电量,并通过鼓励员工搭乘公交、共享出行和远程办公来减少碳排放。从外部来看,CH2M Hill 在项目现场与客户一起工作,设计更高效的系统和流程,减少材料使用和能源消耗,以削弱对环境的影响。在项目现场,材料回收、减少用水或水的再利用进一步支持了环境管理系统的目标。

从本质上讲,环境管理系统是一个计划--实施—监控—审查的循环。在表 11.1 中,您可以找到要将环境管理系统转换为可持续性管理系统应完成的任务列表。

无论环境管理系统是否通过 ISO 认证,它都可以为可持续性提供强大的引擎。通过对与组织运营相关的所有活动和潜在影响进行全面评估,传统的环境管理系统可以成为可持续性管理系统。如果企业的产品是在海外制造的,环境管理系统应该考虑供应链的所有方面,包括供应商的可持续性实践。这包括环境和社会方面,如员工的工作条件,甚至包括那些可能不直接受雇于母公司的员工。如果环境管理系统不能充分解决组织的各种实践问题,可能会使组织面临风险。例如,如果工人因接触化学物质而生病,可能会导致品牌受损等风险。例如,三星由于其半导体工厂的工人接触化学物质,该公司在其母国韩国的声誉受到玷污。[2]

表 11.1　从环境管理系统(EMS)向可持续性管理系统(SMS)转变

计划	如何使之成为可持续性管理系统
建立 / 改进可持续性管理系统 发现潜在的项目 遴选并将最佳项目置顶 为每个项目制定实施计划	身处于一个可持续的世界中,为您的组织确定清楚的、令人信服的愿景。 将可持续性语言和愿景纳入您的政策。 制定与可持续性相关的衡量标准来衡量您的进展。 开发战略项目,超越您的组织的局限,扩大您的影响力。将项目识别集成到核心业务规划过程中。 纳入重新将您的产品架构为服务的项目。 定期更新和审查影响分析。 开发一个系统的筛选过程,使用一个整体的可持续性发展框架(例如自然步)来选择可持续性项目。 对所有的项目进行可持续性的筛选。

计划	如何使之成为可持续性管理系统
	使用总成本核算和生命周期评估，将外溢效应内化。

实施	如何使之成为可持续性管理系统
实施项目 开发支撑系统	将项目集成到您的正常部门和业务操作中。 开发职能与职责，把可持续性完全融入您的组织。 开始一个全面的可持续性培训计划。 把可持续性培训纳入定期的员工培训课程。 为可持续性活动制定标准的操作程序；培训新程序涉及的员工。 重新编写工作描述，将日常的可持续性功能写入其中。 把可持续性职能纳入员工年度考核和薪酬体系。 就可持续性工作，进行内部和外部的沟通。 完善控制系统，以确保信息的准确与更新（例如基于网络的信息、删除过时的政策和程序） 把可持续性融入到新员工的入职培训。 任命／雇用某个人来领导可持续性工作（通常是全职）。

监控	如何使之成为可持续性管理系统
跟踪您的项目进度 追踪您的系统的工作状态	跟踪项目是所有管理人员正常职责的一部分。 鼓励所有人通过积极的预防和纠正行动系统来促进可持续性管理系统的改进。 建立可持续性衡量标准以支持总体的可持续性发展目标。 制定可持续性衡量标准的基准线措施。 为进行中的可持续性活动建立并收集常规措施。 开发注重可持续性的根本原因流程，以采取预防／纠正措施。

审查	如何使之成为可持续性管理系统
审查单个项目的状态和结果 审查可持续性管理系统和所有的可持续性工作	项目成员通过正常管理渠道报告项目状态、结果和教训。 建立一个可持续性管理系统审查小组，项目审查是其正常周期性（季度／年度）审查的一部分。 最高管理层可持续性管理系统审查小组对可持续性管理系统进行定期（季度／年度）战略审查，包括政策、衡量标准、目标、审计结果、新的工作重点。 纳入年度管理评审会议，审查可持续性管理系统所产生的可持续性发展远景和主要建议。 在年度报告和／或全球报告倡议类型的环境报告中公布结果。

注：本表格出自达西·希区柯克（Darcy Hitchcock）和多萝西·阿特伍德（Dorothy Atwood）《将可持续性嵌入您的环境管理系统》一书，该书为他们自行出版的可持续性系列丛书中的一本。

<table>
<tr><td align="center">资源</td></tr>
<tr><td>1.ISO 14000 是一套全球公认的标准，用来指导环境管理系统的开发和认证。
2.ISO 26000（2010）提供了社会责任指南，并可以帮助将环境管理系统转换为可持续性管理系统。
3.GRI 可持续性报告指南适用于公司、公共机构、小公司、非营利组织和行业团体。
4.GRI 指南报告涉及多个金融、环保和社会方面</td></tr>
</table>

（二）更新或建立化学制品管理系统

组织的现场可能有大量有毒化学制品，包括油漆、杀虫剂、清洁产品、溶剂、空气清新剂和黏合剂。通常，组织中的不同人员购买不同的产品，产品过了保质期，材料安全数据表（MSD）也经常丢失或过期。在将所有这些数据汇总到化学制品清单，并建立化学制品管理系统之前，很难评估风险并确定下一步要做什么。实施化学制品管理系统不仅可以减少危险化学制品的使用，对员工的健康有利，而且还可以通过减少不必要的采购来节省资金。这样的系统可能是公司环境管理系统的一部分。

当我们为一位客户进行这样的盘点时，我们发现除了刚才提到的所有问题外，他们还错失了通过合并购买来省钱的机会。由于库存结合了毒性评级和年度数量数据，它为客户提供了明确的工作重点，便于他们想要找到毒性较低的替代产品。

建立有效化学制品管理系统，其中一项工作是对采购和库存进行控制。一些组织已经实施了化学药房方法，即只在一个地点购买和储存化学制品。这些制品会根据需要少量配发，剩余的会退还给药房。这种方法在大学里可能特别有用，因为如果没有这样的系统，化学制品可能会零散地存放在校园各处的各个部门。

(三)更安全的化学制品替代品

实施化学制品管理系统可能涉及对潜在替代产品的评估。一旦创建了最新的化学制品库存，下一步就是评估每种产品是否有更环保的替代品。这可能需要询问供应商是否有毒性较低的产品。许多现有的化学制品已经有了环保产品线，比如清洁用品。在其他情况下，可能需要绿色化学家来开发更多的替代品。

俄勒冈州波特兰港想改用更环保的清洁产品。它现有的供应商当时还没有绿色清洁产品系列。但波特兰港并没有找一家新的清洁公司，而是利用其影响力让供应商调查不同的、更安全的化学制品。清洁公司发现他们的供应商、经销商，也没有环保产品系列，所以他们找到了配方设计师。港口与整个供应链合作开发了环保清洁产品系列，使每个人都受益：配方设计师和分销商现在拥有了一种具有竞争优势的产品，港口得以减少有毒物质的用量。

(四)实施绿色化学

绿色化学是指通过改进设计和制造来减少或消除与化学制品相关的有害物质。它也涵盖了初级产品和副产品的毒性，以及过程的效率。该技术还可以用于替代生产方法的开发。例如，正如我们在制造章节(第四章)中所解释的那样，位于得克萨斯州毕晓普市的 BHC 公司将绿色化学原理应用于一种常见的止痛药布洛芬的生产，大大提高了生产效率，同时消除了有毒副产品。[3]

资源

1. 澳大利亚国家有毒制品网络提供一本化学公约手册和其他在澳大利亚的资源：http://www.ntn.org.au/.

Schapiro, Mark (2007) *Exposed: The Toxic Chemistry of Everyday Products:*

Who's at Risk and What's at Stake for American Power. White River, VT: Chelsea Green.

2.关于持久性有机污染物(POPs),斯德哥尔摩公约清单列举了最令人担忧的十几种"肮脏"的化学制品:http://www.pops.int/.

3. 美国疾病预防与控制中心有毒物质门户网站是有毒物质和疾病登记机构(ATSDR):http://www.atsdr.cde.gov/. 通过该机构,可以全面地了解最好的科学、最新的研究和关于有毒物质如何影响健康的重要信息。

4.US Environmental Protection Agency(EPA):http://www2.epa.gov/green-chemistry.

5.The World Health Organization(WHO)International Program on Chemical Safety(IPCS)提供了各种化学制品的化学特征。

三、结论

环境与安全部门和污染预防专业人员在促进可持续性方面可以发挥重要作用。他们可以充当技术资源,并为环境管理系统的开发做出贡献,将可持续性嵌入组织的结构中。此外,全面的环境管理系统可以扩展成为组织可持续管理系统的基础。为促进组织范围内可持续性的整合,环境与安全部门经理应在制定和实施可持续性发展目标和战略方面引入其他的部门和领导。环境与安全部门和污染防治专业人员的专业知识可以是变革的重要催化剂,也是技术知识和数据的来源。

四、应用问题

(1)您在您的组织中使用的最令人厌恶的化学制品是什么?它们是用来做什么的? 有没有其他化学制品可以在风险较低的情况下起到同样的作用?(您可能会发现美国环保署的安全配料网站很有帮助:http://

www.epa.gov/dfe/saferingredients.htm.）。

（2）比方说，更安全的化学制品比您现在使用的制品贵（按体积计算），您如何才能使替换有意义呢？换句话说，如果您做了替换，您还能减少哪些其他成本（例如许可证、员工生病）？

（3）现在想象一下，您的组织已经完全转向使用无害的成分和流程。在那个乌托邦的世界里，您会扮演什么角色？在哪个领域，您的技能和知识仍然有价值？您需要培养哪些技能或知识来为未来做准备？

表 11.2 S-CORE:环境事务部
（参阅引言中的"如何使用自我评估"）

做法（分数）	孵化器（1分）	计划（3分）	全面（9分）
可持续管理系统:将现有的环境管理系统（EMS）转换为可持续管理系统（SMS）。（注：如果您没有EMS,请参见高级管理的可持续管理系统）。化学制品和有毒物质:消除对人类健康和环境产生不利影响的化学制品的暴露和排放。水质和保护:尽量减少用水,保持水在现场和处理排放/径流。自然资源:保护自己不动产上的自然资源。	建立一个拥有很多ISO 14001元素的EMS。根据毒性和体积,完成一份化学物品清单。消除所有对持久性生物积累化合物（PBTs）的使用。至少每五年进行一次水审计,并对结果采取行动。评估排水和径流,制定保护计划。对自然资源进行评估并根据结果采取行动。	建立一个符合ISO 14001要求的EMS。可持续性明确体现在政策和目标中。已经制定出使所有重大影响达到可持续水平的长期计划。SMS包括与客户和供应商影响相关的目标。使危险材料的使用低于许可证所需的水平。完成一个化学制品的灰名单和一个黑名单,将它们从工作场所和您的产品中减少或消除出去。如果合适的话,实施一个化学管理系统。为大部分雨水提供现场水处理。在适用的地方重复用水。考虑自然资源对决策的影响。	SMS已成为组织整体管理的一部分,不再是一个离散系统。SMS负责您的产品或服务的整个生命周期。采购、加工和使用产品时,使用预防原则。已经淘汰了所有的灰名单和黑名单的化学制品。实施了工艺养分和生物养分的摇篮到摇篮系统。排放的水是干净的或比初始水源更清洁,现场有存储雨水的方式。最大限度地利用和保护水资源。恢复栖息地以补充因发展而丧失的自然资源。

续表

做法(分数)	孵化器(1分)	计划(3分)	全面(9分)
空气质量:保护室内和室外的空气。 应急响应:为所有重大突发事件制定有效的计划。 角色转变:在整个组织中重新分配对环境问题和可持续性的责任。 危险废物:管理危险废物,以保护人类健康和环境。	在所有工作区域进行空气质量检测,并采取适当行动,使其符合所有政府规定。对任何可预见的问题都有有效的危机应对计划。优先保护公众健康和环境,而不是保护组织的短期金融利益和形象。有一个完全符合所有政府法规和OHSAS 18000(职业健康和安全国际标准)的库存计划。	改用低VOC(挥发性有机化合物)产品的所有涂料、溶剂、油漆、黏合剂等。积极参与利益相关者确定预防和处理可预见危机的方法。可持续性领导力完全融入了管理层。系统地找到危险化学制品的替代品。	改用良性的替代品(例如基于植物的、可生物降解的)。积极促进全行业的做法和标准,保护公共卫生和环境。组织已演变为向更广泛的社区传播可持续性信息(例如讲座、供应商研讨会)。从现场消除所有危险化学制品。
总分			
平均分			

注释:

1.Global Reporting Initiative(GRI)guidelines can be found at http://www.globalreporting.org.

2.McCurry,G.(5 Feburary 2014)South Korean Film Spotlights Claims of Sickness Linked to Samsung Plants. *The Guardian.*

3.Dunn,P. J.,Wells,A. & Williams,M. T.(2010)*Green Chemistry in the Pharmaceutical Industry.* Hoboken. NJ: John Wiley & Sons.

第十二章

营销 / 公共关系部 *:是否和如何推广为可持续性发展而做的努力

　　大多数组织都关心自己的形象和品牌，许多组织发现可持续性可以提升这两者。营销和公关专业人士在这方面发挥着重要作用。他们可以帮助组织了解其细分市场对企业社会责任、社交媒体活动、基于社区的计划和环保认证的看法，他们可以帮助组织传达连贯、具有说服力的信息。这些问题最终是高层管理作出决定，但是像所有的市场营销一样，最好的做法是，把可持续性——一个从开始到实现的增值过程——嵌入整个设计，而不是事后才加以考虑。在本章中，我们将讨论营销和公关总监应该与最高管理层进行讨论，并融入企业文化的问题。

　　如果您知道该寻找什么，您会发现可持续性是一个成长性行业。在许多行业，更可持续的选择正在经历两位数的增长，例如有机农产品、美国太阳能电池板、绿色建筑和对社会负责的投资等。诚然，这些只占它们所在行业的一小部分，但以这样的增长率，它们也代表着一个充满希望的商业机会。

　　* 第三版第十二章在阿兰娜·坎伯利和雅各布·佩里特–克雷维的帮助下更新。

市场营销影响着我们的文化。恶意批评市场营销的人可能会说,市场营销是为了让资本主义机器保持运转,欺骗人们购买他们不需要的东西。但随着投入机器的原材料变得越来越稀缺和昂贵(例如,能源和自然资源),营销专业人员既应该鼓励客户选择可持续的产品,又应尽量减少产品供应消耗的资源。当然,营销不仅仅是广告和产品定位,而更应该找出客户需要什么、想要什么,然后参与设计能够满足这些需求的产品和服务。新的有利可图的商业模式正在涌现。营销专业人员可以帮助顾客分析他们目前想要的东西,从而发现他们真正需要的东西。也许有一些对环境破坏较小的方式可以让您的客户如愿。

您能把您的产品转化为服务吗?我们理所当然地认为,我们可以去某个地方旅行,租一辆车,而不是买一辆车使用一周。和一次出售相比,家得宝必须从重复出租的工具中获得更多的利润。界面地毯允许客户租赁他们的产品。在电子世界中,升级是一个令人头疼的问题,计算服务是一个不断增长的行业,在这个行业中,人们不拥有自己的硬件或软件。奥克兰和伯克利公共图书馆经营工具租借图书馆。即行在 16 个欧洲和北美的城市运营智能汽车共享服务。包–借与偷(Bag, Borrow and Steal)是一家出租最新名牌手袋、太阳镜和珠宝的公司。为什么每个人都要买同样的时尚配饰,而它们可能只用几次,一年后就过时了?

可持续性可以帮助保护和提升您的品牌。可口可乐被认为是世界上最好的品牌之一,在印度喀拉拉邦因涉嫌导致当地水井干涸而被起诉,现在该公司正在追求可持续性发展。如今,像这样的事件可以迅速成为世界各地的公众信息。无论个别案件是否有意义,公共关系的损害都已经造成。因此,经过一番自我反省,可口可乐在"未来 500 强"(Future 500)的参与下,现在已经开发出一套精心设计的企业评估工具。全球公共事务运营总监佩里·卡夏尔(Perry Cutshire)说:"我们想要发展一个良性的、可持续的商业周期。""作为一家私营公司,由于我们的资源、规模和影响力范畴,我们可以满足社会更广泛的需求，这与我们的使命相一致。"[1] 需要注意的问题因行业而异。例如，在电子行业，电子废物是一个热点问题；在饮料行业，是水的问题；在保险行业，是气候变化问题。有关行业的深度分析，请参阅以下资源部分中的麦肯锡报告。

有时，可持续性可以通过产品差异化来扭转企业发展低迷的状况。瑞典的斯堪迪克酒店就是这样的情况，该酒店是一家普通的、没有突出业务的连锁酒店，面临财务回报不断下降的局面。后来他们知道了自然步框架，并利用这一框架来改变自己的做法和形象，这不仅扭转了他们的财务状况，而且可持续性还帮助他们对运营做出了许多创新的改变，节省了时间和金钱。

还要考虑所谓的先发优势。第七代（Seventh Generation）成为第一家以环境和人类健康为导向的清洁和个人产品公司，从而吸引了人们的注意力。当一名内部人士打破常规时，总是很吸引眼球。通过率先将创新产品推向市场，您可能会得到大量的积极正面报道。总部位于俄勒冈州波特兰市的小型房地产开发公司格丁埃德伦地产因其绿色建筑实践而在纸媒、电视和广播中获得全国认可。丹尼斯·王尔德评论说："我们是不可能用钱得到这样的曝光率的。在过去的两年里，每周都会有一两篇关于我们或我们的项目的文章。"[2]

然而就可持续性进行沟通并非轻而易举。您不想让您的客户感到内疚，无论是对他们自己还是对您的其他产品。可持续性是一个复杂的领域，很难框定信息，容易使人们迷惑。百事可乐公司在 2013 年遭遇了窘境，当时消费者提起了 900 万美元的集体诉讼，原因是他们的无添加（Naked）果汁系列滥用了"转基因"和"全天然"等健康短语。[3] 您肯定不想让您的组织被指控为"漂绿"——即只把可持续性作为一种公关战略，而不采取任何行动来支持。

根据科茨科克斯营销公司（Coates Kokes）负责人史蒂夫·科克斯

(Steve Kokes)的说法,营销专业人士需要学习可持续性,然后将他们已有的营销知识应用到可持续性发展中。他认为,随着客户越来越多地意识到环境问题,他们将要求有更好的选择。只有一小部分人愿意花更多的钱或不遗余力地购买绿色产品,但在所有条件相同的情况下,大多数人会选择环保的产品。

此外,许多国家现在都在提高他们的环境标准,禁用含有某些化学物质或没有某种认证的产品。您会想走在这些趋势的前列,否则就有可能被媒体大加指责。例如,因为索尼的家用电视游戏机电线含有过多的镉,媒体发出很多批评的声音,当时正值假日到来之际,荷兰禁止了它的销售。特别是欧盟正在通过越来越多的关于产品中毒素的立法(例如《限制有害物质使用令》和《化学制品注册、评估和授权令》,两个指令将化学制品安全的举证责任转移到制造商身上)。2010 年,法国通过了《格勒内尔法》,它要求在法国证券交易所上市的公司,包括在法国上市的外国公司的子公司,在其年度报告中纳入关于其活动的"社会和环境后果"以及"对可持续性发展的社会承诺"的信息。[4]

从公共关系的角度来看,您会想要提高您组织的声誉,保护您的组织不受其他形式的负面关注。在美国,股东决议的数量迅速上升。没有多少组织想要公开与投资者关系研究中心 (Investor Relations Research Center)发生争端,该中心的长期成员包括阿德里安多米尼亚姐妹会(Adrian Dominia Sisters)和其他宗教团体,以及养老基金和许多基金会。同样,非政府组织喜欢将一个行业中最大的公司作为抵制的目标,作为他们吸引眼球的营销和社交媒体活动。2011 年,绿色和平组织的抗议者将横幅悬挂在美泰总部大楼,上面有一张愤怒的肯娃娃(Ken doll)的照片,上面写着:"芭比,结束了,我不和会导致毁林的女孩约会。"美泰的问题出在包装材料上,这些材料是通过与印尼毁林直接相关的第三方供应商采购的。[5]这一行动,结合绿色和平组织在社交媒体上声势浩大的宣传活动,让美泰完全措手不及。如果处理得当，追求可持续性可以成为抵御负面新闻的保险单。在谷歌中输入您的公司名称，您可能会惊讶地发现有其他网站对您大加抨击。

有时您做的必须超过客户的要求。丰田和本田开发混合动力车，不仅是为顺应客户的要求，也是因为展望未来，他们发现需要从头开始重新设计汽车。他们冒险把赌注押在一款垫脚石车型上，而不是像通用汽车公司那样决定直接投入氢燃料电池汽车的研究。虽然美国汽车制造商一直在说，省下的油钱不足以抵消混合动力车生产带来的额外成本，但他们其实没有抓住要害。购买从来都不是一种完全理性的体验。难道他们认为悍马车主会用燃油效率来弥补额外的成本吗？丰田知道，普锐斯会对足够多的人产生情感吸引力，他们会将普锐斯视为自己价值观的一种表达。而现在，由于有史以来汽油价格的上涨、可预见的石油供应触顶以及其他可持续性问题，丰田混合动力车供不应求。

还请记住，这不仅仅是关于绿色或环境营销，还有社会因素要考虑。例如，苹果付出了相当大的代价才领悟到这一点。苹果在中国的主要工厂之一富士康科技集团（Foxconn Technology Group）被披露其不人道的劳动行为后，苹果从领先地位跌落下来，不得不进行损害控制，苹果仍在努力重建自己的形象。[6] 从积极的一面来看，许多组织正在与非营利组织联手，以解决饥饿、家庭暴力和艾滋病等棘手的社会问题。星巴克开展了一场营销活动，销售思潮（Ethos）瓶装水，为世界各地的安全饮用水项目筹集资金。

最后，要认识到您也有内部观众。可持续性可以激励员工，吸引人才。俄勒冈州波特兰市的热唇披萨就是这样一个雇主，他们报告中说，由于他们对可持续性的承诺，他们吸引并留住了更高质量的员工。因此，利用您的营销和公共关系知识来帮助管理层制定有意义的沟通战略，供组织内部使用。

一、您应该了解的可持续性

营销的可持续性充满了挑战。这个领域充斥着执行不力的营销计划，这弊大于利。为了避免最大的陷阱，您需要解决一些战略问题。

（一）绿色营销

有没有绿色的或可持续市场这回事？营销专业人士劳拉·赖斯（Laura Reis）说："纯粹主义者寻找的是绿色产品。但大多数人并不纯粹是为了绿色而做出决定。虽然许多消费者认为绿色很好，但当他们做出选择时，他们会选择自己喜欢的品牌或价格最低的产品。"[7]

赖斯的观点的确说出了真相。对于绝大多数人来说，环境问题排在他们的迫切需要之后。绿色营销不会弥补一款不能发挥功效的洗涤剂或一辆无法走完全路程的汽车。一家创新的、价格适中的眼镜在线分销商店沃比帕克（Warby Parker）就是这样一个有趣的例子。他们的社会使命——让所有人都能买得起矫正眼镜，以及他们作为公益公司的地位是他们的产品和服务不可或缺的一部分。然而，他们与客户之间的对话是平等的。

绿色营销概念的另一个问题是，要瞄准这一细分市场可能非常困难。根据保罗·雷的研究（至少在美国的研究），营销人员使用的大多数人口统计学差异（地理位置、政治背景、宗教背景等）信息都没有用，因为这些信息没有把那些最有可能被环境友好型产品吸引的市场细分出来，那些细分市场被雷称为"文化创意"。所以您面临的风险是您能吸引来多少人，也能让多少人失望而去。有趣的是，雷发现的唯一可以预测环境价值的人口统计数据是性别，女性比男性更有可能关心这一点。

仔细选择您的术语。根据市场品牌公司 BBMG 最近的一项调查，"绿色"已经过时。只有 18% 的美国人认为自己是"绿色消费者"（通常带有政治色彩），而 39% 的人更喜欢"有社会责任感"，37% 的人认为自己是"有意识的消费者"，34%的人喜欢"环境友好型"这个词。[8]存在一个术语雷区。您最好把可持续性看作营销和公关信息的一部分，而不是一种与众不同的看待世界的方式。

（二）公之于众

您是否（或什么时候）会把您的可持续性努力公之于众？决定是否应该促进您的可持续性工作可能也很棘手。除非有重要的结果要报告，否则许多组织会保持沉默很长时间。家喻户晓的公司容易被指控为"漂绿"。公众对企业动机持怀疑态度，对他们的自吹自擂也很警惕。此外，除非您的组织已经将自己标示为环保的选择，否则您可能会得罪那些视环保主义者为肮脏之词的人。家得宝是一家大型建筑产品零售商，在成为热带雨林行动网络（RainForest Action Network）运动的目标后，他们选择了可持续性。他们检查了几乎所有木制品的来源，从木材到锤子把手，然后逐步地、悄悄地取消了那些来源可疑的产品。他们不再让顾客去选择使用环保门或非环保门。出人意料的是，他们的销售人员对一些产品上的森林管理委员会的认证标签一无所知。我们认为，这样做是不想冒犯家得宝的客户们或令他们感到困惑。该公司不仅在太平洋西北部（曾被称为"生态乌托邦"）运营，也在仍然没有像样的回收系统的当地社区设有门店。他们希望被称为最大的建筑产品供应商之一，而不是一个绿色建筑产品供应商。然而，家得宝想要做正确的事情，并看到了可持续性的优势，终于在2007年，当似乎所有人都在标榜自己的绿色价值观时，家得宝开始将生态标签的产品放上货架，并高兴地发现这些产品大受顾客的欢迎。如果您的组织决定促进可持续性工作，那么您必须面对这个问题：您准备好了吗？我们有四个极具挑战的问题来帮助客户做出决定：

（1）您有没有一些好故事可以讲？好故事会让人听完之后觉得深有同感。例如，联合包裹服务公司通过取消左转弯（人们靠右驾驶）节省了300万加仑的燃料。您是否在主要影响领域采取了重大行动？您能用可衡量的结果来支持您的主张吗？

（2）您比您的竞争对手领先吗？如果您所在行业的其他几个组织已经以可持续性而闻名，那么您需要有一个更有说服力的故事，这样您的声明才不会听起来像是随声附和一样。

（3）有什么您会感到尴尬的事吗？如果您要带某人参观一下您的运营，他们会不会指着某个东西说："如果您对可持续性是认真的，为什么您还在这么做？"这些东西通常相对微不足道，但却具有象征意义，例如，塑料水瓶、一次性餐具或垃圾桶中的可回收材料。这些东西也包括您的公司最有可能产生积极影响的做法，例如，一家金融服务公司没有为员工提供具有社会责任感的养老金计划选项。

（4）您的组织是否致力于可持续性？一旦您设定了预期，公众就会希望看到未来的进展。记住，过去的项目将会是老生常谈，您的竞争对手不会停滞不前。您需要确保您有足够的承诺来将您的可持续性计划一直进行下去。这意味着至少要清楚地阐述，为什么可持续性不仅是正确的，而且是公司战略的关键部分。

（三）标识和认证

如果您能对以上四个问题给出明确、肯定的答案，那就开始考虑公关战略吧。记住，如果有一个受人尊敬的第三方机构能提供事实数据和观察，比您自己所做的任何声明都更有可能得到人们的信任。愿意展示您的缺点和成功，用资源和行动证明您正在努力消除继续进步的障碍。不仅要用您的承诺来提升您的品牌，也要用其改变您的行业和供应链。

您是将绿色或可持续标签贴在一种产品上，还是贴在所有产品上？如果您确实决定推广您的可持续性工作，提高产品的可持续性，您要决定您是要实现所有产品，还是其中一些产品的可持续性。例如，丰田的混合动力普锐斯让所有美国汽车制造商都措手不及。在这里，他们将可持续选择作为一个选项。由于丰田的大多数车辆与同级的其他车辆相比，相同油耗内行驶里程都很长，所以他们的其他产品也不会太差。

　　另一种选择是让您的整个生产线走向可持续性。欧洲家具零售商宜家认识到，如果只提供 Eco-Plus 系列产品，他们的可持续性工作可能会让他们的其他产品看起来不太令人满意。他们也意识到，与改造所有的产品相比，销售一个绿色产品系列，对环境的影响微乎其微。因此，他们决定开始逐步绿化整条生产线。[9]

　　绿色标签对所谓的有道德的消费者的行为有非常有趣的心理影响。2005 年，ABC 家居在他们纽约的商店进行了一次实验。哈佛大学的两名研究人员在一套毛巾上贴了"良心产品"的标签，并注释："这些毛巾是在公平的劳动条件下生产的，工作环境安全健康，没有歧视，管理层承诺尊重工人的权利和尊严。"其他对照的毛巾没有这样的标签。这项历时 5 个月的研究表明，贴上标签的毛巾卖得更好，与对照组相比，即使价格上涨，销量也在不断增加。[10]

四、市场细分

　　您是向某一个细分市场销售，还是吸引每个人选择可持续性的产品？罗珀绿色评价（Roper Green Gauge）在美国跟踪记录了许多环保观点。他们确定了五个不同的细分市场：

　　（1）绿色行动：对环境表现出最高关注度，最有可能购买环保产品的人。

　　（2）绿色魅力：对环境的关注度一般，但将绿色生活方式视为社会地位的风向标。

　　（3）碳文化：具有较高的环境意识，但行为可能滞后。

　　（4）绿色想法：有环保的愿望，但缺乏怎样变得更环保的工具和窍门。

　　（5）消极怀疑：认为环保问题没有那么重要的怀疑论者。自去年以来，这一细分市场在全球范围内增长了 2 个百分点。[11]

面对这些或类似的人口统计数据，您必须决定是只吸引最热情的绿色公民（他们的身份取决于拥有和不拥有某些产品），还是想吸引大多数不同程度地关心环境的人？这是一个产品定位决定，它将影响您在哪里销售您的产品、产品包装，以及价格。

如果您选择专注于营销，您可以调研一下一个越来越广为人知的LOHAS细分市场，即寻求健康和可持续生活方式的人。这一细分市场结合了几个对可持续经济感兴趣的群体：对可持续性经济、健康的生活方式、个人发展、替代医疗保健和生态的生活方式的人们，约占全球消费者的20%。[12] 在全球范围内，这个市场约有5,460亿美元。[13]

（五）进入新市场的机会

将绿色或可持续性与溢价联系起来一直是很常见的现象。然而，这种战略是把双刃剑——鼓励农民生产有机水果和蔬菜，以此获得更高的价格，但溢价强化了这样一种观念，即做正确的事情成本更高，会令您失去很多市场。

然而，可持续的选择并不一定成本更高，实际上一些人把廉价商品出售给世界上最穷困的人口，从而获得更高的利润率。如果您的公司向工业国家销售产品，您的潜在客户只占世界人口的1/6。但是，如果您能找到一种方法来满足最需要的人的需求，您就有了3倍大的市场。食品和个人护理产品巨头联合利华向印度最贫穷的人推销洗衣液。这些便宜的小包装满足了那里人们的需求，但其实利润率比他们常规的盒装肥皂要高。2007年，一位研究人员参观了普拉哈拉德（Prahalad）所著《金字塔最底层的财富》一书中所描述的印度马杜赖的阿拉文眼科诊所。在印度，失明不仅仅极为不便，还像被判死刑一样，患者的平均预期寿命在两到三年之间。这家诊所提供世界级的护理。尽管2/3的患者免费获得这些服务，但医生通过极大地提高生产力，使医院在不接受慈善捐款或政府拨款的情况下，毛利率达到了40%。缺乏资金推动了创造力，他们没有继续进口成本约为

200 美元的人工晶体，而是发明了一种工艺，以 5 美元的价格制造人工晶体，并将其出口。他们拥有自己的眼库，发明了弱视产品，并现场配眼镜。[14]

可持续性还可以刺激创新，催生新产品。例如，惠普赞助了一项电子融入计划，将技术带到世界各地的村庄。负责企业和社会责任的副总裁沃尔特·罗森伯格（Walt Rosenberg）表示：

> 在开发了该产品（一种在印度农村使用的制作带照片的身份证的太阳能打印机）后，我们开始更清晰地思考，如果当地电力供应不可靠或甚至没有电力供应，没有当地电力系统，我们应如何服务这个市场。于是我们开始研究太阳能，以及其他当地的发电站，使居住在农村地区的人们能够用上我们的技术。[15]

2005 年，麻省理工学院媒体实验室推出了一款单价 100 美元的笔记本电脑，希望世界上每个孩子都能买得起。以新的方式利用现有技术，这样的电脑可能会改变个人电脑行业。该电脑从手柄获取能量，使用开源软件，并将数据保存在闪存中，而不是硬盘上。帮助穷人的愿望再一次激发出新的创造性的解决方案。

您是如何表述这条信息的？一旦您确定了您的目标客户，您必须制定一条与该细分市场能够产生共鸣的信息。由于这是营销的命脉，我们不用再赘述这一点，只分享一些在可持续性的背景下，如何服务于市场的想法：

（1）您可以把绿色产品卖给消极怀疑的人，只要能找准他们的兴趣点。从长远来看，我们要使可持续性的选项成为每个人的顺理成章的选择。得克萨斯州的奥斯汀能源公司组织了他们的"绿色选择"（Green Choice）绿色电力计划，以吸引消极怀疑、绿色魅力和绿色行动三类人。在能源价格波动大的时期，该计划提供的 10 年固定费率特别有吸引力，特别是在 2006 年 1 月其费率降得比天然气燃气费还低。"绿色选择"的销售代表伊丽莎白·卡斯普罗维奇(Elizabeth Kasprowicz)说:"我们曾经以为,(面向企业的绿色选择)会增长缓慢,只适合那些坚定的环保人士或那些相信传统能源价格会飙升的人,没想到现在他们趋之若鹜。绿色成为一种时尚,而价格锁定是决定性因素。"[16]

(2)对于绝大多数人来说,您必须保持信息的简洁。保护海豚安全的金枪鱼捕捞运动,在批准的所有金枪鱼罐头盒上都使用了微笑着的海豚标志。同时,您的声明必须准确和毫无瑕疵,否则会受到那些内行人的攻击。一个例子就是所谓的可生物降解塑料垃圾袋,这种垃圾袋只是分裂,而不是分解,因此遭遇了营销滑铁卢,令公众对公司声明更加怀疑。

(3)可能的话,利用他人的信誉来担保您的产品。可以采取第三方认证、独立检验的标签、非政府组织伙伴关系或奖励计划的形式。

(4)把个人受益而非绿色特征放在第一位。飞利浦微电子(Philips Microelectronics)是一家以环境设计项目而闻名的欧洲制造公司,他们发现应该首先强调个人受益,其次是环境利益。例如,他们电视上的节能按钮可以减轻眼睛疲劳。

(5)最后,重要的是要确保您自己的营销和公关材料帮助强化,而不是削弱您的可持续性信息。您在贸易展览会上分发一次性塑料饰品吗?或者,您是否已经改为把资料放到网上,并按照需求发送明信片?

资源

1.BBMG 的"有意识的消费者报告"可以从他们的网站订购,或者您可以下载他们的免费白皮书:http://www.bbmg.com/.

2.Bonini,Sheila M.J., Kerrin McKillop and Lenny T. Mendonca(May 2007)What Consumers Expect from Companies. http://www.mckinseyquarterly.com.

3. 商业社会责任发布了一份报告 Eco-Promising:Commun icating the Environmental Credentials of Your Products and Services. 您可以从他们

的网站上下载：http://www.bsr.org；绿色和平组织：http://www.greenpeace.org/usa/the-breakup/.

4.Hall,Jeremy and Harrie Vrendenburg(Fall 2003)The Challenges of Innovating for Sustainable Development, *MIT Sloan Management Review.*

5.National Geographic Greende:Consumer Choice and the Environment Worldwide Tracking Survey: http://environment.nationalgeographic.com/environment/greendex/.

6.Ray,Paul and Sherry Ruth Andersen(2000)*The Cultural Creatives: How 50 Million People Are Changing the World.* New York: Harmony Books.

7.Stine,Rachel(August 2011)"Social Media and Brand Campaigning: Brand Lessons from Barbie". Ethical Corporation. http://www.ethicalcorp.com/supply-chains/social-media-and-environmental-campaigning-brand-lessons-barbie.

8.Underwriters Laboratory(2010)Sins of Greeenwashing. http://sinsofgreenwashing.org/index.html.

9.US Federal Trade Commission(October 2012)Guides for the Use of Environmental Marketing Claims. http//www.ftc.gov/enforcement/rules/rulemaking-regulatory-reform-proceedings/guides-use-environmental-marketing-claims.

10.Word of Mouth Marketing Association,Word of Mouth 101: An Introduction to Word of Mouth Marketing. http://www.wordofmouth.org/wordofmouth101.htm.

二、可用战略

(一)基于社区的社会营销

基于社区的社会营销可以改变人们的行为。这样的营销利用社会规范和其他社会因素，鼓励社区居民改变行为方式。营销通常包括三个步骤:请求承诺、提示或提醒跟进承诺和强化新的社会规范。如下是一些基于社区的社交营销的想法:

(1)解释人们现在正在失去什么,这比告诉他们通过改变行为可以获得什么更有效(例如,每个月在能源账单上浪费了多少钱,通过隔热可以节省多少费用)。

(2)做一个小承诺(比如给一个脸书群点赞或在推特上关注一家公司)会促进人们改变行为。

(3)公众认可在推动变革时可能会适得其反。有些人不喜欢在同龄人面前炫耀,其他人可能会觉得受到轻视。

(4)在有凝聚力的团队中寻求承诺可以提高坚持到底的可能性。如果您向您的朋友承诺您会做某事,您会更有可能坚持下去。

(5)让人们参与评估(例如能源审计)会使他们更有可能坚持按照建议而行动。

(二)社交媒体活动

社交媒体已成为讲述可持续性发展故事的重要工具。2013年最成功的社交媒体活动之一是由水即生命(WATER is LIFE)开展的,这是一个非营利性组织,其使命是将淡水资源带给有需要的人。社交媒体的一个杠杆点是与您的消费者进行对话的能力,在可持续性领域,是与全球问题相关的对话的能力。水即生命认识到推特上推文话题的力量,试图通过他们在第三世界国家的利益相关者的视角来看待第一世界的推文。一段短视频展示的是海地难民背诵与第一世界问题有关的推文,"推文话题杀手"敲响了警钟,瞬间走红,他们对社交媒体的创造性真实和强大,事实也如此,在发布后的四天内,这段视频的点击量超过了 100 万次,这一数字在不到两年的时间里翻了两倍多。水即生命通过让海地的社区到推特上回复标记为第一世界问题的帖子进一步促进了交流。这是一个例子,说明借助像推特、Instagram 和脸书这样的平台,组织可以与消费者以及更广泛的利益相关者直接互动, 而不需要电子邮件列表服务器和大型平面媒体活动。[17]

资源

1.Mckenzie-Mohr,Doug and William Smith(1999)*Fostering Sustainable Behavior.* Gabrila Island,BC: New Society Publishers.

2.WARTER is LIFE: http://www.waterislife.org.

(三)与公益相关的营销

与环境问题相比,与公益相关的营销更多地与社会问题,而非环境问题联系在一起。这类营销通常是通过与营利性组织和非营利性组织之间的伙伴关系来实现。公司推广其产品,为非营利性组织的努力筹集资金。这个词最早是由美国运通在 1983 年创造的,当时他们筹集资金修复自由女神像。李维斯(Levis Strauss)对肆虐家乡旧金山的艾滋病宣战。正如前面提到的,最近星巴克推出了思潮瓶装水,为全球的安全饮用水项目提供资金。

与公益相关的营销可以给您带来很好的公关机会。丽资克莱本(Liz Claiborne)致力于消除家庭暴力,于是他们的代表就出现在许多电视脱口秀节目和时尚杂志上。他们的前首席执行官还应邀到白宫出席庆祝相关犯罪立法的签署之活动。看看是否有适合您的品牌、您的客户和您的使命的公益可以做。

资源

Adkins,Sue(2000)*Cause Related Marketing: Who Cares Wins*. Woburn, MA：Butterworth-Heinemann.

（四）标识、认证和标准

标签对消费品至关重要，而且已经存在了许多种标识体系。如果您所在的行业中没有标识体系，您需要让多个利益相关者小组参与一起确定标准，才能创建一个这样的体系。鉴于大多数人都很熟悉产品标识，下面我们只列出一些比较常见的与可持续性相关的标签。标识最有效的方法是标签简单、清晰和值得尊重。咖啡产品有各种各样的标识，您必须在公平贸易、遮阴种植、鸟类友好型和有机之间做出选择，这让顾客不得不决定谁会受到伤害：虫子、鸟儿还是采豆人。许多标识方案需要第三方认证。这可能代价不菲，但往往是进入市场的敲门砖。某些政府将认证作为采购的选择标准。认证和标签的最大问题之一是它们激增的速度惊人，让客户感到困惑。绿色清洁产品可能带有生态认证（Ecocert）、生态标签（Eco-Label）、生态标志（EcoLogo）、绿色印章、绿色卫士（GREENGUARD）、清洁资质（CleanCiredients）、北欧天鹅（Nordic Swan）或美国环保署"为环境设计"的标签。加入多个认证很有可能不可避免，所以谨慎选择，通过保留数据来降低风险，这样您的产品就有资格参加多个项目。

公益实验室的公益公司全球认证是任何营利性企业都可以考虑的非特定行业认证，该认证是对整个公司而不是其特定产品进行评估。很多组织通过多种方式利用公益公司认证，包括吸引投资资本和有才华的新员工，以及在公益公司社区内开展合作。2014年，总部位于俄勒冈州的新季节（New Seasons）公司（也是第一家获得公益公司认证的食品杂货企业），开展了一场广泛的营销活动，引发了当地媒体的关注，并巩固了他们作为品牌领导者的地位，这样不仅宣传了他们自己的使命，还为他们上架的所有公益公司产品做了广告。

但也要注意认证机构的声誉。虽然公益公司的认证坚持持续改进，但能源与环境设计先锋建筑作为建筑环境绿化的最初标准，已经因为缺乏问责而受到审查。[18]

资源

1.公益实验室的公益型公司认证：http://www.bcorporation.net。

2.生态标签索引是目前全球最大的生态标签目录，跟踪 197 个国家和 25 个行业的 439 个生态标签：http://www.ecolabelindex.com.

（五）利益相关者的参与

利益相关者的参与和透明度是可持续性的重要原则，公关人员可能会参与计划或运行相关的任务，因为差不多所有人都可以被认为是利益相关者，您需要找一种方法来缩小这个范围。您要确保让那些有很强的既得利益的人或代表参与进来，避免遭受意外的打击。另一方面，您不能让每个人都参与进来。图 12.1 可以帮助您整理思路。将人员或组放入适当的象限。可能有一些人很担心，但影响力很小，另一些人有很大的影响力，但对正在发生的事情很满意。您要关注那些对您的所作所为高度关注并具有很大影响力的人或团体。

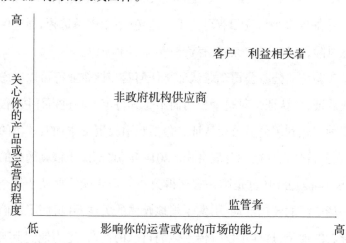

图 12.1　利益相关者评估

（六）可持续性发展报告

同样地，公关部经常负责撰写公司的一些报告，包括可持续性发展报告，随着时间的推移，还得撰写综合报告。公司注册（Corporate Register）这一机构一直在追踪非财务类的公司报告，据他们称，《财富》500强中2/3的公司已经制作了可持续性发展或企业社会责任报告，而且这个数字每年都在继续增长。这些报告是企业分享其可持续性工作成果的机会。我们的建议是，这些报告要以数据为基础，突出实质性信息，简明扼要。全球报告倡议G4准则是各组织可以遵循的一个很好的模板，该准则提高了报告标准化程度和报告之间的可比性。

不过，还要小心不要用太多信息让人不知所措。用您敏锐的市场感觉来分析信息提供给不同的受众。例如，星巴克和惠普制作了一份完整报告的小摘要。他们不再打印报告，而是把报告放到网络上，为读者提供了更高的灵活性。通用电气和诺基亚允许客户创建个性化报告。[19] 有关详细信息，请参阅第十三章。

资源

1.公司注册提供了一个包括几百个组织的报告库 http://www.corpo-rateregister.com/.

2.CRI-G4 Guidelines：http://gri.com/.

（七）市场转型

政府机构和非营利组织通常对营销他们正在做的事情不太感兴趣，而更感兴趣的是为更可持续的产品创造市场。他们想要改变整个行业，提高所有人的标准。例如，1993年，美国的25家电力公司可以提供全国用电量的1/4，他们想要大幅度提高冰箱的能效，所以提出了一个"金胡萝卜方案"。他们没有补贴研发成本，而是向能够设计、制造和分销比同类型号节能25%~50%的冰箱的制造商提供3,070万美元的奖励。这一激励措施引起了整个行业的关注。现在的冰箱比之前提高了30%的能效。各组织已经使用了许多不同的战略来改变市场。除了利用他们的购买力之外，他们已经：

(1)设计了信息标签(如家电上的能源之星标签)；

(2)制定了标准和认证(如能源与环境设计先锋绿色建筑体系)；

(3)提供了激励措施(即"返款"，对可持续性差的型号收取费用，提供给可持续性更好的型号)；

(4)提供了技术援助；

(5)提供了专项资金；

(6)使用了税收抵免和扣除(比如在美国，俄勒冈州的能源税抵免在改变行为方面特别有效)；

(7)通过行业协会实施了全行业变革；

(8)抵制了或实施了新的条例(2004年9月，欧洲联盟的一项裁决生效，禁止在欧洲市场上的所有个人护理产品中使用数百种致癌物质和生殖毒素)；

(9)建立了总量管制和交易市场机制；

(10)成立了第三方组织(用于处理电子产品的回收问题)。

战略将取决于您的目标市场(即一般公众或企业对企业交易)、您的使命和您的产品。

三、结论

营销和公关人员掌握着支持可持续性发展计划的关键技能。他们可以利用对市场和利益相关者的了解来设计更可持续的产品和服务，并有效地构建其组织的信息。营销人员可以将其作为法宝来创造对更可持续产品日益增长的需求。公关人员可以帮助组织利用可持续性来提升其形象。尽您所能地了解可持续性，然后帮助您的组织了解如何最好地传达他们对可持续性的承诺。

四、应用问题

（1）选择一个您感兴趣的行业或组织。对于每个主要客户群体和利益相关者来说，他们对可持续性问题的兴趣和了解程度如何？从非常支持到非常敌对，把他们按照分数高低排列（如果您的利益相关者的兴趣和他们的了解程度之间存在重大差异，您可以把它做成一个四象限的图表）。

（2）选择对可持续性最不感兴趣的利益相关者或客户群体，您如何鼓励他们做出更可持续的选择？有没有理性或情感的论据可以说服他们去关心可持续性呢？或者，您能创造激励机制，让他们做出更可持续的选择吗？

（3）审查您所在行业组织的两份可持续性发展报告。您想要效仿和避免什么呢？

表 12.1 S-CORE:营销与公共关系部
（参阅引言中的"如何使用自我评估"）

做法(分数)	孵化器(1分)	计划(3分)	全面(9分)
营销战略：制定战略，鼓励所有的客户做出更可持续的选择。 产品定位:使所有产品更具可持续性。 内部营销:教育所有员工为组织的可持续性做出努力。 营销材料和赠品:为抵押品提供可持续的选择。	评估细分市场对可持续性的理解和看法。利用这些信息来瞄准绿色市场部分。 评估所有主要产品系列的可持续性影响。 将可持续性专门地纳入员工沟通。 当印刷时，使用再生纸和大豆油墨。减少使用赠品，选择能体现可持续性的产品。 方便客户取消重复	发出信息，与每个细分市场产生共鸣，鼓励他们做出可持续选择（例如，将此机会作为营销战略）。 取消或重新设计可持续性表现最差的产品系列。为您的一些产品寻找可靠的生态标签或认证。 至少每季度通过两种或更多的媒体进行交流。	围绕可持续性，开发一个积极的客户教育活动，以建立对可持续产品和服务的需求。 所有产品都是可持续的(例如，第三方认证)。 展示重大创新，摆脱现有的"绿色"做法的限制，并推动行业向前发展。 所有员工都充分知晓可持续性活动。

续表

做法(分数)	孵化器(1分)	计划(3分)	全面(9分)
	的邮件或不再订阅您的邮件。电话营销时，设置勿打扰清单。	通过寿命周期评估首选的技术方式尽量减少印刷的营销材料。	在营销材料中推广可持续性的概念来教育顾客。
公关/外联战略:使利益相关者了解您的可持续性努力。 利益相关者的参与:为利益相关者提供表达他们的期望、最关心事项和关切的机制。 事件/应急响应和媒体传播:确保每个人得到准确信息。	评估您的利益相关者对可持续性的看法。 确定您的主要利益相关者,并积极评估他们的信任、看法和改进意见。 当危机发生时（例如：错误的新闻报导、事故、高调的错误），及时向有关部门和公众提供及时、准确和完整的信息,优先保护公众健康和环境,而不是您的短期经济利益和形象。	在该组织在可持续性上取得重大的进展后,把可持续性作为您的形象的一部分,推广给那些关心可持续性的利益相关者或市场。 进行正式的利益相关者审计,并让关键的利益相关者参与重大、敏感的决策。 积极主动地为媒体和公众提供有关事件和反应的信息(如通过网站、新闻稿等)。	制作一份公开的、正式的年度可持续性发展报告,诚实地描述您的进步以及您的改进领域。 与关键利益相关者合作,以改变行业的可持续性绩效（例如,聚集购买力,制定标准,为变革创造政治压力）。 以公正和透明的方式运营,不会因为有利于自身而传播坏消息。对您的行动负全部责任,并迅速采取可持续的解决方案。
总分			
平均分			

注释:

1.Asmus. R.(July/August 2005)Protecting Brand Value：How(and Why) the World's Most Valuable Brand Is Building a Corporate Citizenship Pyramid. *Green at Work Magazine*,16.

2.Hitchcock. D.(January 2004)Gerding/Edlen Development,LLC: A Natural Step Case Study. http://www.thenaturalstep.org/en/usa/gerdingedlen-development-company-llc-portlan-oregon-usa.

3.Tepper,R.(28August 2013)Naked Juice Class Action Lawsuit Settle-ment over Health Claims Means $9 Million for Consumers. *Huffington Post.* http://www.huffingtonpost.com/2013/08/28 naked -juice -class -action -law -suit_n_3830437.html.

4.Ermst & Young(2012)How France's New Sustainability Reporting Law Impacts US Companies. http://www.ey.com/Publication/vwLUAssets/Frances_su stainability_law_to impact_US_ companies/$FILE/How_Frances_new_sustain ability_reporting_law.pdf.

5.Kessler,Z.(9 June 2011)Greenpeace: Barbie Dolls Have a"Nasty De-forestation Habit". Newsfeed Time. http://www.newsfeed.time.com/2011/06/09/ greenpeace-barbic-dolls-have-a nasty-deforestation-habit/.

6.Guglielmo,C.(December 2013)Apple's Supplier Labor Practices in China Scrutinized after Foxconn,Pegatron Reviews. *Forbes.* http://www.forbes. com/sites/connieguglielmo/2013/12/12/apples-labor-practices-in-china-scru-tinized-after-foxconn-pegatron-reviewed/.

7.Girrbach,C.(26 September 2011)The Problems with Green Marketing and How to Solve Them. GreenBiz. http://www.greenbiz.com/blog/2011/09/26/ problems-green-marketing-how-to-solve-them.

8.Sustainable Life Media(2008)Consumers to Marketers: Don't Call Us "Green". http://www.sustainablelifemedia.com/content/story/brands/don't_call _conscious_consumers_ green.

9.Owens,H.(1997)IKEA:A Natural Step Case Study. http://www.natu-ralstep.org/fr/usa/ikea.

10.The Good Consumer: Buying Ethical Is Not as Straightforward as It Seems.(17 January 2008)*The Economist.* http://www.economist.com/surveys/

displaystory.cfm?story_id=10491144.

11.Godelink,R.(23 August 2012)Will Emerging Markets like China and Brazil Lead the World in Green Consumption? Triple Pundit. http://www.triplepundit.com/2012/08/will-emerging-markets-like-china-brazil-lead-world-green-consumption/.

12.LOHAS on Line (2010)Consumers & Individual Action in the LOHAS Space: A Global Perspective.http://www.lohas.com/consumers-individual-action-lohas-space-global-perspective.

13.Willard,B.(July/August 2005)Five Signs that Sustainability's Tipping Point Is Close. *Green at Work Magazine*,32.

14.Rubin,H.(February 2001)The Perfect Vision of Dr V. FastCompany,146.

15.Hollender,J.(2004)*What Matters Most: How a Small Group of Pioneers Is Teaching Social Responsibility to Big Business,and Why Big Business Is Listening*. New York,NY: Bask Books.

16.Pernick,R. & Wilder, C.(2007)The Clean Tech Revolution: The Next Big Growth and Investment Opportunity. New York, NY: Harper Collins, p. 72.

17.Bennett-Smith,M.(5 October 2012)First World Problems Read by Third World Kids: Ad Campaign Makes Use of Ironic Meme. *Huffington Post*. http://www.huffingtonpost.com/2012/10/05/first-world-problems-read-by-third-world-kids-ad-campaing_n_1943648.html.

18.Alter,L.(17 March 2009)The Four Sins of LEEwashing: LEED Green Buildings that Perhaps Aren't Really Green. Tree Hugge.http://www.Treehugger.com/sustainable-product-design/the-four-sins-of-leedwashing-leed-grcen-buildings-that-perhaps-arent-really-green.html.

19.Rebernek,K.(2007)Secrets of High-impact Sustainability Reporting. http://www.sustainablelifemedia.com/files/webform/documents/ecoadvantages-trategies11052007.htm.

第十三章

会计与财务部 *：如何考虑环境与
社会影响

    大多数人都熟悉这句古老的格言："所量即所得。"财务和会计部门主要负责衡量事务，因此对组织战略和决策具有强大的影响力。但是有一个难题，即传统上这些领域只是努力衡量三条腿的可持续性的一条"腿"：经济影响。拉尔夫·埃斯蒂斯(Ralph Estes)是《底线暴政：为什么公司让好人做坏事》一书的作者，他雄辩地解释说，我们的会计制度是早期公司专注贸易的残余。当贸易成为衡量成功的唯一标准，就会产生一系列可以预测的问题：短期思维、员工和公共安全问题，甚至公司欺诈。埃斯蒂斯和其他很多学者认为，要解决这些问题，需要开始根据利益相关者其他方面的期待衡量企业的表现。

    现在，随着人们越来越关心企业责任和可持续性发展报告，会计人员正进入这一未知领域。没有公认的会计原则可以依靠，因为目前在国际范围，人们正在努力使社会和环境会计保持一致性和严谨性，但在扎实推进这一点之前，会计人员必须尽其所能制定自己的路线，跟上迅速变化的事

---

* 第三版的第十三章在米歇尔·安德森和艾泽戈比·恩那穆迪的帮助下更新。

态发展。

同样,财务部必须在考虑可持续性相关标准的同时做出决定。公司的投资和养老金计划控股持续性如何? 当谈到自然系统时,折现有意义吗? 未来水真的会贬值吗? 主要资本购买计划的生命周期成本和生命周期影响是什么?

本章,我们将集中讨论与组织内部会计和财务有关的问题,与经济学家相关的问题也很重要,但是因为篇幅有限,我们不讨论那些问题。对可持续经济学感兴趣的读者,可以阅读赫尔曼·戴利、杰弗里·希尔和格雷琴·戴利的书。

一、您应该知道的可持续性

人们越来越期望会计和财务分析师为社会和环境绩效制定衡量标准和决策框架。出版可持续性发展或企业社会责任报告的公司数量也有显著增加。2013 年毕马威国际(KPMG International)对企业责任的调查发现,全球 250 家企业(《财富》500 强中名列前茅的企业)中,71%的企业要么在年度报告中包含一个可持续性发展章节,要么单独发布一份可持续性发展报告。[1]

这就产生了一个组织应该如何衡量非财务绩效的问题。虽然财务会计标准化已经进行了一百多年,至今也没有公认的用于评估社会与环境绩效的做法。环境责任经济联盟(CERES)发布的全球报告倡议试图为此类报告提供指南,也有更多的公司正在使用全球报告倡议的指南,但仍然是少数。可持续性会计准则委员会是美国一个独立的 501(c)3 类非营利组织,为了投资者和公众的利益,该组织也参与可持续性会计准则的制定,以保持在标准文件中披露材料可持续性问题的一致性。但是,在标准化建立并得到公认之前,财务和会计专业人员必须解决一些棘手的问题。

例如，在南非，自 2010 年，约翰内斯堡证券交易所就希望上市公司使用综合报告。2009 年颁布的《南非国王治理准则》(The King Code of Governance Principle, King 3)建议，各组织应采用"应用或解释"的综合报告方式。[2] 在巴西，由于监管人员的努力，旨在推动可持续性发展报告的政策越来越多，电力管理局 ANEEL 要求能源公用事业发布年度可持续性发展报告。大银行已经在使用全球报告倡议的指南，焦点巴西(Focul Point Brazil)与巴西银行联合会合作，为帮助中小银行使用全球报告倡议的指南提供免费工作坊。[3]

CDP(以前被称为碳信息披露项目)是另一家实体机构，施压要求公司或城市对给气候变化带来的影响做出说明，现在还要求对水和森林资源以及供应链造成的影响做出说明。发布报告为自愿行为，但是公司发现，如果他们不发布报告，投资者们就做出最坏的揣测。现在 CDP 有证据显示，发布报告的公司股价表现更好，发布报告的压力继续。[4] 可持续性发展报告是朝着正确方向发展的第一步，但是利益相关者们怎么知道 A 公司收集数据的方式、使用的衡量标准与公益公司一样呢？

(一)很多组织运营带来的负面影响是外溢效应

外溢效应指由他人而非制造成本的人承担的费用。这些成本通常是由组织边界(我们认为该组织的责任范围)和补贴(税收减免等)引起的。当一家木材公司砍伐树木，把泥沙推到河里时，他们不需要花钱清理水处理厂的过滤器，或不需要花钱补偿捕不到鱼的渔民；汽车公司不用花钱修建并维护道路；政府机构不需要花钱处理其监管条例带来的商业影响。这些外溢效应经常使不可持续实践得以持续。

在这样的形式下，政府的作用特别有用。如果某个企业内化一部分传统上外化的费用，他们可能失去竞争力，所以企业经常需要政府创造公平竞争的环境。目前，普遍采用的是利用市场力量，如总量管制和交易制度，而不是规定性的监管条例来实现。不列颠哥伦比亚省的碳税形式在北美被认为是最有效的。该税收形式是上限和红利,即将产生温室气体的能源还回到人们的手中。到目前为止,碳税带来约 50 亿美元的收入,30 多亿美元以税收减免的形式又回到人们手中,大约 10 亿美元用于个人税收减免,还有 10 亿美元用于低收入税收抵免。这种形式带来了能源使用文化的改变,与单纯的市场价格上涨相比,碳税让能源使用减少了 700%。[5]

小罗伯特·肯尼迪在《危害自然罪》中写道:

> 您让我看到一个污染源,我就让您看到一项补贴。我将让您看到一只肥猫,它利用政治影响力逃避自由市场的约束,把生产成本让公众承担。
>
> 事实是,自由市场资本主义是对环境、经济和国家最有利的一件事。简单地说,真正的自由市场资本主义是,企业要把产品打入市场,需要支付所有的费用,这是分配陆地货物最高效、最民主的方式,也是消除污染最可靠的方式。正常运行的自由市场,对原材料的价值评估合理,并鼓励生产商通过少用、再利用和回收方式消除废物——即污染。
>
> 正如吉姆·海托华(Jim Hightower)所说:"自由市场是件了不起的事情——我们某个时候应该尝试一下"。[6]

我们认为肯尼迪说的言过其实,因为没有彻底的自由市场,但是他的基本点是对的:如果组织承担造成的影响而产生的费用,他们会做出更多可持续性决策。把这一概念应用到复杂的世界经济领域绝非易事,但是该范式已经成熟,可以加以考虑。

很多不同的群体在努力寻找衡量社会和环境绩效的方法,在找到之前,还有很长的路要走。然而,可能还需要很多年,才会出台标准化的做法。在此之前,财务分析人员不得不监督所有这些工作,同时还要运用他们最好的判断能力。

在欧洲，多数这类的工作已经完成。例如，"账户现代化指令"要求所有上市公司在其成本和潜在未来利润的会计中纳入未来环境负债。

下面是可以找到其他指南的途径：

(1)全球报告倡议，http://www.globalreporting.org，旨在为可持续性发展报告提供标准。该倡议越来越受欢迎，但最适合大公司。较小的组织可能想把 GRI 作为菜单，从中选择最相关的衡量标准，而不是遵守整套准则。

(2)可持续性会计准则委员会，http://www.sasb.org，为美国提供披露材料的环境与社会影响标准。

(3)国际综合报告理事会(IIRC)是一个全球联盟，致力于制定公司报告标准，用以传递创造价值要心怀未来的信号。

(4)欧洲社会商业学会，http://www.eabis.org，和未来论坛，http://www.forumforthefuture.org，也在研究这些问题，特别是社会影响问题。同样，欧洲会计师联合会(FEE)的可持续性工作组也为这一进程做出了贡献。

(5)社会责任标准 SA 8000 是社会会计框架。

(6)社会道德会计、审计和报告(SEAAR)制度是旨在推动标准的正式工具。

(7)委托责任 1000 准则(或 AA 1000)是强调利益相关者参与的保证标准。

(8)全球公民 360(GC 360)是可口可乐公司与世界未来 500 强开发的评估程序。这个程序产生一个 360 度的企业绩效总结、一个企业社会责任报告的报告生成器和一个数据存储库。

(9) 英国标准组织，http://www.BSI-global.com/British_Standards/sustainability/index.xalter，也在为公司制定可持续性管理指南 BS8900。

(10) 日本环境省在网站上提供环境会计指南，http://www.env.go.jp/en/ssee/index.html。

(11)保罗·霍肯创建的高水位研究(Highwater Research)，http://www.

highwaterresearch.com,对整个社会责任投资行业提出更高的标准。高水位方法论旨在将投资领域的重点放在那些真正有利于社会和环境的公司上。该方法论的关键是对公司经营意图和模式进行审查。公司的经营有利于提高社会和环境健康水平吗?向儿童推销垃圾食品不利于,可再生能源有利于;制作暴力视频游戏不利于,设立保育院有利于。最终,高水位研究可供所有投资者使用,并希望成为未来社会责任投资选择的首选方法。

（12）对于可持续绩效的某些要素,特别是在跨组织一致性至关重要的情况下,已经制定了报告协议。温室气体议定书,http://www.ghgprotocal.org,是报告气候相关影响的一个例子。

(二)传统会计方法对自然资产的处理不当

让圈外人难以置信的是,经济学家们通常认为自然资产和自然系统的价值为零。如果人类处理废水,会对 GDP 产生经济影响,但是如果自然处理废水,账本上什么都没有体现。同样,捕鱼船队计算船只、燃料、人员、索具和运输的费用,但把作为主要材料的鱼视为免费,这造成了"公共资源悲剧"问题:渔业资源稀缺,鱼更加宝贵,这样只会刺激更多的捕鱼行为。资产负债表上不应该有借方吗? 难道不应该要求对自然资本进行投资吗?

彪马运动服装公司创建了公司可持续性平台彪马视窗（PUMA Vision）,通过视窗,公司与其供应商一起,针对社会、工作和环境条件,不断努力改善内部和外部的总体运作流程。其结果是,彪马公司生产出更可持续产品,同时还把环境足迹减少到最少。2009 年公布的、以 2010 年为基准年的 2015 彪马可持续性记分卡,突出强调公司主要可持续性发展目标。

除了二氧化碳、水和废物等关键绩效衡量标准外,彪马还通过环境损益表对其影响进行了评估。2011 年,他们估计公司由于土地使用、空气污染、价值链上的废物以及与温室气体和水消耗相关的成本,其对环境造成的损失高达 1.45 亿欧元。[7] 他们未来的目标中有一个雄心勃勃的计划:

50%的国际系列符合彪马的可持续性指数,也许最重要的是,90%的产品将由在社会、劳工和基本环境标准审计计划中成绩良好或非常好的供应商工厂交付。[8]

(三)目前财务决策工具不易体现风险或无形收益

常见的财务工具,包括投资回收期、内部收益率和净现值,只考虑直接的财务影响,不考虑风险规避或无形收益等问题,除非对这些可以做出清楚和明确的估计。但是可持续性与风险管理的关系和与直接回报的关系一样大。从您的财产中清除所有有毒化学制品价值几何?这不仅仅是化学制品和许可证的成本问题。您的保险风险降低,员工和社区安全问题责任减少,发生灾难性环境灾害的可能性降低,社区亲善提高。可持续性经常带来多重意想不到的好处,但是如果您不把它们以账目形式体现出来,它们对管理决策就没有任何价值。

(四)折现不利于子孙后代和长期影响

由于时间对货币价值的影响,折现率通常是财务分析的考虑因素,但是对自然财产来说,这样做没有意义。将来森林会贬值吗?水资源会贬值吗?我们如何处理与可持续性相关的代际公平问题?杰弗里·希尔在论文《解读可持续性》中指出:

正贴现率势必造成当代人和后代人之间,特别是与那些非常遥远的后代人之间的基本不对称。当涉及环境问题时,包括气候变化、物种灭绝、核废物的处理问题,这种不对称很令人担忧,因为由此产生的后果,有很多在未来非常长的一段时期,甚至一百年或更长时间内都不会消失。无论正贴现率是多少,这些后果显然不会在项目评估中显现出来,甚至根本不会显现出来。如果按照每年54%的折现率,把目前世界国民生产总值进行二百年的折现,也就是几十万美元,一套不错的公寓的价格,如果折现率是10%,只是一辆二手车的价格。

希尔说,我们需要在确认环境资产内在价值的同时,在当代与后代之间建立对称的方法。

(五)会计制度本身导致的会计差错

会计制度本身的结构造成问题。可持续性的决策通常有多个积极的好处,但经常出现在不同的部门预算中。在您的生产过程中消除危险材料,您可能同时减少了环境健康与安全部门对环境许可证和文件资料的需要、工厂运营对防护设备的需要、培训部门对危险品培训的需要,以及人力资源福利计划的费用。资金、运营和维修预算之间也存在类似的问题,管理建筑扩建资本预算的人,如果项目超出预算,即使这些额外费用通过设施预算中的节能在两年内得到偿还,也会遇到麻烦。要维持一个破旧的能源系统,您必须在今年把全部费用勾销,但安装一个新的可再生能源系统,国税局要您把资本支出摊销多年。如何创造激励机制来优化整个系统?如果储蓄会出现在别人的账户上,您如何让这个人轻松地削减自己的预算?这不是可持续性所特有的问题,但由于可持续思维往往影响组织内部的许多因素,因此这一问题更为明显。

资源

1.ACCA:http://www.accaglobal.com. 这个英国会计机构有一个会计和可持续性电子通信,可以帮助您在这个新兴领域走在前面。

2.Heal,Geoffrey(2000)*Nature and the Marketplace: Capturing the Value of the Ecosystem Services.* Washington,D.C.:Island Press.

3.Schaltegger,Stefan and Roger Burritt(2000)*Contemporary Environmental Accounting: Issues,Concepts and Practice.* Sheffield,UK:Greenleaf.

4.Social Audit — A Toolkit: A Guide for Performance Improvement and Outcome Measurement.The Centre for Good Governance.http://unpan1.un.org/intradoc/groups/public/documents/cgg/umpant023752.pdf.

二、可用战略

无论在哪个级别，您都需要解决这些问题，有些问题的解决需要与您所在行业的其他公司进行协作。也许您最大的角色将是指导您的组织开发管理系统和衡量标准，以便您可以对社会、经济和环境业绩进行报告（内部、外部或二者都包括的报告）。您还必须研发出能兼顾外部影响、代际公平和生态系统服务等可持续性问题的量化和决策工具。我们将本节中的实践和工具整理为以下三项需要完成的重要任务：

（1）开发一个衡量标准框架并报告结果——您需要一个系统来收集和报告恰当的可持续性绩效衡量标准；

（2）考虑全部的成本和收益以确定哪些更好，您将需要一些方法来帮助您从整体角度了解哪些选项更可持续；

（3）开发一些决策工具来帮助您管理不可避免的抉择。

（一）制定衡量标准框架并报告结果

无论您是使用内部还是外部的可持续性发展报告来跟踪组织的进展情况，都需要一个框架来组织数据并确保其完整性。目前还没有被普遍接受的方法，因此您需要选择、修改或发明一种方法。有很多可持续性发展框架，所以我们在这里只提供几个例子供您参考（有关框架的更多信息，请参阅后面资源部分列出的《可持续性流行语：理解所有术语》）。您选择的框架将影响您如何衡量以及报告可持续性的绩效。以下是一些一般的指导原则：

（1）在组织内部选择一个可以提供共享心智模型的框架，要选择一个您的利益相关者信任或熟悉，并且符合您的文化和使命的框架。

（2）创建连接的、级联的衡量标准。例如，您的外部利益相关者可能对您在消除温室气体方面的进展感兴趣，但您的工厂经理可能更想知道每种产品的能耗。后者可以为前者提供信息。

（3）专注于衡量最重要的因素，而不是一切。为您最重大的影响制定衡量标准，而不是鸡毛蒜皮的小事。选择有用的、值得收集数据的衡量标准。

（4）利用别人的工作。最好使用别人普遍接受或采用的方法，这样您就可以将您的结果与其他组织进行比较。

（5）如果获得准确数据不切实际或很困难，只要您认为趋势线代表了正在发生的情况，不太精确的数据也可以接受。

（6）同时报告规范数据和绝对数据，管理层可能会关心每种产品的温室气体排放量，但只有温室气体总量才对大自然有意义。

（7）恰当显示与其他趋势相关的数据（例如，经济增长、销售增长、新工厂开工或人口增长）。

（8）就像您对待任何财务措施那样，建立有效的系统来收集、跟踪、报告、评估和改进衡量标准。

（9）除了传统的网络和纸质报告之外，还要考虑创造性的沟通方式，让人们关注数据。可以考虑举行比赛。比如，将二氧化碳的公吨数转化为路上行驶的汽车数量或栽满树的土地数量。拍摄视觉效果惊人的照片。例如，在一家律师事务所，我们计算了每位律师和每个办公室的年度纸张使用量。想象一下这些纸张摞起来的情景，每个律师消耗的纸有几层楼那么高，办公室消耗的纸比他们的摩天大楼还高，这引起了相当的关注。使用数据来鼓励行为的改变。

正如我们在第一点里指出的那样，您应该选择一个可信的可持续性发展框架，理想的框架是建立在科学和系统思维上的，可以给出可持续性的清晰完整的未来图景。它应该可以帮助您确定您所在行业中需要管理的问题，并便于与您所有的利益相关者进行沟通。遗憾的是，完美的框架并不存在，但下面我们将描述当前组织常用的三个重要框架：全球报告倡议、自然步和三重底线，然后展示如何将它们组合在一起，从每个框架中各取所长。

1.全球报告倡议

正如我们所指出的，全球报告倡议是最为广泛接受的可持续性发展报告标准之一。独立发布可持续性发展报告的大公司都应遵循这种格式，或者至少提供一个表格，提供对全球报告倡议指标的交叉引用。较小的组织可以审查这些指标并选择与其业务相关的指标。如果您想测量其中一个全球报告倡议的指标，也可以使用他们的衡量标准来做。

全球报告倡议将其指标整理为三个大类和四个子类：

(1)经济；

(2)环境；

(3)社会；

(4)社会劳动惯例和体面工作；

(5)人权；

(6)社会；

(7)产品责任。

全球报告倡议的报告原则分为两组：[10]

(1)定义报告内容的原则部分描述了如何确定内容范围的过程，要考虑组织的活动、影响以及利益相关者的实质性期望和兴趣。

(2)定义报告质量的原则部分为如何选择以保证可持续性报告的信息质量，以及适当地表述提供指导。信息的质量对于利益相关者能够对业绩做出合理的评估并采取适当的行动非常重要。

2.自然步系统条件

总部设在瑞典的自然步创建了可持续性发展的战略框架，其中包括可持续社会的四个"系统条件"，[11]可以视之为大自然的四诫与地球的操作手册。该框架以物理科学为基础，很好地描述了环境的可持续性，但他们仍在继续研究和改进这些原则或"系统条件"，这些原则可以为组织您的活动提供一种有益的方法，它们也代表了您的衡量标准最终状态应该是什么样的。因为这个框架是由科学家创建的，所以系统条件的语言有时很难让普通人记住。为了避免在这里进行冗长的解释，我们在表 13.1 中提供了原则和建议使用的衡量标准的简化版本。使用系统条件的准确措辞很重要，如果您给人们简单而令人难忘的"提示语"，它们就更容易被记住。在这个表中，我们还显示了这些衡量标准如何为不同的组织提供不同的数据以及如何级联。

3.三重底线

三重底线最早是由约翰·埃尔金顿于 1994 年在其著作《餐叉食人族》中首创的。这个词指的是不仅要关注经济问题，而且要关注社会和环境问题。一些公司使用这种框架的变体，如三个 P（人、星球、利润）或三个 E（经济、环境和社会公平）。对于我们的许多客户来说，我们发现最好的做法是使用三重底线作为总体框架，然后在合适的地方插入自然步的系统条件。我们还发现在汇总表中增加内部和外部指标非常有用。否则，经济通常只被框定为盈利能力，而它应该是一个更大的主题（参阅表 13.2）。

底线这个比喻有点用词不当，其实这个词更像是一种特洛伊木马，一种对于高管而言，让企业责任听起来可以接受的方式。用所有这些要素编制损益表是很困难的（彪马的例子除外）。一些人也质疑将一切都折合为货币是否是朝向可持续性发展的正确方式。自然之所以有价值，是因为我们可以将其货币化吗？社会关系只有交易才有价值吗？我们希望不是这样！

作为一个框架的三重底线（TBL）还有其他一些弱点。它不会告诉您什么时候您的发展实现了可持续性，一个可持续的目标应该是什么，寻找适用的数据并计算一个项目或政策对可持续性的贡献也可能是一件具有挑战性的事情。抛开这些挑战不谈，TBL 框架允许组织从真正长远的角度评估其决策的后果。[12]

表 13.1　基于自然步系统条件的指标

原则或系统条件①	可能的衡量标准
1. 我们从地壳中提取的物质(例如重金属和矿物燃料)逐步积累,消除此影响。系统条件原文:"在一个可持续的社会中,从地壳中获取的物质在不断地系统性地增加,自然不会受此影响。" 2. 我们的社会所产生的化学制品和化合物(例如二噁英、多氯联苯和滴滴涕)逐步积累,消除此影响。系统条件原文:"在一个可持续的社会中,社会产生的物质在不断地系统性地增加,自然不会受此影响。" 3. 由于我们,自然和自然进程逐步退化并遭到破坏(例如过度采伐森林和占用重要的野生动物栖息地铺路),消除此影响。系统条件原文:"在一个可持续的社会中,物理手段的退化系统性地增加,自然不会受此影响。" 4. 人们满足自己基本需求的能力被逐渐削弱(例如,不安全的工作条件、没有足够的工资生活),消除此影响。系统条件原文:"在那个社会里,人们满足自己基本需求的能力不会被削弱。"	每单位产品的能源消耗(生态效率)。 可持续能源和可再生能源(能源来源)所占的比例。 碳当量排放量。包括碳抵消(气候影响)。 从垃圾填埋场转移的固体废物的比例(即重复使用、再循环、升级回收或堆肥、零废物)。 不含被关注化学制品的"良性"产品在化学制品库存中的比例(例如"脏打"或灰名单／黑名单中的化学制品)。 主要采购来自可持续的来源的比例(例如有机的、认证的)。 对自然资本的投资(例如恢复活动)。 员工满意度(工作生活的内在质量)。 在时间和金钱上对社区的贡献(当地的影响)。 拥有 SA 8000 或承诺类似的公平劳动惯例的卖家／供应商的比例(国际影响)。

表 13.2　一个科学博物馆的三重底线指标

	环境	社会	经济
内部的	减少能源 减少废物 可持续材料在博物馆展品中占的比例	员工满意度 变动	净运营资金 净利润率 博物馆访客人数
外部的	减少二氧化碳排放量	就教育项目和展品中强调可持续性的力度打分	学术研究

---

①自然步(2004 年 10 月 3 日)可持续性原则 http://www.naturalstep.org/en/usa/principles-sustainability.

表 13.3　全面可持续性发展指标

内部的	经济表现(EC1–4)	能源消耗（TNS SC 1：EN5–7）	雇佣（TNS SC 4：LA1–3）
外部的	某些可持续项目的投资回报率(EN30) 市场表现 / 公共形象(EC5–7) 可持续产品的收入(EN26–27) 间接影响(EC8–9) 贴标签(PR3–5) 营销(PR6–7) 本地产品或采购投入(TNS 4)	运输（TNS SC 1：EN29） 水消耗（TNS SC 3：EN8–10） 材料消耗(TNS SC 2 和 3：EN1–2) 温室气体排放(TNS SC 1) 废物、排放和污水(TNSSC2:EN16–25) 生物多样性(TNS SC 3：EN11–15) 产品和服务影响(TNSSC1–4:PR1–2) 合规(EN28)	劳动关系（TNS SC 4：LA 4–5） 健康与安全（TNS SC 4；LA6–9） 培训与教育(TNS SC 4:LA10–14) 非歧视（TNS SC 4：HR 4） 自由联合（TNS SC 4：HR 5） 安全保护（TNS SC 4：HR 8） 采购方法（TNS SC 4：HR 1–3） 童工(TNSSC4:HR6) 强迫劳动（TNS SC 4：HR 7） 本地权利（TNS SC 4：HR 9） 腐败（TNS SC 4：SO 2–4） 社区关系（TNS SC 4：SO 1） 公众政策（TNS SC 4：SO 5–6;PR 9） 反竞争行为（TNS SC 4：SO 7） 隐私(TNSSC4:SO8) 合规(SO 9)

此图表中的符号表示，项目是基于自然步系统条件之一（例如 TNS SC 3），还是基于全球报告倡议 G3 的指标(在撰写本文时是 G3 版本)（例如 ECI–4）。我们的版本是世界上最常见的和最普遍接受的措施的综合列表。我们与我们的客户和学生都用它作为工具,整理了无数的框架、衡量

标准、问题和影响。我们不建议任何中小型组织尝试追踪所有这些衡量标准,而是建议他们从中选择最具相关性的 6~12 个指标。

4.将 GRI,TBL 和 TNS 整合为一个框架

这三个框架各有优缺点,因此在国际可持续性发展专业人士协会发表的一篇题为《可持续性马戏团:将主要框架和指标放入同一个帐篷》的文章中,我们展示了如何将自然步系统条件、三重底线和全球报告倡议纳入一个综合框架 (见表 13.3)。整篇文章可以在 http://www.sustainabili-typrofessionals.org/issp-insight-sustainability-circus 上访问。

5.新兴会计标准

随着利益相关者要求更可持续的会计方法,大公司开始更愿意选择识别环境和社会影响的会计和报告标准,这些标准既包含了环境和社会的影响,又着眼于当今金融稳定之外的因素,这一点正变得越来越普遍。例如,可持续性会计准则委员会为 10 个领域的 80 多个行业制定了可持续性标准。他们的流程由三个主要阶段组成:

(1)第一阶段:准备(由可持续性会计准则委员会牵头);

(2)第二阶段:发展(多个利益相关者的行业工作小组参与其中);

(3)第三阶段:最终定稿(包括来自公众的反馈和可持续性会计准则委员会标准委员会的审查)。

可持续性会计准则委员会得到了美国国家标准协会(ANSI)的认证,美国国家标准协会是美国的一个非营利性组织创建的,负责监督和促进推荐性共识标准的制定。准则委员会得到美国国家标准协会的认证,标志着该委员会制定委员会可持续性会计标准的程序符合美国国家标准协会的公开、平衡、共识和正当程序的基本要求。一旦可持续性会计准则委员会完成了行业可持续性会计标准的制定,他们就会将整套准则提交给美国国家标准协会批准为美国国家标准。[13]

同时运行的是国际综合报告理事会,这是一个致力于制定可持续性

公司标准的组织。其综合报告(IR)的框架加快了全球各地采用综合报告的节奏。综合报告框架的目的是确立指导原则和内容要素,管理综合报告的总体内容,并解释支撑这些原则和内容要素的基本概念。综合报告所包含的原则和概念侧重于提高报告过程的凝聚力和效率,并采用综合思维,以此来打破内部孤岛和减少重复。它提高了金融资本提供者可获得的信息质量,以实现更有成效的资本配置,并把重点放在价值创造和企业用来不断创造价值的"资本"上,为稳定的全球经济做出了贡献。[14]

资源

1.全球 ACCA(特许注册会计师协会)有许多有用的出版物:http://www.accaglobal.com/sustainability.

2.Beckett,R. And J. Jonker (January 2002)"AccountAbility 1000: A New Social Standard for Building Sustainability", *Managerial Auditing Journal*, 17(1-2),pp.36-42.

3.CDP (前身为碳信息披露项目):https://www.cdp.net/. 一个机构投资者联盟,负责 21 万亿美元的资产,他们已经创建了一个与气候变化相关的商业影响的信息数据库。

4.Coporate Register: http://www.corporateregister.com. 提供了一个非金融企业报告的在线目录,他们还有一个奖励方案,并制作了一份最佳做法以及其他有用数据的总结报告。最新报告《2007 企业环境沟通信报告》和《CR 报告奖报告:2007 年全球赢家和报告趋势》,在他们的网站上可以下载。这些可能是改进您可持续性发展报告的有用工具。您可以在上面注册,当发布新的可持续性发展报告时就会收到通知,里面包括了报告的主要特点的总结。

5.Global Reporting Initiative: http://www.globalreporting.org. 该倡议正在制定可持续性发展报告标准。

6.Hitchcock Darcy and Marsha Willard(October 2009)Sustainability

Buzzwords: Making Sense of All the Terms.International Society of Sustainability Professinals.https://www.sustainabilityprofessionals.org/sustainability-buzzwords-making-sense-all-terms.

　　7.Hitchcock Darcy and Marsha Willard(July 2010)Sustainability Circus: Bringing the Major Frameworks and Indicators under One Tent.International Society of Sustainability Professinals.http://www.sustainabilityprofessionals.org/issp-insight-sustainability-circus.

(二)核算全部成本和收益以确定什么更好

　　除了帮助他们的组织制定有效和有用的可持续性衡量标准和报告外,财务分析师还必须帮助他们的组织做出更好、更可持续的决策。到目前为止, 有三种主要的会计和财务决策方法可以克服与本章开头所述的传统财务分析相关的一些问题。表13.4 将传统做法发生的微小变化到重大转变进行了排名。

表13.4　作业成本法(ABC)、生命周期成本核算法(LCC)
与生命周期评估法(LCA)对比

作业成本	生命周期成本核算	生命周期评估
把通常隐藏于日常管理或其他部门的成本算到产品或者其他相关单位头上。	考虑产品寿命,把某些产品预期使用寿命或财务决定考虑进去。	在产品的整个生命周期,从资源的提前、运输、生产到使用和使用寿命结束后的处理。
为实现可持续性做出的细微转变到重大转变		

　　1.作业成本法(ABC)

　　作业成本法是一个很好的起点, 因为它收集了所有或大部分与产品或服务相关的成本。正如我们所指出的, 可持续思维往往会创造诸多好处,这些好处可能会出现在组织的不同部分。无论组织和预算是如何构建的,作业成本法都可以帮助您控制真实的成本。其基本流程如下:

　　(1)分析与产品或服务相关的活动;

　　(2)收集与这些活动相关的成本;

（3）制定产出措施；

（4）将成本与其他选项进行比较分析。

有一次,在与一家百货连锁企业的经理谈论可持续性问题时,我们提出了他们在园艺产品区出现的杀虫剂的问题。该公司的政策是只要能产生有害的废物,任何破碎的瓶子或溢出的液体都要被丢弃处理,尽管它们的体积很小,并不属于需要花费更高成本处理的监管类别。我们询问他们是否根据销售这些杀虫剂赚取的利润, 对销售这些产品相关的所有成本(危险品培训、泄漏反应、处理费、法律责任等)进行过分析。因为他们从来没有考虑过这个问题,根本没有想到我们会这样问,所以只能沉默以对。

2.生命周期成本核算（LCC）

第二步是要考虑您所做决策的持久性。通常情况下,原始成本最便宜的选择,从长远看却并非如此。例如,就初始费用而言,乙烯基地板的成本比许多其他地板要低得多。但如果您考虑到更换乙烯基地板的频率是其他地板选项的两到三倍,乙烯基地板实际上可能是更昂贵的选择。LCC 分析可能会清楚地显示,您做一个选择可以节省时间和金钱。

财务部门可以通过进行 LCC 研究来帮助组织做出更可持续的决策。正如我们在第七章中提到的, 加州财政局委托 E 资本集团和劳伦斯伯克利实验室进行了一项研究,以确定绿色建筑实践是否有效。建造一座绿色建筑通常会带来高达 10% 的建筑成本溢价,这值得吗?这项研究结合了以前的研究结果得出了结论,在全国范围内接受审核的 100 座建筑中,获得 LEED 认证的那些建筑的绿色设计经济效益在每平方英尺 50 至 70 美元之间,是绿色建筑额外成本的 10 倍以上。

3.生命周期评估（LCA）

与刚才讨论的其他两种工具不同, 生命周期评价强调的是影响而不是成本。如果您的目标是生产更可持续的产品和服务,您应该考虑您的决策对整个生命周期的影响。这有助于回答许多"纸或塑料"的难题。布尿布比一次性尿布好吗？是使用经过长途运输的认证木材好，还是使用当地未经认证的木材好？

对于制造商来说，LCA 可以帮助确定最需要改进的是什么。例如，当伊莱克斯想要重新设计他们的洗衣机时，他们发现，他们的产品对环境产生的最大影响与其说与产品的材质或运输距离有关，不如说与客户在操作洗衣机时使用的水量和能耗有关。这促使他们开发了现在普遍使用的前置式洗衣机，这种机器使用的水量和能耗只是传统型号的一小部分。LCA 可以带来创新。现在，制造商正在研发不使用水或洗涤剂的洗衣机。例如，使用洗衣凝珠的 LG 蒸汽衣物护理机于 2013 年发布。而 Orbit 的产品使用干冰（CO_2）。这些概念机器还没有达到规模，但随着水变得越来越稀缺，我们的衣物清洁发生范式性转变只是个时间问题。新汉普郡的斯托尼菲尔德（Stonyfield）农场对他们的酸奶产品输送系统进行了生命周期评估。部分原因是，他们想对不同的容器进行比较。他们发现，容器的大小和到零售商的距离实际上更重要，如果所有的酸奶都装在 32 盎司的容器里出售，他们每年可以节省相当于 11,250 桶汽油。而到零售商的运输约占能源影响的 1/3。LCA 还指出，作为容器，热成型杯更可取。[15]

LCA 可以在两个层次上进行。开始时，您可以有一个简略的 LCA 供内部使用，指导您的决策，但是如果您想对您的产品作出公开声明，则需要一份完整的 LCA 研究，它应由无利益相关的第三方进行。有关如何执行 LCA 的指南，请参阅 ISO 14040。

"细节决定成败"这句格言对 LCA 来说再正确不过了。您的假设会带来不同的结果，所以重要的是让您的假设基于事实，并确保您的比较是建立在所研究产品的功能或服务上的。例如，马里兰州贝塞斯达的生态平衡公司（EcoBalance）为纺织品租赁服务协会（the Textile Rental Services）进行了一次生命周期评价。他们想要比较可重复使用、可清洗的尿垫与一次性使用尿垫的影响。LCA 背后的研究发现，当使用一次性尿垫时，较薄的成分会使人们感觉它们不太卫生,很难保持患者和床上的干燥。因此,护士会使用两到三个一次性尿垫。与之比较的是使用一种更厚、看起来更吸水的可重复使用的垫子。因此,真正的对比不是一个一次性尿垫与一个可重复使用尿垫的对比,而是二比一的使用比例。虽然对一次性尿垫的数量(从一个到四个)进行了敏感性分析,但使用一个尿垫与多个的建模假设确实造成结果偏差。

在实践中,LCA 可能很复杂,在传递结果并试图获得明确的结果时会带来挑战。例如,在之前的医院床单例子中,决定哪种产品更可持续的主要因素之一是,医院是现场洗涤还是把床单送到外面去洗。也就是说,越来越多的制造公司转向 LCA 来支持他们的产品声明。

资源

1.Brachfled,D.,et al.(5 April 2001)*Life Cycle Assessment of the Stony-field Product Delivery System*. Ann Arbor, MI: University of Michigan.

2.Dutch Guide to Life Life Cycle Assessment from the Leiden University Institute of Environmental Sciences(CML):http://cml.leiden.edu/research/industrialecology/researchprojects/finished/new-dutch-lca-guide.html.

Eco-indicator 99 Manual for Designers,http://www.pre-sustainability.com/download/manuals/E199_Manual.pdf.

3.EDIP97,工业产品环境设计(EDIP)计划是丹麦的五家大公司、丹麦技术大学和丹麦工业联合会的两个研究所合作研究的。有关信息,请访问 http://www.earthshift.com/software/simapro/EDIP97.

4.EPA 2000 Center for Environmental Assessment of Products and Material System:http://msll.mit.edu/esd123_2001/pdfs/EPS2000.PDF.

5.Graedel,Thomas E.(1998)*Streamlined Life-Cycle Assessent*. Englewood Cliff,NJ: Prentice Hall.

IMPACT 2002+. Impact 2002+生命周期影响评估方法是中点、终点和损害相结合的方法：http://www.quantis-intl.com/impact2002.php.

6.Japanese LCIA(LIME)，一种基于终点建模(LIME)的生命周期影响评价方法。有关信息，请访问高级工业科技：http://www.aist-riss.jp/old/lca/cie/activity/project/lime/index.html.

Life Cycle Analysis Handbook：http://www.eed.state.ak.us/facilities/publications/LCCAHandbook1999.pdf.

7.Offtech 是一家总部位于澳大利亚的基于作业成本核算的全球门户网站：http://www.offtech.com/au/abc/Home.asp.

8.Schenck，Rita，LCA for Mere Mortal，Institute for Environmental Reseach and Education.http://iere.org/store/products/88-life-cycle-assessment-for-mere-mortals.

9.Sank John K. and Vijay Govidarjan(2003)*Strategic Cost Management.* New York：The Free Press.

10.The Environmental Priority Strategies 环境优先战略(EPS)设计方法作为一种工具，旨在增强公司的内部产品开发流程，特别是支持在两种产品概念之间进行选择。

11.Tool for the Reduction and Assessement of Chemical and Other Environmental Impacts (TRACI)，减少和评估化学和其他环境影响的工具是由美国环境保护局开发的一种影响评估方法，当具有潜在影响的环境库存流动(包括臭氧消耗、全球变暖酸化等)出现时，它可以辅助描述环境库存流动的特征。http://www.epa.gov/nrmrl/std/traci/traci.html.

(三)平衡选择的决策工具

无论您的组织是否使用上面描述的三个正式工具，您都需要一种平衡选择和增强可持续性表现的方法。我们已经确定了目前正在使用的三种不同的决策方法，按照从最简洁到最复杂的顺序进行描述。

1.集思广益如何增加更多价值

要提高您正在做或正在计划的任何活动的可持续性表现，最简单的方法可能就是问这样一个问题："我们如何改变我们做这件事的方式，以获得更多的社会效益和/或环境效益？"这通常会带来一些创新想法，而不会增加成本。例如，俄勒冈州惩教署通常会用巴士将一车新定罪的罪犯送到几百英里外的乡间监狱。多年来，巴士都是空驶回来，有一天，部门员工想出了利用空巴士做一些其他的事情的办法。现在，他们与当地农民合作，农民将多余的农产品捐赠（而不是烂在地里），惩教署招募囚犯对其进行分类和打包，然后将袋装的农产品用空巴士运回城市，由俄勒冈州食品银行分发给有需要的人。每个人都是赢家。农民得到了税收减免，囚犯有了有意义的事情可以做，监狱改善了它在社区中的形象，饥饿的人获得了更多的新鲜农产品。

2.加权标准图表

无论您用哪种方法来分析您的影响和成本，最终您都会发现自己不得不权衡之后决定。加权标准图表让您可以根据多个标准评估多个选项，并为某些标准确定不同的重要程度。使用这种方法，您可以平衡您选择的社会、环境和经济效益以及成本。请参阅第九章中的表9.2"可持续产品核对表"中的一个例子。

3.将可持续性评级与成本进行比较

把您面前的各个选项的可持续性商数与成本问题区别对待很有帮助。换句话说，将经济/盈利标准从您的加权标准图表中删除。根据它们对社会和环境的益处，给您的选项打分。然后创建一个散点图，将选项按照成本进行比较。这通常会将您的选项分为三类：

（1）不需要动脑筋：既有高可持续性得分又有低成本的项目或选项是不需要动脑筋的，不需要更多讨论就可以批准。

（2）不可能：可持续性效益低的项目，除非有其他令人信服的理由，否则不管成本如何，都可以被取消。

（3）不确定：团队可以集中讨论这些可持续性效益高，但是成本也高的选项的相对优势。

4.利用新兴生态系统市场和政府激励措施

正如前面解释的那样，我们的资本制度充满了外溢效应。通常情况下，这些外溢效应不是由组织承担的，而是被转嫁给社会，但这对双方都有好处。如果您创造的是正外溢效应，您也许能够用生态系统信用来抵消成本。最著名的是污染或碳信用，在这种情况下，您可以将您组织未使用的碳信用出售给那些有需要的人。

为一系列不同的生态系统（包括防洪、湿地调整、水温、栖息地等）服务的交易系统也正在建立。例如，在俄勒冈州的波特兰市，威拉梅特合作社（Willamette Partnership）正在开发一个捆绑系统，为生态系统服务信用创造一个市场，以支付湿地恢复的费用。在附近的一个社区，水务公司（Clean Water Services）恢复了 35 英里长的图拉丁河，不用再花费 6,000万美元升级水处理系统，而用这些资金来支付占用农民的土地和恢复他们沿河用地的费用。这种恢复带来的环境效益远远超过直接节省的成本。

同样，许多辖区对节能和节水工作都有激励措施，但人们没有意识到这些工作，往往没有充分利用起来。通常情况下，这些因素可以合并在一起。例如，在俄勒冈州，企业或房东可以获得州税收抵免，也可以获得能源信托退税，这往往会将节能项目的成本降低近一半！一定要与您所在城市、州/省和国家的可持续性发展专业人员交谈，以帮助您发现这些机会。

资源

1.Bayon, Ricardo, Amanda Hawn and Katherine Hamilton (2007) *Voluntary Carbon Markets: An International Business Guide to What They Are and How They Work. London: Earthscan.*

2.Bronstein, Judith L., Mark Carey, Ginny Fitzpatrick and Brent M. Haddad（2013）*Ecosystem Services and Sustainability. Great Barrington，MA：Berkshire Essentials.*

3.*Ecosystem Services Journal*：http://www.journals.elsevier.com/ecosystem-services/.

4.Jacobs，Sander，Nicolas Dendoncker and Hans Keune（2013）*Ecosystem Services: Global Issues，Local Practices.* http://store.elsevier.com/Ecosystem-Services/isbn-9780124199644/.

5.Kareiva，Peter，Heather Tallis，Taylor H. Ricketts and Gretchen C. Daily（2011）*Natural Capital：Theory and Practice of Mapping Ecosystem Services.* New York：Oxford University Press.

6.Wratten，Stephen，Harpinder Sandhu，Ross Cullen and Robert Costanza（2013）*Ecosystem Services in Agricultural and Urban Lanscapes.* Hoboken，NJ：Wiley-Blackwell.

三、结论

在所有不同的职能领域中，金融和会计领域在将可持续性纳入其实践方面可能是发展最快的。可持续会计准则委员会、全球报告倡议、国际综合报告理事会和碳信息披露项目正在推动标准化。综合报告是我们最终的目标。在此之前，使用您的技能帮助您的组织建立衡量、报告和做出更可持续决策的系统。您可以对未来公认的会计原则和决策工具的发明有所贡献。

四、应用问题

（1）利用您的组织或选择您感兴趣的行业或组织。您应该报告哪些实质性影响? 如果 SASB 有您所在行业的报告,请查看是否要添加或删除任何内容。

(2)对于其中的一个重要影响,确定衡量标准应该是什么。看看 GRI 是否有相应的指标,您认为指标是否正确,或您是否有更好的想法。

(3)如果能根据另一个因素对这些衡量标准进行标准化,则这些标准更有意义。如果有这样一个因素,您的衡量标准应该根据什么因素进行标准化?

(4)讲明您将从哪里获得数据。是否有现有的数据来源? 您需要哪些系统来收集和跟踪数据?

(5)把电子表格或数据库绘制成您最终最希望看到的图表样子。显示图形类型(例如饼图、堆积柱状图)、命名所有轴并显示随时间变化的业绩。

表 13.5　S-CORE:财务与会计部
(参阅引言中的"如何使用自我评估")

财务			
做法(分数)	孵化器(1分)	计划(3分)	全面(9分)
财务分析:使用工具更完整地评估所有选项,综合考虑可持续性。 可持续性发展报告:提供和使用定性/定量数据,了解您在可持续性发展方面的进展。 投资:在进行投资决策时(如养老金计划、股票购买、债券)的可持续性因素。	除了确定投资回报率等传统财务方式,评估选项时还将风险和无形收益纳入考虑。 编写内部报告,以突出成绩和需改进的方面。对于烟草、武器、使用童工等问题,使用负面效果屏蔽方法。	使用所有者成本方式(与第一成本相区别),并确定与产品或资本投资的生命周期相关的外溢效应。 将可持续性发展报告作为现有公共报告的一部分。 对于坚持可持续性做法的项目给予优先投资。	在做出重大决策时,对所有可辨认的外溢效应进行全生命周期分析,并承担责任;选择公平的贴现率,而不因此损害后代的利益。 发布一个单独的、详细的和经审计的可持续性发展报告。只投资与可持续性相关的项目。
总分			
平均分			

续表

做法	孵化器(1分)	计划(3分)	全面(9分)
预算：修改您的系统,鼓励人们优化整个组织的可持续性绩效,而不仅是他们自己的预算。衡量标准:开发一套可持续性衡量标准。	将可持续性作为成本支出之前必要评估的标准之一。 开发一套衡量标准以评估你的可持续性项目和目标的实现情况。	提供一种计算不同预算的收益的方法(例如,资本与运营/维护,运营与客户服务部门)。 为组织制定一套完整的可持续性衡量标准,并向他们每年至少汇报一次。	如有重大的系统性障碍抑制可持续性发展, 提供一种方式,将节省的成本部分地返还给间接带来成本节约的部门。定期与其他组织进行可持续性最佳实践研究,以发现改进的机会。
总分
平均分

注释：

1.KPMG(2013)Corporate Responsibility Survey. http://www.kpmg.com/global/en/issuesandinsights/articlespublications/corporate-responsibility/pages/corporate-responsibility-reporting-survey-2013.aspx.

2.KPMG(2012)Integrated Reporting. http://www.econsense.de/sites/all/files integrated-reporting-issue-2_0.pdf.

3.Global Reporting Initiative(January 2014)Annal Activity Review 2012/2013. https://www. globalreporting.org/resourcelibrary/GRI-Activity-Report-2012-13.pdf.

4.Sustainable Insight Capital Management(2013)Linking Climate Engagement to Financial Performance: An Investor's Perspecrive. CDP. https://www.cdp.net/CDPResuts/linking-climate-engagement-to-financial-performance.pdf.

5.Mooney,C.(26 March 2014)How British Columbia Enacted the Most

Effective Carbon Tax in North Ameriea. CityLab. http://www.citylab.com/city-fixer/2014/03/how-british-columbia-enacted-most-effective-carbon-tax-north-america/8732/.

6.Kennedy,R. F., Jr.(2004)*Crimes Against Nature*. New York, NY:Harper Collins. p. 190.

7.PUMA(16 November 2011)PUMA Completes First Environmental Profit and Loss Account Which Values Impacts at 145 Million Euros. http://about.puma.com/en/investor-relations/financial-news/2011/november/puma-completes-first-environmental-profit-and-loss-account-which-values-impacts-at-145-million-euro.

8.PUMA (2012)Business and Sustainability Report. http://about.puma.com/damfiles/default/sustainability/reports/supplier-sustainability-reports/footwear/PrimeAsia-2012-Annual-GRI-Report----1--4eb9d1beaf8e35337blaf5702d9249a9.pdf.

9.Heal,G. M.(1996)Interpreting Sustainability. Working Paper, Columbia Business School, pp.7-8.

10.Global Reporting Initiative(2013)G4 Sustainability Reporting Guide lines. https://www.globalreporting.org/resourcelibrary/GRIG4-Part1-Reporting-Principles-and-Standard-Disclosures.pdf.

11.The Natural Step (2014)The Four System Conditions of a Sustainable Society. http://www.naturalstep.org/the-system-conditions.

12.Slaper,T. & Hall,T.(2014)The Triple Bottom Line:What Is It and How Does It Work? http://www.ibrc.indiana edu/ibr2011/spring/article2.html.

13.Sustainability Accounting Standards Board(2014)Our Process. http://www.sasb.org/approach/our-process/.

14.I'ternational Integrated Reporting Council(2014)IR Framework. http:

//www.theirrc.org/international-ir-framework/.

　　15.Brachfeld, D.,et al.(5 April 20)*Life Cycle Assessment of the Stonyfield Product Delivery System*. Ann Arbor,MI: University of Michigan.

索 引
（页码为英文原著页码）

斜体的页码表示图表。